毛乌素沙漠粉细砂湿陷性研究

侯大勇 张 曦 慕焕东
吴 军 潘俊义 刘 斌 　著

西安电子科技大学出版社

内容简介

风积砂湿陷性是土力学研究的重要课题，也是工程建设面临的重大难题。本书以毛乌素沙漠南缘地质环境为背景，以粉细砂为研究对象，系统地开展了自然地理地质、物理力学性质、湿陷性及数值模拟研究。书中对毛乌素沙漠粉细砂的级配特点、密度、含水率、比重、密实度等物理特性及压缩性、渗透性、承载力等力学特性进行了研究；在此基础上开展了毛乌素沙漠粉细砂原位标准贯入试验和浸水载荷湿陷试验，对毛乌素粉细砂剖面结构、沉降与湿陷变形规律进行了研究；通过室内湿陷试验，对毛乌素沙漠粉细砂原状样及重塑样的湿陷性进行了研究，揭示了毛乌素沙漠粉细砂湿陷性的影响因素及湿陷规律，并在室内和原位浸水载荷湿陷试验的基础上，开展了毛乌素沙漠粉细砂湿陷性数值模拟研究，建立了适用于毛乌素沙漠粉细砂的数值模拟模型和相对应的细观参数体系，对毛乌素沙漠粉细砂湿陷性的影响规律进行了研究；最后，基于室内、原位和数值模拟湿陷试验，分别建立了毛乌素沙漠粉细砂湿陷性评价方法及其综合评价体系，开发了毛乌素沙漠粉细砂湿陷性评价软件平台，为毛乌素沙漠粉细砂湿陷性评价、地基设计和施工实践提供了重要的试验依据。

本书可供土建、水利、公路、市政和工程地质领域的工程技术和科研人员参考使用，也可作为高等院校相关专业的教学参考书。

图书在版编目 (CIP) 数据

毛乌素沙漠粉细砂湿陷性研究 / 侯大勇等著. -- 西安: 西安电子科技大学出版社, 2024. 8. -- ISBN 978-7-5606-7325-7

Ⅰ. P942.41

中国国家版本馆 CIP 数据核字第 2024FX5123 号

策　　划　李鹏飞
责任编辑　李鹏飞
出版发行　西安电子科技大学出版社 (西安市太白南路 2 号)
电　　话　(029) 88202421　88201467　　　　邮　编　710071
网　　址　www.xduph.com　　　　　　　　电子邮箱　xdupfxb001@163.com
经　　销　新华书店
印刷单位　广东虎彩云印刷有限公司
版　　次　2024 年 8 月第 1 版　2024 年 8 月第 1 次印刷
开　　本　787 毫米 ×1092 毫米　1/16　　　　印　张　16
字　　数　377 千字
定　　价　69.00 元

ISBN 978-7-5606-7325-7

XDUP 7626001–1

*** 如有印装问题可调换 ***

前　言

　　中国是世界上沙漠面积分布最多的国家之一，总面积约为 130×10^4 km²，约占到全国陆地总面积的 13%。在区域分布上，沙漠绵延于我国的西北地区和东北地区西部，主要在西部的新疆、甘肃、青海、宁夏、内蒙古、陕西等省区。其中，位于新疆的塔克拉玛干沙漠、古尔班通古特沙漠、库姆塔格沙漠，内蒙古的巴丹吉林沙漠、腾格里沙漠、库布齐沙漠、乌兰布和沙漠，青海的柴达木沙漠并称为中国八大沙漠。除上述八大沙漠之外，位于内蒙古鄂尔多斯高原与陕北黄土高原过渡区内的毛乌素沙漠，是我国另外重要沙漠之一。其行政范围主要为内蒙古自治区鄂尔多斯市，陕西省榆林市和宁夏回族自治区盐池县，是典型的风积沙地区。长久以来，毛乌素沙漠地区沙漠化逐渐加剧，沙漠化过程导致耕地和草场普遍风蚀粗化或为流沙所侵占，居民点、交通、水利工程及其他农牧业设施遭受风沙危害十分严重，土地生物产量降低，土地生产潜力衰退，对该地区的经济发展和人民生活造成了严重后果，已成为我国沙漠化严重的地区之一。

　　毛乌素沙漠严重的沙漠化问题，加之其独特的自然地理条件决定了该地区自然灾害较为普遍，也决定了该地区的工程地质条件较为复杂，在工程实践中不可避免地会遇到各种各样的岩土工程和工程地质问题。近年来，随着长庆油田苏里格气田的勘探开发和"西气东输"等国家战略性工程项目的建设，在毛乌素沙漠地区遇到的工程建设技术难题越来越多，而与复杂的工程地质条件不相适应的是，对该区域粉细砂力学特性及工程地质性质方面的理论研究十分缺乏。其中尤为突出的是砂土地基遇水强度降低、产生湿陷变形问题，这些问题会直接影响工程建设及后期运行安全。目前，对于砂土的湿陷性研究，尤其是毛乌素粉细砂湿陷性的研究基本处于空白状态，对于湿陷性的判别，除了做现场浸水载荷试验确定外，《岩土工程勘察规范》(GB 50021—2001)(2009 年版) 中规定了参考湿陷性黄土的判别方法，没有提供有针对性的、操作性强的判别方法，这对该地区地面工程建设的勘察、设计、施工和运营造成了极大的制约。因此，研究毛乌素沙漠粉细砂的湿陷性，建立其湿陷性评价体系，对毛乌素沙漠地区粉细砂湿陷病害防治和工程建设具有重要的指导意义和应用价值。

在此背景下，长庆工程设计有限公司于2021年6月筹集资金专门立项，组建精干研究团队，开展了"毛乌素沙漠南缘粉细砂湿陷性研究"课题攻关。课题由长庆工程设计有限公司教授级高工王治军科研团队总负责，西安理工大学慕焕东副教授科研团队负责室内外测试试验，长安大学邓亚虹教授科研团队负责数值模拟分析，大家紧密协作，历时两年，圆满地完成了课题研究任务。研究成果不仅服务于毛乌素沙漠地区工业与民用建设工程的勘察、设计和施工，而且对其他沙漠地区的各类工程实践具有参考价值。

本书是在课题研究的基础上凝炼而成的，是课题研究成果的总结和升华，内容主要涉及土力学及岩土工程研究领域。本书第1章由侯大勇、吴军撰写，第2章由张曦、潘俊义撰写，第3章由慕焕东撰写，第4章由张曦、吴军、刘斌撰写，第5章由慕焕东撰写，第6章由慕焕东、潘俊义撰写，第7章由慕焕东、刘斌撰写，第8章由侯大勇、慕焕东撰写。全书由侯大勇、慕焕东、张曦负责汇总整理，王治军对书稿进行了审阅。

本书汇集了多人的辛勤劳动和心血，除作者外，长庆工程设计有限公司课题团队人员王治军、耿生明、骆建文，长安大学地质工程与测绘学院邓亚虹、宋焱勋、钱法桥、杨楠、黎志旭、刘岩、门欢、王铭远、张伯川、田微，西安理工大学岩土工程研究所白逸松、何也、郑龙浩等在课题研究和本书的编排、整理与校阅过程中付出了辛勤的劳动，在此向他们致以诚挚的谢意。同时，本书引用了较多的参考文献，在此也向这些文献资料的作者表示衷心的感谢。

由于作者水平有限，书中难免有不当或疏漏之处，恳请各位同行专家不吝赐教、批评指正。

著　者

2024 年 1 月

目　录

第1章　毛乌素沙漠地质环境 1

1.1　毛乌素沙漠自然地理 1

1.2　毛乌素沙漠气象特征 2

1.3　毛乌素沙漠水文特征 2

1.4　毛乌素沙漠地形地貌 3

1.5　毛乌素沙漠地层岩性 5

1.6　毛乌素沙漠地质构造 5

本章小结 6

第2章　毛乌素沙漠粉细砂性质 7

2.1　毛乌素沙漠粉细砂取样及制样 7

2.2　毛乌素沙漠粉细砂的基本物理性质 10

2.2.1　粉细砂含水率 10

2.2.2　粉细砂密度 11

2.2.3　粉细砂比重 11

2.2.4　粉细砂孔隙比 12

2.2.5　粉细砂相对密实度 12

2.2.6　粉细砂颗粒组成 14

2.3　毛乌素沙漠粉细砂的压缩性 20

2.4　毛乌素沙漠粉细砂的渗透性 23

2.5　毛乌素沙漠粉细砂的微结构 25

本章小结 28

第3章　毛乌素沙漠粉细砂原位湿陷试验 29

3.1　毛乌素沙漠粉细砂原位标准贯入试验 29

　3.1.1　试验方案设计 29

　3.1.2　试验结果分析 31

3.2　毛乌素沙漠粉细砂浸水载荷湿陷试验 41

　3.2.1　试验场地条件 41

　3.2.2　试验方案设计 46

　3.2.3　试验实施过程 52

3.3　毛乌素沙漠粉细砂浸水载荷湿陷试验结果 55

　3.3.1　浸水量变化 55

　3.3.2　含水率变化 60

　3.3.3　分层湿陷变形 67

　3.3.4　湿陷变形特性 73

　3.3.5　湿陷性评价 80

本章小结 82

第4章　毛乌素沙漠粉细砂室内湿陷试验 84

4.1　室内原状样湿陷试验 84

　4.1.1　试验方案设计 84

　4.1.2　湿陷变形特性 86

　4.1.3　湿陷系数变化 92

　4.1.4　湿陷性评价 97

4.2　室内重塑样湿陷试验 99

　4.2.1　试验方案设计 99

　4.2.2　湿陷变形特性 101

　4.2.3　湿陷系数变化 107

4.3　原状样与重塑样湿陷试验对比 119

　4.3.1　湿陷系数对比 119

　4.3.2　湿陷等级对比 124

4.4　室内湿陷试验影响因素 129

4.4.1　压力影响及其规律 129

4.4.2　含水率影响及其规律 135

4.4.3　干密度影响及其规律 142

4.4.4　粒径级配影响及其规律 147

4.4.5　相对密实度影响及其规律 153

本章小结 159

第5章　毛乌素沙漠粉细砂湿陷性数值模拟 161

5.1　数值模拟概况 161

5.2　数值模拟原理 162

5.2.1　力与位移的相互关系 162

5.2.2　模型颗粒的运动法则 166

5.2.3　初始边界条件的设置 167

5.2.4　临界计算时步的确定 168

5.2.5　微分密度缩放比例 170

5.2.6　数值计算本构模型 171

5.3　建立数值模型 175

5.3.1　设计生成颗粒单元 175

5.3.2　选择接触模型 179

5.3.3　伺服及其边界条件 179

5.3.4　建立细观参数体系 181

5.4　数值模拟结果 186

5.4.1　数值模拟计算工况的设置 186

5.4.2　数值模拟计算结果的验证 187

5.4.3　密实程度对湿陷性的影响 192

5.4.4　含水率对湿陷性的影响 192

5.4.5　颗粒组成对湿陷性的影响 196

5.4.6　加载压力对湿陷性的影响 199

本章小结 200

第6章　毛乌素沙漠粉细砂湿陷性评价方法 201

6.1　基于现场浸水载荷试验的粉细砂湿陷性分析及评价 201

6.1.1　基于《岩土工程勘察规范》的湿陷性评价方法 201

6.1.2　基于多物理量的毛乌素沙漠粉细砂湿陷性评价 202

6.2　基于标准贯入试验和室内试验的粉细砂湿陷性评价 205

6.2.1　毛乌素沙漠粉细砂湿陷性评价的指标选取 206

6.2.2　基于标准贯入试验和室内试验的粉细砂湿陷性评价 206

6.2.3　基于支持向量机的粉细砂湿陷性评价方法 209

6.3　基于PFC3D颗粒流离散单元法的粉细砂湿陷性评价 213

6.4　毛乌素沙漠粉细砂湿陷性评价体系构建 214

本章小结 216

第7章　毛乌素沙漠粉细砂湿陷性评价软件平台 217

7.1　粉细砂湿陷性评价数据库的构建 217

7.1.1　数据库系统的建立 217

7.1.2　数据库查询功能 220

7.2　粉细砂湿陷性评价的图形界面 224

7.2.1　PyQt5工具简介 224

7.2.2　图形界面的开发 225

7.3　粉细砂湿陷性评价的软件平台 232

7.3.1　软件平台的打包 232

7.3.2　软件平台的使用 233

本章小结 238

第8章　主要结论及展望 239

8.1　主要结论 239

8.2　研究展望 240

参考文献 242

第1章 毛乌素沙漠地质环境

毛乌素沙漠地处鄂尔多斯高原向黄土高原的过渡地区，区内植被发育较少，土壤贫瘠，自然条件恶劣，属中等荒漠化沙地。在毛乌素沙漠地区的工程建设中会遇到砂土地基遇水强度降低、产生湿陷变形的问题，这会直接影响工程建设及后期运行安全。本章在收集了现有毛乌素沙漠研究资料的基础上进行现场地质调查，通过资料和地质调查结果总结分析了毛乌素沙漠自然地理、气象特征、水文特征、地形地貌、地层岩性及地质构造等地质环境条件，为开展毛乌素沙漠粉细砂湿陷性试验及湿陷性数值模拟建模提供了地质背景依据。

1.1 毛乌素沙漠自然地理

毛乌素沙漠 (北纬 37° 27′30 ~ 39° 22′30，东经 107° 20′ ~ 111° 30′) 亦称鄂尔多斯沙地，面积约 7.3×10^4 km²，得名于陕西省榆林市靖边县海则滩乡毛乌素村 (在蒙古语中毛乌素意为 "坏水")。最初理解的毛乌素沙地范围为陕西省榆林市定边县孟家沙窝至靖边县高家沟乡的连续沙带，目前将鄂尔多斯高原东南部和陕北长城沿线的沙地统称为 "毛乌素沙漠"，即处于内蒙古鄂尔多斯高原向陕北黄土高原的过渡区内，行政范围主要包括内蒙古自治区鄂尔多斯市南部，陕西省榆林市北部 (神木市、佳县、横山区、靖边县、定边县) 以及宁夏回族自治区盐池县东北部。

毛乌素沙漠地区植被发育较少，植被覆盖率低，土地荒漠化较为严重。其中，在固定和半固定沙丘上发育有油蒿群落和油蒿—柠条群落，在流动沙丘的局部地方有沙米、沙竹等先锋植物和一些灌木。沙地东南地区的部分固定沙丘上还出现臭柏、麻黄等群落。水分条件较好的丘间低地或滩地上有沙柳、酸刺、盐爪爪等灌木以及芨芨草。毛乌素沙漠土壤贫瘠，呈现出过渡性特点：向西北过渡为棕钙土半荒漠地带，向西南到盐池一带过渡为灰钙土半荒漠地带，向东南过渡为黄土高原暖温带灰褐土森林草原地带。

毛乌素沙漠地区现有人口 133 万，其中农业人口为 117 万，农村劳力为 42.7 万，人口相对稀少。该区为不同自然带交接的独特地段，自然条件恶劣，却拥有着十分丰富的资源，如煤、石油、天然气、盐和高岭土等 40 余种矿藏资源，尤其在油气资源方面具有得天独厚的优势，已成为我国石油天然气的重要基地，更是西气东输工程的"第一气源地"。截至 2005 年探明石油资源量已达 80 亿吨，天然气资源量 10 万亿立方米，拥有 4 个储量上千亿立方米的大气田，石油探明储量和油气产量在中国石油天然气集团公司均排名第三位。目前，仅长庆油田在毛乌素沙漠地区已建成的油气站场超过百座，输油气管线超过 2000 公里。随着陕京输气管道、靖宁输气管道、靖西输气管道的陆续建设，长庆气田已经进入了一个大规模勘探开发阶段，并于 2003 年被国家列为战略储备性油气田。西气东输工程的启动，苏里格大气田的勘探发现，更是给气田的勘探开发带来了前所未有的发展机遇，气田规模不断扩大，已经成为我国乃至世界大型气田之一。

1.2　毛乌素沙漠气象特征

毛乌素沙漠地处干旱、半干旱交界带，大部分地区属于温带半干旱区，气候类型为温带大陆性气候。受到东亚季风的影响，年均降水量为 200 mm ～ 450 mm，降水集中在夏季 (7 ～ 9 月)，多暴雨，由东南向西北递减。该地区光照充足，水分蒸发量大，为降水量的 5 ～ 10 倍，干燥度为 1.0 ～ 2.5。年平均气温约为 6℃～ 9℃，1 月份平均气温为 −9.5℃～ 12℃，7 月份平均气温为 22℃～ 24℃，气温年较差大。该区处于中纬度西风带中，高空终年为西风环流所控制，冬季在蒙古西伯利亚一带形成势力强大的冷高压区，盛行由大陆吹向海洋的冬季风，主导风向为西北风，春冬季的平均风速高，年平均风速为 4.8 m/s，大风日数多，最大风速为 28 m/s。

1.3　毛乌素沙漠水文特征

毛乌素沙漠地区地表水较丰富，地表径流量达 $1.4 \times 10^9 \, m^3$，河流主要依靠降水补给水量。由于降水的年内、年际变化差异大，因此河水流量的年内、年际变化差异也很大。地表水系统可分内陆闭流区和外流区。该地区西部、西南部和北部主要属于内陆闭流区，面积约占总面积的 60%；东部和南部则属于外流区，面积约占总面积的 40%。毛乌素沙漠地表水系统如表 1-1 所示。毛乌素沙漠地下水资源丰富，可利用的水量约为 $4 \times 10^8 \, m^3$，丘间地潜水埋深一般在 1 m ～ 2 m，局部地区近 0.5 m。毛乌素沙漠地下水系统如表 1-2 所示。

表 1-1　毛乌素沙漠地表水系统

地表水类型	基本特征	主要河流水系	发育特征
内陆闭流区	径流很不畅通，潜水主要消耗于蒸发，地下水矿化度较高	短小的、永久性或季节性河流	注入苟池、北大池、敖包池、波罗池等盐湖、碱湖，或消失在沙地中
		八里河	陕西境内最大的内流河
外流区	树枝状，均排入黄河	无定河	发源于黄土高原，上游为红柳河，向北至巴土湾附近折向东，至鱼河堡附近折向东南
		窟野河	左侧支流有纳林河、海流兔河、白城河及榆溪河等，右侧支流有芦河、黑河等
		秃尾河	上源为圪求河、宫泊沟
		都思兔河	支流苦水沟

表 1-2　毛乌素沙漠地下水系统

地下水类型	含水层系	补给	径流排泄
碎屑岩裂隙水孔隙水	乌兰木伦河—无定河水流系统	大气降水、农田灌溉水、凝结水、地表河流，补给强度取决于包气带岩性及其结构	河流(湖泊)、碱湖排泄，地下水流向与地表水流向一致
	摩林河—盐海子水流系统		
	都思兔河—盐池水流系统		

1.4　毛乌素沙漠地形地貌

毛乌素沙漠地处鄂尔多斯高原向黄土高原的过渡区域，地势呈现东南低、西北高的特点，整体上呈倾斜状态，高程在 1200 m ～ 1600 m。西北部主要为基岩梁地，中部及东南部则广泛分布着不同类型的第四纪地层。西北部的梁地多从鄂尔多斯中西部高地向东南延伸，梁地梁面平坦，且多遭受切割，在梁间形成若干谷地，呈自西北向东南倾斜的冲湖积平原("滩地")，从而形成"梁地""滩地"平行排列的相间地貌。按照成因，可将毛乌素沙漠的地貌类型划分为构造地貌、堆积地貌、黄土地貌、河流地貌和风沙地貌五类。

风沙地貌是毛乌素沙漠的主要地貌类型，包括流动沙丘、半流动沙丘、半固定沙丘和固定沙丘。流动沙丘几乎没有植物覆盖，由零星分布的高度和大小不一的各种新月形沙丘，以及不同密集程度分布的新月形沙丘链组成 (图 1-1)。单个新月形沙丘平面形态如新月，高度一般在 3 m ～ 15 m，宽度一般在 50 m ～ 200 m。纵剖面两坡很不对称，迎风坡微凸而平缓，坡度一般为 5° ～ 10°，背风坡下凹而较陡，坡度为 28° ～ 33°。当流动沙丘的沙源充足时，可形成由两个或两个以上新月形沙丘组成的新月形沙丘链。沙丘链中沙丘的高度一般在 10 m～30 m，沙丘链间距较大，一般为 40 m～150 m。当新月形沙丘链密集分布而彼此衔接起来时则形成格状沙丘 (图 1-2)，格状沙丘在毛乌素沙漠地区分布面积不大。

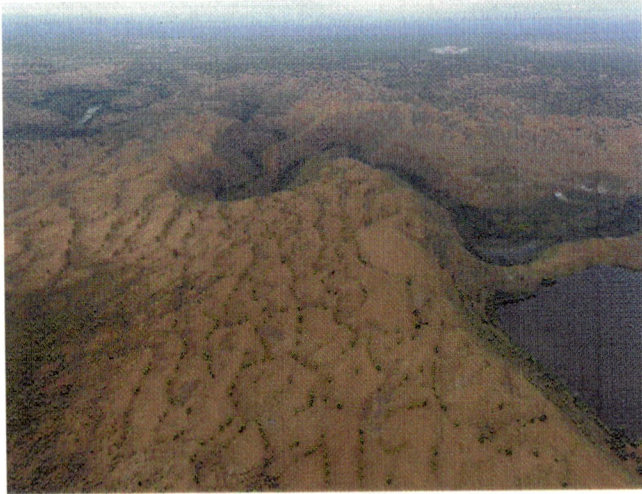

图 1-1　毛乌素沙漠新月形沙丘及沙丘链

图 1-2　毛乌素沙漠格状沙丘

　　半流动沙丘分布在乌审旗洼地、红碱淖南部和无定河北岸等地，多属抛物线形沙丘。由于沙丘两翼较低，水分状况较好，为植物生长提供了条件，沙丘两翼往往首先得到固定，而沙丘中部则继续向前推移，在盛行风作用下，常被推成与新月形沙丘形状相反的马蹄形状，称为抛物线形沙丘。抛物线形沙丘高度一般为 2 m～8 m，中部呈弧形沙堆状突出，宽度与两侧无明显差别，凸面为背风坡，比较陡峭，凹面为迎风坡，较为平缓。

　　半固定沙丘表现为迎风坡仍可出现风蚀坑，沙丘已不能向前移动，但仍有风沙沿地表移动。此时的沙丘基本上被植物固定，植物在土壤中开始发育，但植物尚未完全覆盖整个沙丘 (植被覆盖度小于 40%)。

固定沙丘表现为沙土开始变紧，基本上已不发生风沙流动，植被覆盖度大于 40%。固定沙丘和半固定沙丘经常混杂在一起，其形态呈 "蹄""堆""垅" 三种，高度 1 m ～ 20 m。

1.5 　毛乌素沙漠地层岩性

毛乌素沙漠出露地层比较简单，除第四系广布外，还有白垩系地层出露，部分地区有古近系出露。白垩系的地层主要以砾岩、砂砾夹砂岩透镜体、含砾砂岩、长石石英砂岩、长石砂岩、粗砂岩、粉细砂岩、钙质细砂岩、泥质粉砂岩、泥岩、砾岩夹透镜状泥岩、砂质泥岩等为主，古近系的地层为泥岩、粉砂岩、砂岩及石膏层，局部石英砂岩、砂质泥岩。第四系以粉细砂层 (Q) 为主，这些地层结构构成毛乌素沙漠的主体。除此之外，毛乌素沙漠还分布有洪积层、湖积层、粉细黄土层、冲湖积层、冲击层、冲洪积层等。

1.6 　毛乌素沙漠地质构造

毛乌素沙漠位于鄂尔多斯盆地的北部，其北部为伊盟隆起，西部为鄂尔多斯天环古向斜和西缘断褶带，南抵鄂尔多斯中央古隆起，东部为伊陕斜坡的北部 (图 1-3)。

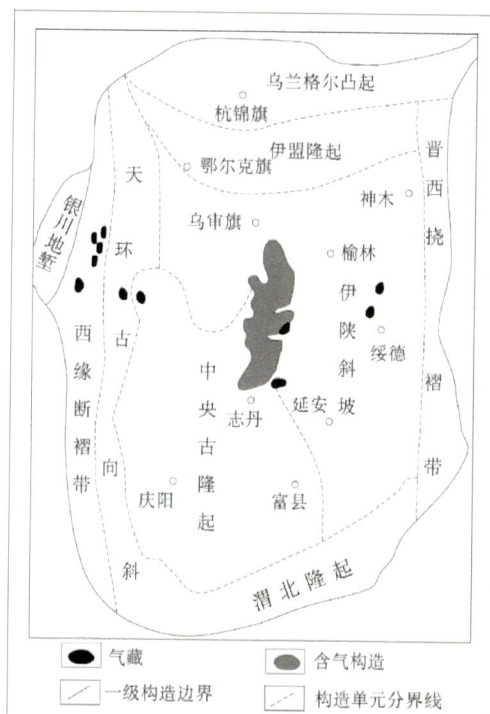

图 1-3 　毛乌素及周边地区构造分区图

伊盟隆起自元古代以来一直处于持续隆起状态，地层均向隆起方向逐渐变薄或缺失。新生代时，河套地区断陷下沉，内蒙古地轴与伊盟隆起分开，形成现今的构造面貌。天环古向斜的轴线总体呈近南北走向，其西缘与鄂尔多斯盆地西缘断褶带以深断裂相接，东与斜坡相邻，西翼倾角较陡，东翼相对宽缓。西缘断褶带位于盆地西缘桌子山至平凉一带，是一个由断裂、褶皱组成的复杂构造带，其北段为贺兰裂谷，中段和南段为华北古大陆边缘区。伊陕斜坡位于鄂尔多斯盆地中、东部，基底性质稳定，盖层构造简单。鄂尔多斯中央古隆起形成于元古代到早古生代。毛乌素沙漠作为鄂尔多斯盆地组成部分之一，地层产状非常平缓，其内岩层褶皱、断裂、节理、劈理等地质构造现象较少发育。

本 章 小 结

本章主要从自然地理、气象特征、水文特征、地形地貌、地层岩性、地质构造 6 个方面介绍了毛乌素沙漠的地质环境情况。毛乌素沙漠位于鄂尔多斯高原与黄土高原过渡带，以极端的自然环境和丰富的资源而著称。土壤类型随地域变化，从半荒漠的棕钙土至黄土高原的灰褐土均有分布。区域内人口约 133 万，农业人口占绝大多数，且油气资源极为丰富，是西气东输工程的关键地区。毛乌素沙漠的气候特点是温带大陆性干旱与半干旱气候，年降水量 200 mm 至 450 mm，集中于夏季，该地区水分蒸发量远超降水量，年平均气温 6℃至 9℃，温差大，风力强劲，以西北风为主。沙漠水文状况显示，地表水径流丰富，总量约 4 亿立方米，为当地提供了一定的水资源保障。地形地貌上，沙漠呈现从东南到西北逐渐升高的趋势，主要由基岩梁地、第四纪地层形成的沙地构成，形成了以风沙地貌为主的多样化地貌类型，如流动沙丘、半流动沙丘、半固定沙丘和固定沙丘等。地质上，毛乌素沙漠地层以第四系粉细砂层为主，伴随白垩系和古近系岩石出露，构造上处于鄂尔多斯盆地的特殊位置，受周边隆起、向斜、断褶带等地质构造影响，形成了稳定的盆地环境，为油气资源的形成与积累提供了有利条件。

综上，毛乌素沙漠在恶劣自然条件下，仍展现出独特的地理、气象、水文、地形地貌和地质特征，不仅生态环境脆弱，而且蕴藏着丰富的矿产资源，是科学研究、环境保护和资源开发并重的特殊区域。

第 2 章　毛乌素沙漠粉细砂性质

　　作为自然界中多相体系的土，其性质是千变万化的。在工程实践中，有重要意义的是固体相、液体相和气体相三相的比例关系、相互作用以及在外力作用下表现出来的一系列性质，即所谓土的物理性质和力学性质。土的物理性质实际是研究土中三相物质的质量与体积间的相互比例关系，以及固、液两相相互作用所表现出来的性质。土的力学性质则是土在外力作用下表现出来的性质，通过室内力学试验或数值换算得出的土的力学性质指标，可以定量评价土的工程地质性质。本章在毛乌素沙漠地质环境背景总结分析的基础上，首先介绍毛乌素沙漠粉细砂取样布置及方法，其次在 6 个试验场地布置 15 个试验点，进行粉细砂取样制样，最后通过含水率试验、室内密度试验、比重试验、相对密实度试验、颗粒分析试验、压缩试验、单环法渗透试验、X 射线衍射试验、扫描电镜试验等大量试验的结果揭示毛乌素沙漠粉细砂的含水率、密度、比重、孔隙比、相对密实度、颗粒组成、压缩性、渗透性、物质组成及微结构等物理和力学性质。

2.1　毛乌素沙漠粉细砂取样及制样

　　在掌握毛乌素沙漠地质环境背景的基础上，为研究了解毛乌素沙漠粉细砂岩土特性，需要对研究区进行详细的野外踏勘及岩土工程取样。取样点位置如表 2-1 及图 2-1 所示。

表 2-1　毛乌素沙漠粉细砂试验场地取样点个数及经纬度

试验场地编号	试验场地名称	取样点个数	经度	纬度
Site 1	刘家海子（榆林市榆阳区）	2	109.640675	38.24720833
Site 2	草皮圪（榆林市横山区）	2	109.6051444	38.12880278
Site 3	刘家海子（榆林市榆阳区）	2	109.640675	38.24720833
Site 4	活洛滩（榆林市榆阳区）	2	109.4850528	38.35013611
Site 5	小壕兔乡（榆林市榆阳区）	3	109.7139778	38.77000278
Site 6	通斯（内蒙古乌审旗）	4	108.6510139	38.19700833

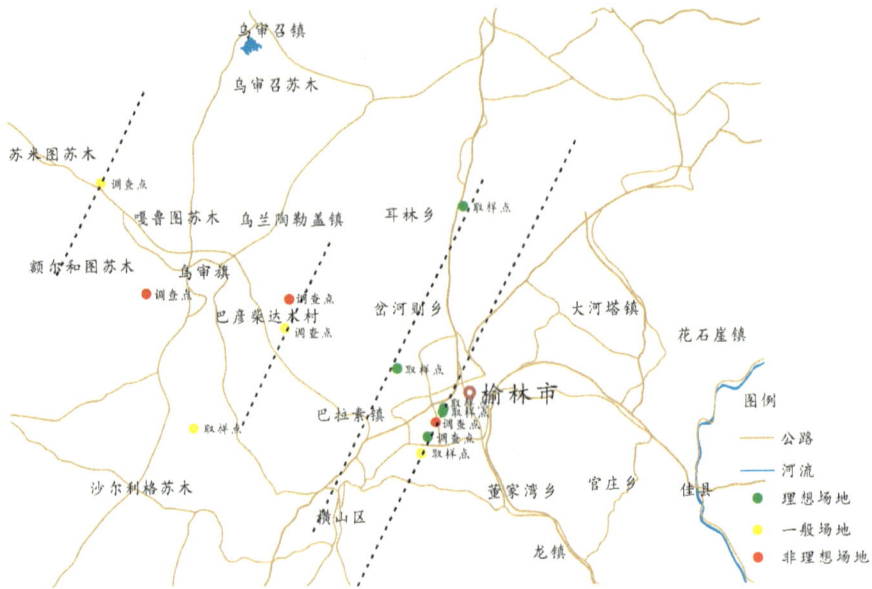

图 2-1 毛乌素沙漠粉细砂取样点布置示意图

在确定取样位置的基础上，对不同试验场地粉细砂进行取样。在不破坏砂土性状，尤其是不破坏松散砂土原始性状的前提下，利用环刀对砂土，尤其是松散砂土进行无扰动取样。在砂土中采用环刀取样方法的具体操作如下：

(1) 根据试验要求用环刀切取松散砂土样时，首先在环刀内壁薄涂一层凡士林，刀刃向下放在砂土样上，将环刀垂直下压，并用切土刀沿环刀外侧切削土样，边压边削至土样高出环刀，用钢丝锯或修土刀整平环刀下端土样，擦净环刀外壁 (图 2-2、图 2-4(a))。环刀为地基基础取样中常见的工具，内径为 6 cm ～ 8 cm，高为 2.0 cm，壁厚为 1.5 mm ～ 2.2 mm，环刀上端有刀刃。

(2) 用玻璃片按照一定顺序沿环刀下端口覆盖于环刀上面，避免土样反转时砂土样沿环刀下端口漏出 (图 2-3(a))。玻璃片盖好后，利用板刀 (托板) 间隔环刀一定距离斜插入环刀下方，保证托板插入过程中环刀内砂土样性状不被扰动 (图 2-3(b))。

(3) 利用托板将环刀反转，注意反转过程中用手将玻璃片固定住，保证砂土样不沿环刀下端口漏出 (图 2-3(c))，用钢丝锯或修土刀将反转后的土样削平。至此，原状砂土样制备完成，土样基本无扰动 (图 2-3(d)、图 2-4(b))。完成原状粉细砂取样后，立即密封。

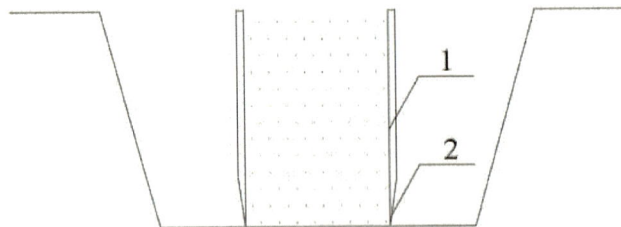

1—环刀；2—刀刃口

图 2-2 环刀垂直下压切削粉细砂示意图

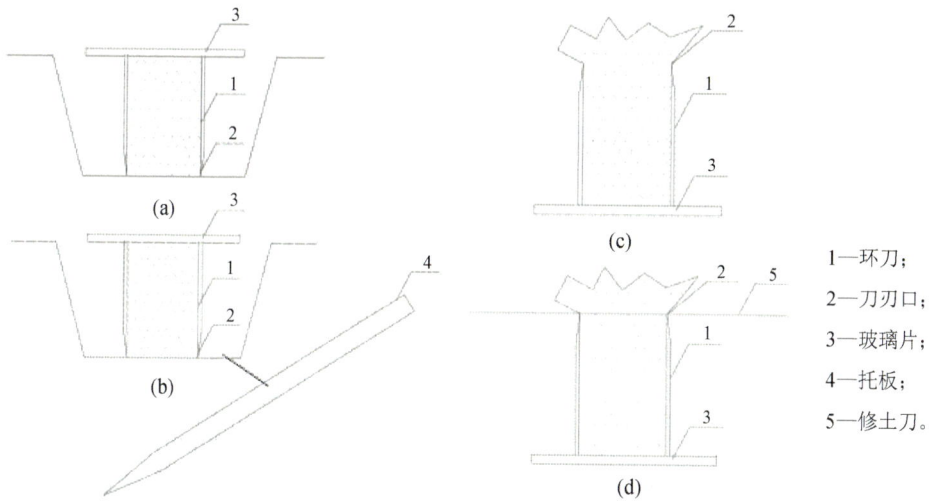

1—环刀；

2—刀刃口；

3—玻璃片；

4—托板；

5—修土刀。

图 2-3　粉细砂环刀取样方法示意图

(a) 环刀下压切削砂土试样

(b) 翻转砂土试样并削平

图 2-4　粉细砂环刀取样过程

2.2 毛乌素沙漠粉细砂的基本物理性质

2.2.1 粉细砂含水率

土的含水率是土中所含水分的质量与土粒质量的相对比值，其大小能反映土的干湿程度，但不能反映土中孔隙的充水程度。因此，在工程实践中，除测定土的天然含水率外，还用饱和度 (S_r) 来表明土中孔隙被水充满的程度。根据《土工试验方法标准》(GB/T 50123—2019)，采用烘干法分别测试 6 个试验场地的 15 个试验点粉细砂的含水率，每个试验点进行 3 次平行试验，同时计算其饱和度，得到含水率和饱和度试验结果如表 2-2 所示。

表 2-2 毛乌素沙漠粉细砂含水率试验结果统计表

取样点	试验点	含水率 /%	饱和度 /%
1	JSZH 1-1	3.4	11.92
2	JSZH 1-2	4.0	14.03
3	JSZH 2-1	4.2	15.98
4	JSZH 2-2	4.0	15.04
5	JSZH 3-1	3.4	12.99
6	JSZH 3-2	3.3	12.72
7	JSZH 4-1	4.5	16.30
8	JSZH 4-2	4.4	15.48
9	JSZH 5-1	4.3	15.28
10	JSZH 5-2	4.2	15.31
11	JSZH 5-3	4.4	17.19
12	JSZH 6-1	5.4	20.67
13	JSZH 6-2	5.3	20.50
14	JSZH 6-3	5.3	21.08
15	JSZH 6-4	5.1	20.31

由 6 个试验场地的 15 个试验点的试验结果可以看出，毛乌素沙漠粉细砂天然含水率较小，其范围在 3.3% ~ 5.4%，饱和度范围在 11.92% ~ 20.67%，这些数据表明砂颗粒具有良好的透水性，孔隙中充水较少，保水能力低。

2.2.2　粉细砂密度

土的密度反映了土的质量和体积的比例关系。根据《土工试验方法标准》(GB/T 50123—2019)，采用环刀法分别测试 6 个试验场地的 15 个试验点粉细砂的天然密度、干密度和饱和密度，每个试验点进行 2 次平行试验，得到的密度试验结果如表 2-3 所示。

表 2-3　毛乌素沙漠粉细砂密度试验结果统计表

取样点	试验点	天然密度 /(g/cm³)	干密度 /(g/cm³)	饱和密度 /(g/cm³)
1	JSZH 1-1	1.567	1.515	1.947
2	JSZH 1-2	1.572	1.512	1.943
3	JSZH 2-1	1.632	1.566	1.977
4	JSZH 2-2	1.614	1.552	1.965
5	JSZH 3-1	1.621	1.568	1.979
6	JSZH 3-2	1.619	1.567	1.973
7	JSZH 4-1	1.587	1.519	1.938
8	JSZH 4-2	1.587	1.520	1.952
9	JSZH 5-1	1.588	1.523	1.952
10	JSZH 5-2	1.601	1.536	1.957
11	JSZH 5-3	1.649	1.580	1.984
12	JSZH 6-1	1.660	1.575	1.986
13	JSZH 6-2	1.660	1.576	1.984
14	JSZH 6-3	1.670	1.586	1.985
15	JSZH 6-4	1.670	1.589	1.988

由 6 个试验场地的 15 个试验点的试验结果可以看出，毛乌素沙漠粉细砂天然密度范围在 1.567 g/cm³ ～ 1.670 g/cm³，根据试验测定的密度和含水率计算粉细砂的干密度，其范围在 1.512 g/cm³ ～ 1.589 g/cm³，根据试验测定的基本物理指标计算粉细砂的饱和密度范围在 1.938 g/cm³ ～ 1.988 g/cm³。

2.2.3　粉细砂比重

土的颗粒比重可间接反映土的矿物成分，也可用来换算其他基本物理性质指标。按照土颗粒大小不同，分别用下列方法进行比重测定：粒径小于 5 mm 的土用比重瓶法进行比重测定；粒径大于 5 mm 的土采用浮称法及虹吸筒法进行比重测定。根据《土工试验方法标准》(GB/T 50123—2019)，采用比重瓶法分别测试 6 个试验场地的 15 个试验点的粉细砂的比重，每个试验点进行 2 次平行试验，得到的比重试验结果如表 2-4 所示。

表 2-4　毛乌素沙漠粉细砂比重试验结果统计表

取样点	试验点	比重	取样点	试验点	比重
1	JSZH 1-1	2.668	9	JSZH 5-1	2.665
2	JSZH 1-2	2.658	10	JSZH 5-2	2.654
3	JSZH 2-1	2.661	11	JSZH 5-3	2.653
4	JSZH 2-2	2.643	12	JSZH 6-1	2.676
5	JSZH 3-1	2.660	13	JSZH 6-2	2.660
6	JSZH 3-2	2.640	14	JSZH 6-3	2.638
7	JSZH 4-1	2.616	15	JSZH 6-4	2.644
8	JSZH 4-2	2.676			

由 6 个试验场地的 15 个试验点的试验结果可以看出，毛乌素沙漠粉细砂比重范围在 2.616～2.677。由此可见，毛乌素沙漠粉细砂比重变化较小，离散程度也较小。

2.2.4　粉细砂孔隙比

孔隙比是评价土密实程度的重要指标，其可以通过比重、干密度和含水率等数据计算得到。孔隙比数值越大，表明土中孔隙体积愈大，土的结构愈疏松。对于砂土来说，其孔隙主要为颗粒间孔隙。根据《土工试验方法标准》(GB/T 50123—2019) 实测的粉细砂指标，进一步计算得到的 6 个试验场地的 15 个试验点的孔隙比如表 2-5 所示。

表 2-5　毛乌素沙漠粉细砂孔隙比结果统计表

取样点	试验点	孔隙比	取样点	试验点	孔隙比
1	JSZH 1-1	0.761	9	JSZH 5-1	0.750
2	JSZH 1-2	0.758	10	JSZH 5-2	0.728
3	JSZH 2-1	0.699	11	JSZH 5-3	0.679
4	JSZH 2-2	0.703	12	JSZH 6-1	0.699
5	JSZH 3-1	0.696	13	JSZH 6-2	0.688
6	JSZH 3-2	0.685	14	JSZH 6-3	0.663
7	JSZH 4-1	0.722	15	JSZH 6-4	0.664
8	JSZH 4-2	0.761			

由 6 个试验场地的 15 个试验点的试验结果可以看出，毛乌素沙漠粉细砂孔隙比范围在 0.663～0.761。

2.2.5　粉细砂相对密实度

为揭示毛乌素沙漠粉细砂的相对密实度，根据《土工试验方法标准》(GB/T 50123—

2019) 分别进行了最大干密度试验和最小干密度试验，其中最大干密度试验采用击实法，最小干密度试验采用倒转法 (漏斗法和量筒法)。根据测试结果按照式 (2.1) 计算可得出不同试验点粉细砂的最小孔隙比和最大孔隙比，按照式 (2.2) 分别计算不同试验点粉细砂的相对密实度。

$$e = \frac{G_s \rho_w (1+w)}{\rho} - 1 \tag{2.1}$$

$$D_r = \frac{e_{max} - e_0}{e_{max} - e_{min}} \tag{2.2}$$

式中，e 为孔隙比，不同试验点的取值如表 2-5 所示；ρ 为天然密度，不同试验点的取值如表 2-3 所示；ρ_w 为水的密度，取 1 g/cm^3；G_s 为土的比重，不同试验点的取值如表 2-4 所示；w 为土的含水率，不同试验点的取值如表 2-2 所示；D_r 为相对密实度，e_{max} 为土处于最松散状态时的最大孔隙比，e_{min} 为土处于最密实状态时的最小孔隙比，e_0 为土的天然孔隙比。根据《土工试验方法标准》(GB/T 50123—2019)，可以实测 6 个试验场地 15 个试验点的粉细砂的最大干密度和最小干密度，按照式 (2.2) 计算得到的各试验点的最大孔隙比和最小孔隙比及相对密实度如表 2-6 所示。

表 2-6 相对密实度试验结果统计表

取样点	试验点	干密度 /(g/cm³)	最大干密度 /(g/cm³)	最小干密度 /(g/cm³)	相对密实度
1	JSZH 1-1	1.515	1.73	1.38	0.44
2	JSZH 1-2	1.512	1.72	1.38	0.44
3	JSZH 2-1	1.566	1.77	1.37	0.49
4	JSZH 2-2	1.552	1.78	1.37	0.51
5	JSZH 3-1	1.568	1.74	1.39	0.56
6	JSZH 3-2	1.567	1.72	1.39	0.59
7	JSZH 4-1	1.519	1.77	1.38	0.41
8	JSZH 4-2	1.520	1.77	1.38	0.41
9	JSZH 5-1	1.523	1.79	1.39	0.39
10	JSZH 5-2	1.536	1.80	1.39	0.42
11	JSZH 5-3	1.580	1.81	1.39	0.52
12	JSZH 6-1	1.575	1.71	1.39	0.63
13	JSZH 6-2	1.576	1.71	1.39	0.63
14	JSZH 6-3	1.586	1.71	1.39	0.66
15	JSZH 6-4	1.589	1.72	1.39	0.65

由表 2-6 可知，各试验点粉细砂的最大干密度范围在 1.71 g/cm³ ～ 1.81 g/cm³，最小干密度范围在 1.37 g/cm³ ～ 1.39 g/cm³，相对密实度范围在 0.39 ～ 0.66。从数据分析，试验点粉细砂均为中密砂。

2.2.6　粉细砂颗粒组成

根据《土工试验方法标准》(GB/T 50123—2019)，用 Bettersize 2000 激光粒度分布仪分别测试 6 个试验场地 15 个试验点的粉细砂的颗粒组成，每个试验点进行 2 组平行试验，得到毛乌素沙漠粉细砂的颗粒粒度成分与累计含量曲线如图 2-5 至图 2-19 所示。由图可知，15 个试验点的粉细砂颗粒粒度成分多集中在 0.075 mm 以上，其中 0.25 mm ～ 0.5 mm 的颗粒占主要部分，0.075 mm ～ 0.25 mm 的颗粒占次要部分。分别计算各试验点的不均匀系数和曲率系数，并按粒组的相对含量来表示粒度成分，得到 15 个试验点的粉细砂颗粒分析结果如表 2-7 所示。由表可知各试验点粉细砂的不均匀系数 C_u 均小于 5，曲率系数 C_c 的数值范围均在 1 ～ 3，这些数据表明 15 个试验点粉细砂为良好级配的均粒土。

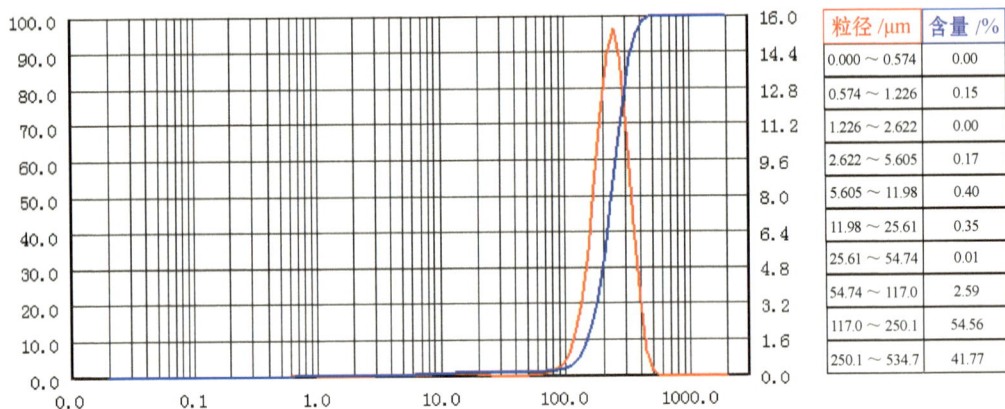

粒径 /μm	含量 /%
0.000 ～ 0.574	0.00
0.574 ～ 1.226	0.15
1.226 ～ 2.622	0.00
2.622 ～ 5.605	0.17
5.605 ～ 11.98	0.40
11.98 ～ 25.61	0.35
25.61 ～ 54.74	0.01
54.74 ～ 117.0	2.59
117.0 ～ 250.1	54.56
250.1 ～ 534.7	41.77

图 2-5　试验点 1 粉细砂颗粒粒度成分与累计含量曲线

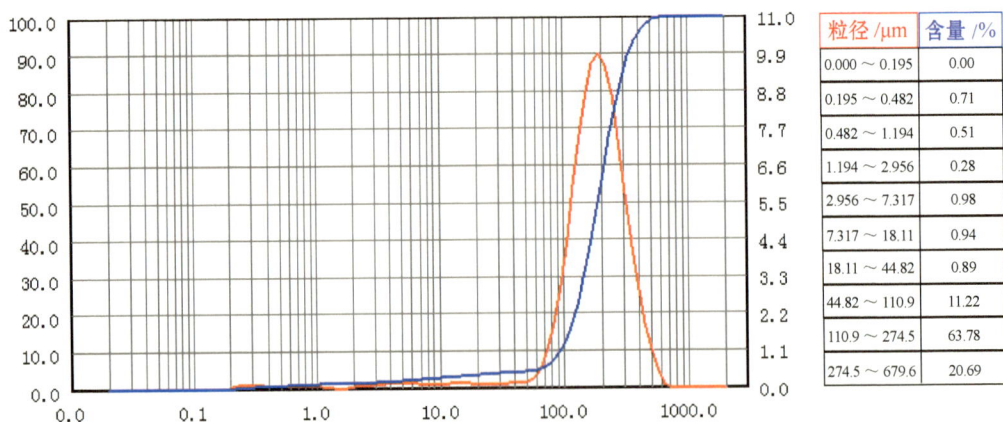

粒径 /μm	含量 /%
0.000 ～ 0.195	0.00
0.195 ～ 0.482	0.71
0.482 ～ 1.194	0.51
1.194 ～ 2.956	0.28
2.956 ～ 7.317	0.98
7.317 ～ 18.11	0.94
18.11 ～ 44.82	0.89
44.82 ～ 110.9	11.22
110.9 ～ 274.5	63.78
274.5 ～ 679.6	20.69

图 2-6　试验点 2 粉细砂颗粒粒度成分与累计含量曲线

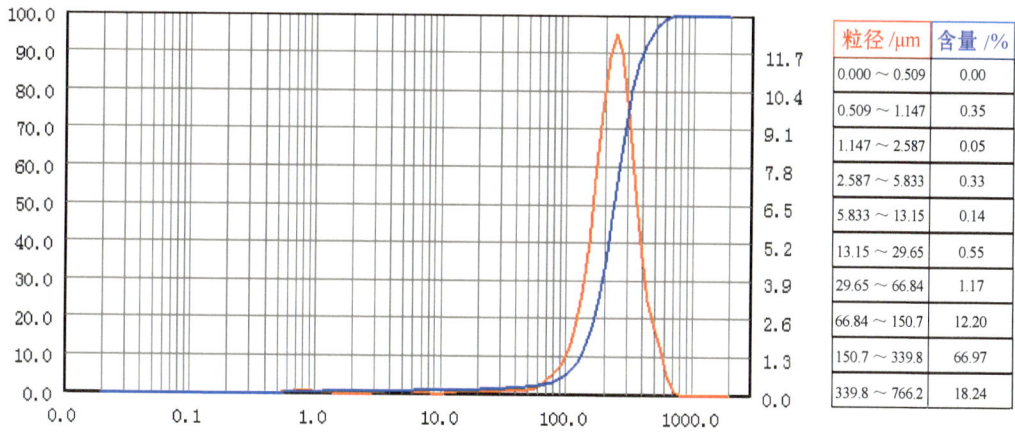

粒径 /μm	含量 /%
0.000～0.509	0.00
0.509～1.147	0.35
1.147～2.587	0.05
2.587～5.833	0.33
5.833～13.15	0.14
13.15～29.65	0.55
29.65～66.84	1.17
66.84～150.7	12.20
150.7～339.8	66.97
339.8～766.2	18.24

图 2-7　试验点 3 粉细砂颗粒粒度成分与累计含量曲线

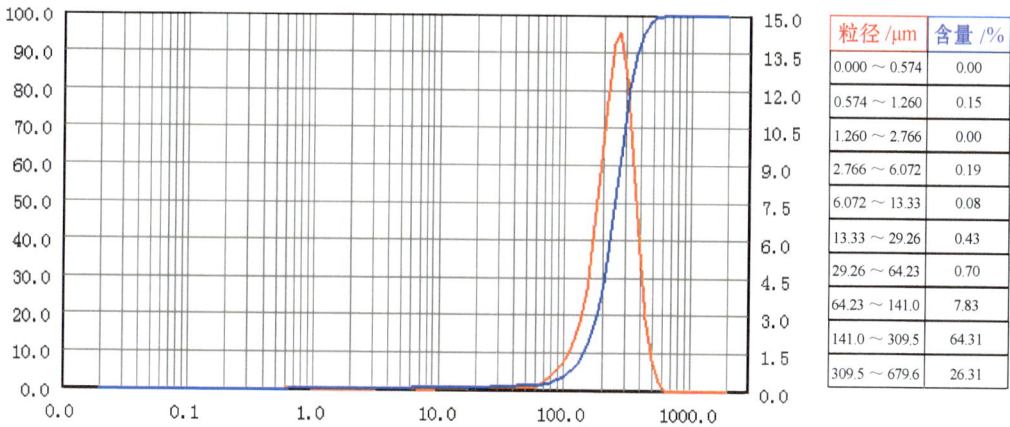

粒径 /μm	含量 /%
0.000～0.574	0.00
0.574～1.260	0.15
1.260～2.766	0.00
2.766～6.072	0.19
6.072～13.33	0.08
13.33～29.26	0.43
29.26～64.23	0.70
64.23～141.0	7.83
141.0～309.5	64.31
309.5～679.6	26.31

图 2-8　试验点 4 粉细砂颗粒粒度成分与累计含量曲线

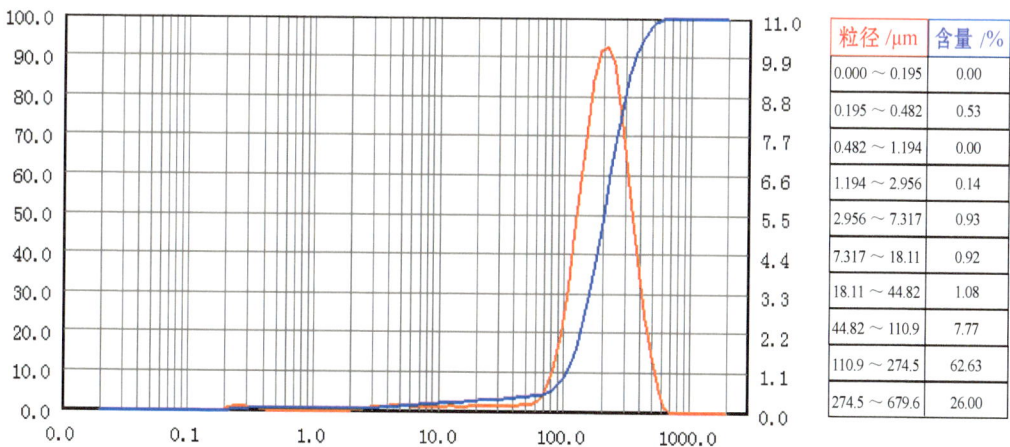

粒径 /μm	含量 /%
0.000～0.195	0.00
0.195～0.482	0.53
0.482～1.194	0.00
1.194～2.956	0.14
2.956～7.317	0.93
7.317～18.11	0.92
18.11～44.82	1.08
44.82～110.9	7.77
110.9～274.5	62.63
274.5～679.6	26.00

图 2-9　试验点 5 粉细砂颗粒粒度成分与累计含量曲线

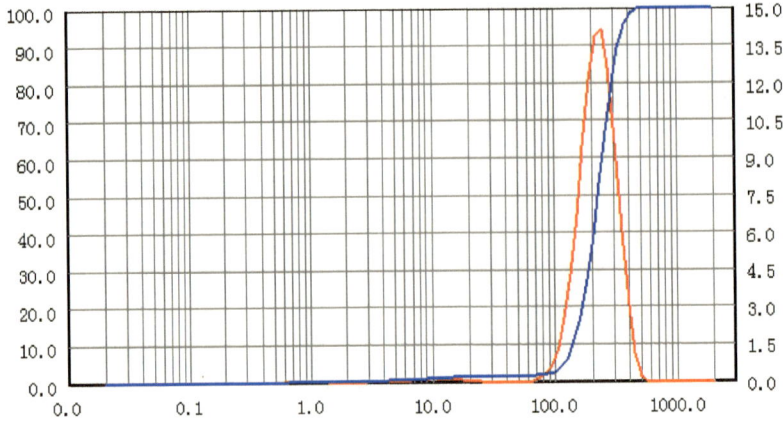

粒径 /μm	含量 /%
0.000 ~ 0.574	0.00
0.574 ~ 1.226	0.22
1.226 ~ 2.622	0.02
2.622 ~ 5.605	0.23
5.605 ~ 11.98	0.62
11.98 ~ 25.61	0.39
25.61 ~ 54.74	0.02
54.74 ~ 117.0	3.35
117.0 ~ 250.1	57.48
250.1 ~ 534.7	37.67

图 2-10　试验点 6 粉细砂颗粒粒度成分与累计含量曲线

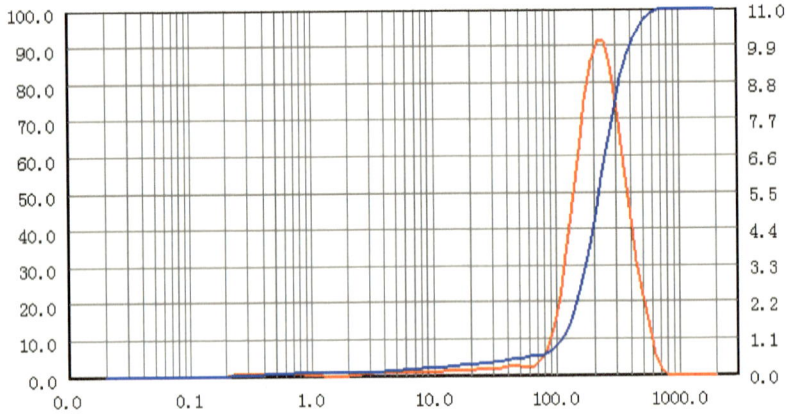

粒径 /μm	含量 /%
0.000 ~ 0.195	0.00
0.195 ~ 0.489	0.52
0.489 ~ 1.226	0.38
1.226 ~ 3.077	0.15
3.077 ~ 7.717	0.89
7.717 ~ 19.35	1.00
19.35 ~ 48.55	1.62
48.55 ~ 121.7	8.11
121.7 ~ 305.4	62.90
305.4 ~ 766.2	24.43

图 2-11　试验点 7 粉细砂颗粒粒度成分与累计含量曲线

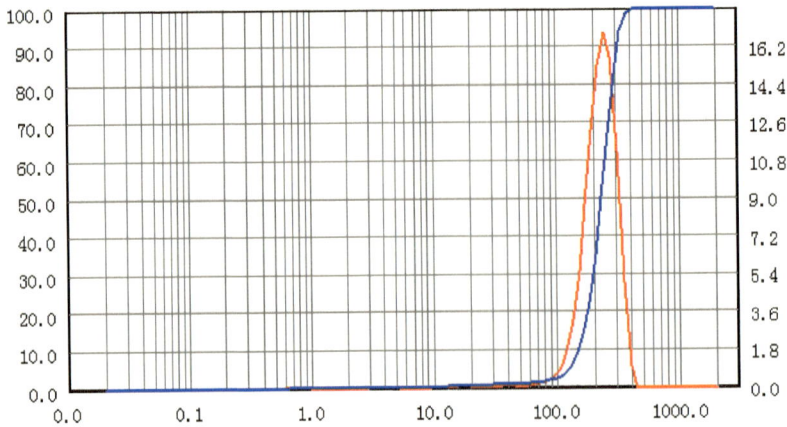

粒径 /μm	含量 /%
0.000 ~ 0.574	0.00
0.574 ~ 1.194	0.16
1.194 ~ 2.486	0.00
2.486 ~ 5.174	0.12
5.174 ~ 10.77	0.03
10.77 ~ 22.41	0.36
22.41 ~ 46.65	0.38
46.65 ~ 97.09	1.28
97.09 ~ 202.0	31.02
202.0 ~ 420.6	66.65

图 2-12　试验点 8 粉细砂颗粒粒度成分与累计含量曲线

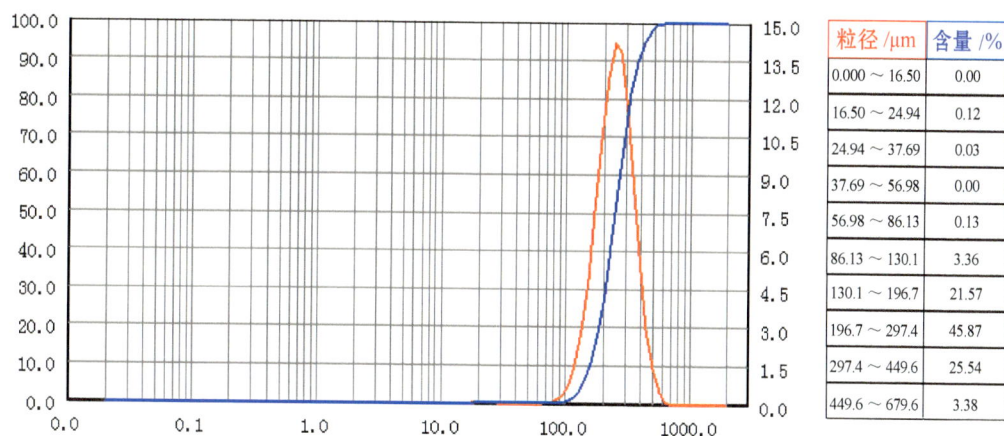

粒径 /μm	含量 /%
0.000～16.50	0.00
16.50～24.94	0.12
24.94～37.69	0.03
37.69～56.98	0.00
56.98～86.13	0.13
86.13～130.1	3.36
130.1～196.7	21.57
196.7～297.4	45.87
297.4～449.6	25.54
449.6～679.6	3.38

图 2-13　试验点 9 粉细砂颗粒粒度成分与累计含量曲线

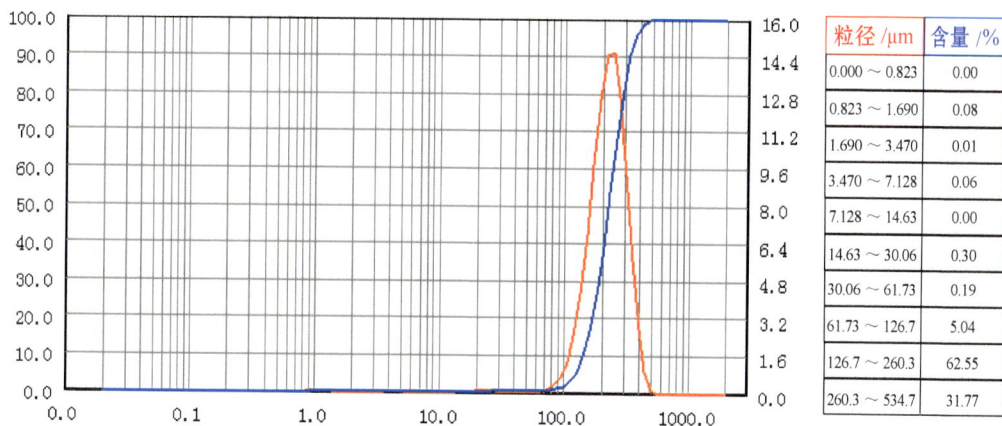

粒径 /μm	含量 /%
0.000～0.823	0.00
0.823～1.690	0.08
1.690～3.470	0.01
3.470～7.128	0.06
7.128～14.63	0.00
14.63～30.06	0.30
30.06～61.73	0.19
61.73～126.7	5.04
126.7～260.3	62.55
260.3～534.7	31.77

图 2-14　试验点 10 粉细砂颗粒粒度成分与累计含量曲线

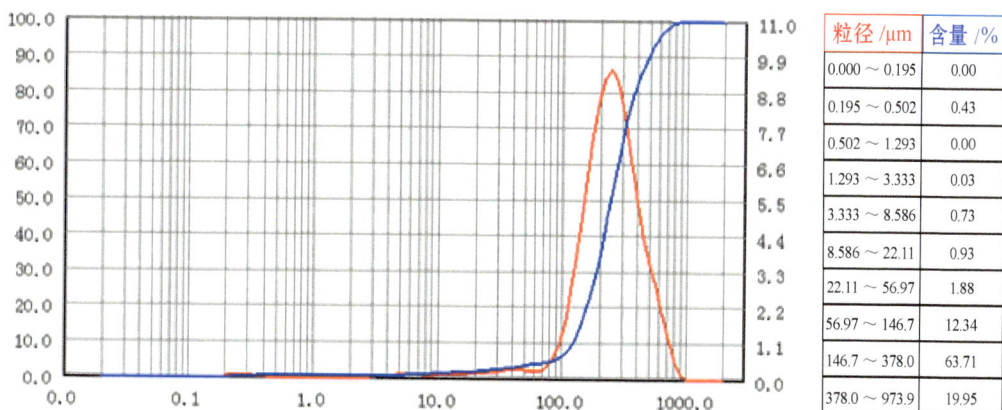

粒径 /μm	含量 /%
0.000～0.195	0.00
0.195～0.502	0.43
0.502～1.293	0.00
1.293～3.333	0.03
3.333～8.586	0.73
8.586～22.11	0.93
22.11～56.97	1.88
56.97～146.7	12.34
146.7～378.0	63.71
378.0～973.9	19.95

图 2-15　试验点 11 粉细砂颗粒粒度成分与累计含量曲线

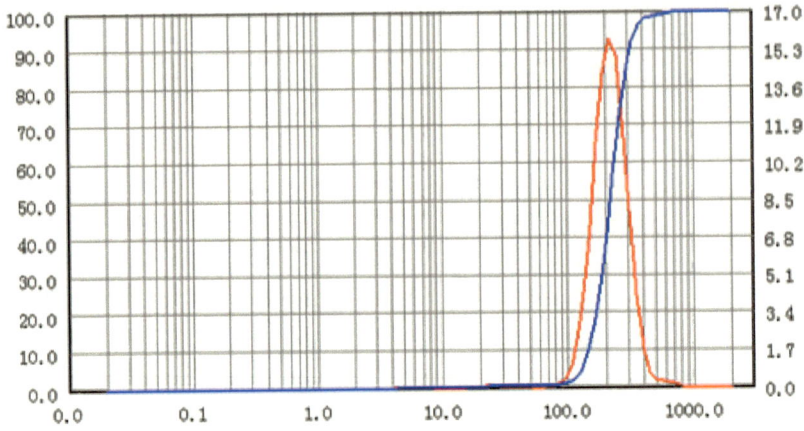

粒径 /μm	含量 /%
0.000 ~ 3.914	0.00
3.914 ~ 7.129	0.17
7.129 ~ 12.98	0.04
12.98 ~ 23.65	0.13
23.65 ~ 43.08	0.26
43.08 ~ 78.47	0.08
78.47 ~ 142.9	7.98
142.9 ~ 260.3	63.45
260.3 ~ 474.2	26.79
474.2 ~ 863..8	1.10

图 2-16　试验点 12 粉细砂颗粒粒度成分与累计含量曲线

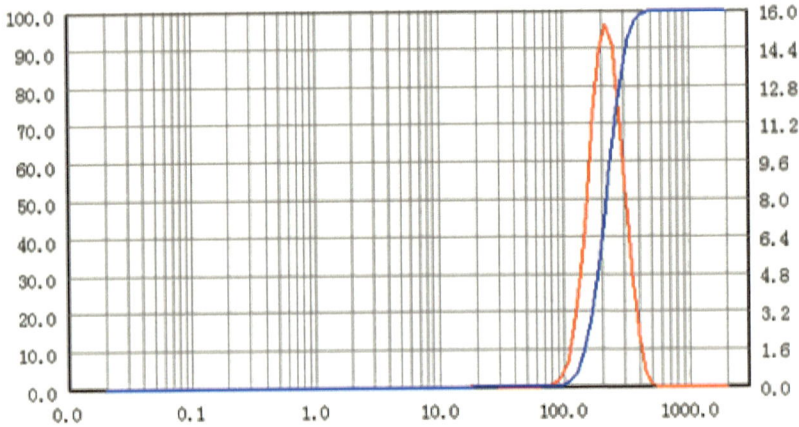

粒径 /μm	含量 /%
0.000 ~ 16.50	0.00
16.50 ~ 24.28	0.12
24.28 ~ 35.74	0.03
35.74 ~ 52.60	0.00
52.60 ~ 77.42	0.03
77.42 ~ 113.9	1.81
113.9 ~ 167.7	18.12
167.7 ~ 246.8	45.20
246.8 ~ 363.2	30.60
363.2 ~ 534.7	4.09

图 2-17　试验点 13 粉细砂颗粒粒度成分与累计含量曲线

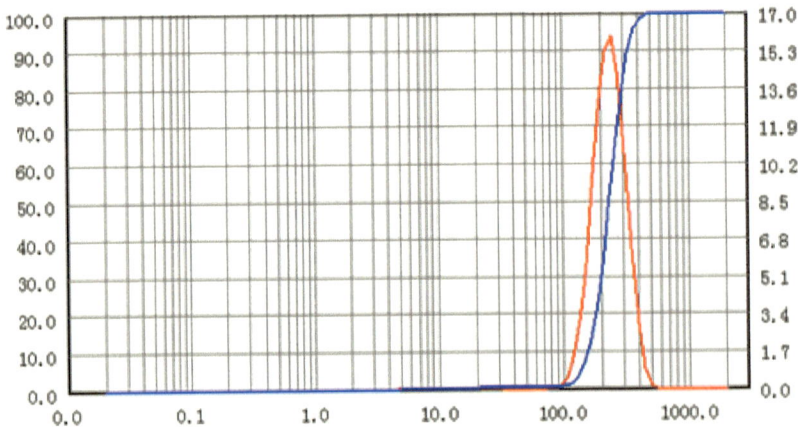

粒径 /μm	含量 /%
0.000 ~ 4.413	0.00
4.413 ~ 7.520	0.11
7.520 ~ 12.81	0.10
12.81 ~ 21.83	0.16
21.83 ~ 37.21	0.14
37.21 ~ 63.41	0.01
63.41 ~ 108.0	0.64
108.0 ~ 184.1	20.77
184.1 ~ 313.7	62.68
313.7 ~ 534.7	15.41

图 2-18　试验点 14 粉细砂颗粒粒度成分与累计含量曲线

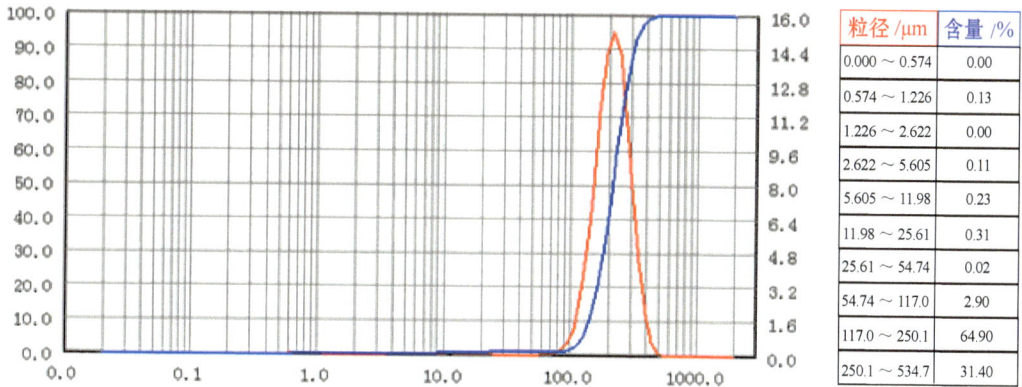

粒径 /μm	含量 /%
0.000～0.574	0.00
0.574～1.226	0.13
1.226～2.622	0.00
2.622～5.605	0.11
5.605～11.98	0.23
11.98～25.61	0.31
25.61～54.74	0.02
54.74～117.0	2.90
117.0～250.1	64.90
250.1～534.7	31.40

图 2-19 试验点 15 粉细砂颗粒粒度成分与累计含量曲线

表 2-7 颗粒分析结果统计表

取样点	试验点	各粒径范围 (mm) 含量百分比 /%						不均匀系数	曲率系数
		＞2.00	2.00～1.00	1.0～0.5	0.5～0.25	0.25～0.075	＜0.075	C_u	C_c
1	JSZH 1-1	0.00	0.00	0.03	62.65	36.05	1.27	2.670	1.150
2	JSZH 1-2	0.00	0.01	0.01	52.64	46.06	1.29	2.800	1.157
3	JSZH 2-1	0.00	0.00	1.36	64.50	31.99	2.15	3.000	1.467
4	JSZH 2-2	0.00	0.00	1.25	64.06	32.25	2.43	3.000	1.587
5	JSZH 3-1	0.00	0.01	0.03	58.71	39.68	1.57	2.670	1.260
6	JSZH 3-2	0.00	0.00	0.00	61.99	37.27	0.73	2.727	1.336
7	JSZH 4-1	0.16	0.04	0.08	53.82	41.24	4.66	3.500	1.446
8	JSZH 4-2	0.00	0.00	0.07	36.05	61.45	2.44	2.875	1.391
9	JSZH 5-1	0.00	0.00	0.04	71.16	28.36	0.45	2.200	1.069
10	JSZH 5-2	0.00	0.01	0.06	59.51	39.54	0.89	3.000	1.333
11	JSZH 5-3	0.01	0.05	0.09	52.81	43.42	3.62	3.111	1.286
12	JSZH 6-1	0.00	0.00	0.01	71.29	28.35	0.34	2.286	1.181
13	JSZH 6-2	0.00	0.01	0.01	70.26	29.63	0.10	2.125	1.059
14	JSZH 6-3	0.03	0.01	0.03	82.98	16.75	0.21	1.789	1.214
15	JSZH 6-4	0.00	0.00	0.03	75.34	24.45	0.19	2.267	1.260

毛乌素沙漠粉细砂的压缩性

土的力学性质是土在外力作用下表现出来的性质，主要包括土的压缩性和抗剪性，即土的变形和强度特性。土的力学性质是土的工程地质性质的最重要组成部分，与工程建筑物的稳定和正常使用关系极为密切，其指标可被工程设计直接采用。

1. 土的压缩性的概念

土的压缩性是指土在压力作用下发生压缩变形，体积变小的性能。土是一种多孔分散物质，土体积被压缩变小只有三种可能：一是土粒本身的压缩变形，二是孔隙中不同形态的水和气体的压缩变形，三是孔隙中部分水和气体被挤出，土粒相互靠拢使孔隙体积减小。工程实践证明，在一般建筑物荷重作用下，土粒和水的压缩量极小，不及土体压缩量的1/400，通常认为是不可压缩的；气体的压缩性较强，在密闭的体系中，土的压缩是气体压缩的结果，但压力消失后，土的体积基本恢复，即呈现弹性变形。自然界中的土处于开启系统，孔隙中的水和气体在压力作用下不可能被压缩而挤出。因此，土的压缩变形主要是由于孔隙中的水分和气体被挤出，土粒相互移动靠拢，孔隙体积减小而引起的。

土的压缩变形可能在不同条件下进行。如受压土的周围受到限制时，受压过程基本上不能向侧面膨胀，只能发生垂直方向变形，称为无侧胀压缩或有侧限压缩，基础砌置较深的建筑物地基土的压缩近似此条件。如受压土的周围基本上没有限制，受压过程中除垂直方向发生变形外，还将发生侧向的膨胀变形，称之为有侧胀压缩或无侧限压缩，表面建筑（机场或道路）的地基土压缩近似此条件。对于饱水土来说，孔隙全部被水充满，土的压缩主要是由于孔隙中的水被挤出，孔隙体积减少所致，压缩过程与排水过程一致。而非饱和土的压缩，首先是气体的外逸，当气体全部排出时其压缩过程与饱水土相似。

2. 压缩性试验

土的压缩需借助试验方法进行研究，常用的方法有室内压缩试验和现场载荷试验两种。其中，表征土压缩特性的主要参数有压缩系数 (a_v)、压缩模量 (E_s)。此外工程中还常用体积压缩系数 (m_v) 和压缩指数 (C_c) 进行压缩性评价和计算地基压缩变形量。根据《土工试验方法标准》(GB/T 50123—2019)，分别对 6 个试验场地的 15 个试验点的粉细砂进行室内压缩试验，试验采用金属环刀（内径 80 mm，高 20 mm)，按照 2.1 节叙述的粉细砂取样和制样方法，制备原状环刀试样。将制备好的原状环刀试样连同环刀一起装入 WG 型单杠杆固结仪（或称之为侧限压缩仪，其杠杆比为 1∶10，压缩仪上测微表的量程为 10 mm，精度为 0.01 mm)，WG 型单杠杆固结仪示意图如图 2-20 所示。

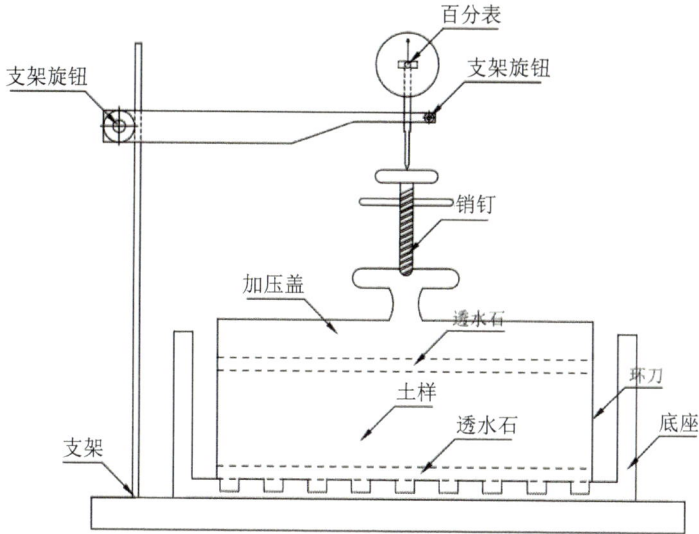

图 2-20　WG 型单杠杆固结仪示意图

　　试样安装完成后，分五级施加荷载，分别为 25 kPa、50 kPa、100 kPa、150 kPa、200 kPa，每级荷载施加后试样变形每小时变化不大于 0.01 mm 时认为固结稳定，记录稳定读数并施加下一级荷载。试验完成后，按式 (2.3) 分别计算不同试验点的粉细砂在不同压力 (因行业关系，本书中关于压力的表述其实质为压强) 稳定后的孔隙比 (e)，按照式 (2.4) 分别计算不同试验点的粉细砂不同压力段的压缩系数 (a_v)，按照式 (2.5) 分别计算不同试验点的粉细砂不同压力段的压缩模量 (E_s)。

$$e_i = \frac{H_i}{H_0}(1 + e_0) - 1 \tag{2.3}$$

$$a_{vi} = \frac{e_i - e_{i+1}}{p_{i+1} - p_i} \tag{2.4}$$

$$E_{si} = \frac{1 + e_0}{a_{vi}} \tag{2.5}$$

　　式中，e_0 为试样的初始孔隙比；e_i 为第 i 级压力下的孔隙比；H_0 为试样的初始高度 (本次试验设置为 20 mm)；H_i 为第 i 级压力下试样的稳定高度；a_{vi} 为第 i 级至 $i + 1$ 级压力下的压缩系数；p_i 为第 i 级的施加压力；p_{i+1} 为第 $i + 1$ 级的施加压力；E_{si} 为第 i 级至 $i + 1$ 级压力下的变形模量。

　　根据试验结果，绘制各试验点粉细砂的压力与孔隙比的变化关系 (见图 2-21)，以及压力与压缩变形量的变化关系 (见图 2-22)。

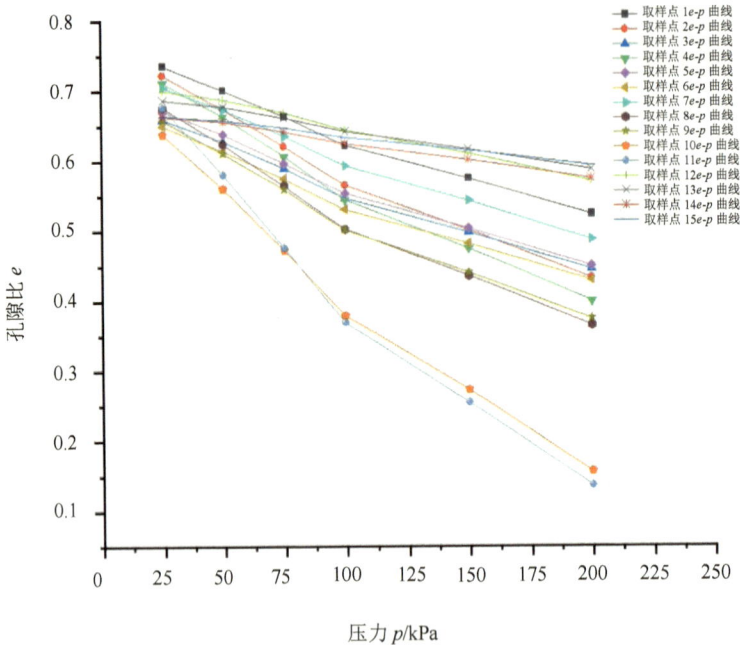

图 2-21　不同试验点粉细砂原状样 *e-p* 曲线

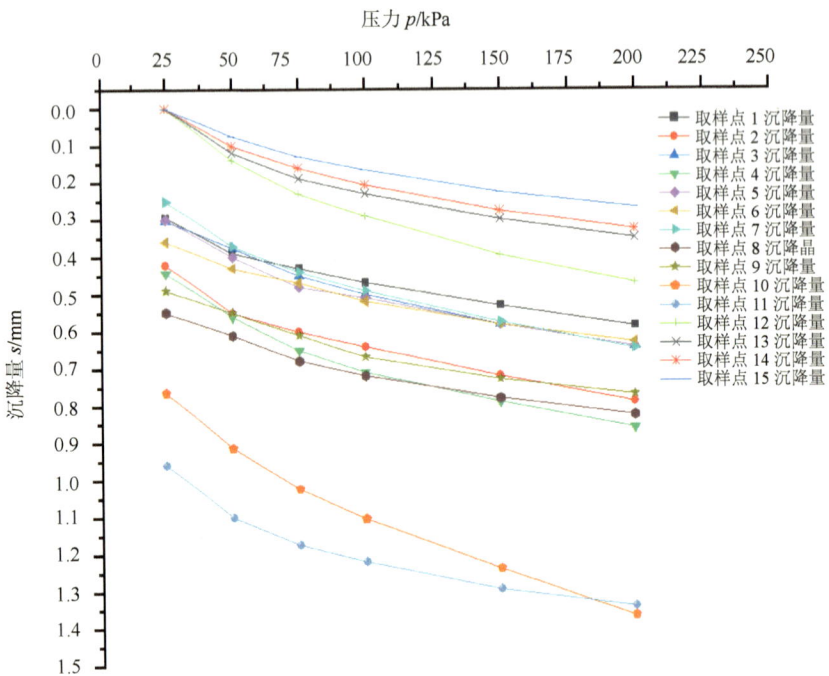

图 2-22　不同试验点粉细砂原状样 *p-s* 曲线

统计 15 个试验点 100 kPa ～ 200 kPa 压力下粉细砂的压缩系数与压缩模量试验结果，如表 2-8 所示。

表 2-8　100 kPa ～ 200 kPa 压力下粉细砂的压缩试验结果

取样点	试验点	压缩系数 a_v	压缩模量 E_s
1	JSZH 1-1	0.101	16.98
2	JSZH 1-2	0.084	20.64
3	JSZH 2-1	0.117	13.93
4	JSZH 2-2	0.132	12.86
5	JSZH 3-1	0.110	14.99
6	JSZH 3-2	0.092	17.71
7	JSZH 4-1	0.135	12.59
8	JSZH 4-2	0.091	18.36
9	JSZH 5-1	0.118	13.78
10	JSZH 5-2	0.221	7.27
11	JSZH 5-3	0.115	14.82
12	JSZH 6-1	0.155	10.95
13	JSZH 6-2	0.101	16.48
14	JSZH 6-3	0.099	16.50
15	JSZH 6-4	0.093	18.00

由表 2-8 可知，在 100 kPa ～ 200 kPa 压力作用下粉细砂的压缩系数范围为 0.084 MPa^{-1} ～ 0.221 MPa^{-1}，因此可判定试验点 2、6、8、14、15 的粉细砂为低压缩性土，其余试验点的粉细砂为中等压缩性土。

2.4　毛乌素沙漠粉细砂的渗透性

工程实践中一个突出的问题是湿陷性土浸水后土体会发生显著的沉降变形，这往往导致土体上部建筑物或构筑物发生变形乃至损坏。湿陷就是由水的渗透浸润引起的，而渗透特性又直接决定着湿陷的发生和发展，渗透性与湿陷性既有区别又相互影响。因此，厘清粉细砂的渗透性是进行其湿陷性研究的前提。根据《岩土工程勘察规范》(GB 50021—2001)(2009 年版)、《土工试验方法标准》(GB/T 50123—2019)，结合现场地质条件，采用单环法测定试验场地的渗透系数，试验装置如图 2-23 所示。

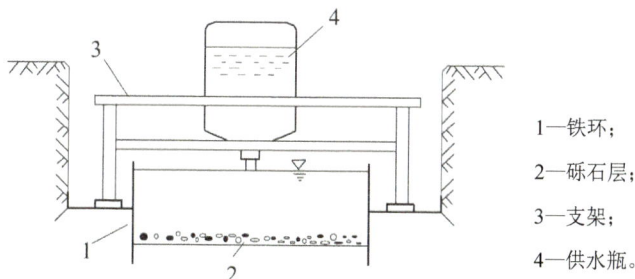

1—铁环；
2—砾石层；
3—支架；
4—供水瓶。

图 2-23　单环法渗透试验装置示意图

单环法渗透试验装置包括铁环、砾石层、支架、供水瓶等部分。其中铁环直径为 37 cm ～ 75 cm、高 15 cm。在支架上倒置着容量为 5000 ml ～ 10 000 ml 的供水瓶，供水瓶装有斜口玻璃管和橡皮塞，供水瓶的分度值为 50 ml。试验时所用温度计的量程为 0℃ ～ 50℃，分度值为 1℃，其他试验设备包括土钻、吸水球及原位测含水率的设备。

单环渗透试验时通常在试验场地开挖试坑，在试坑底部嵌入直径为 37 cm ～ 75 cm、高为 15 cm 的铁环。试验开始时，控制环内水柱，试验进行到相同的时间段内渗水量 Q 不变为止，此时所得的渗透速度 v 即为该粉细砂的渗透系数。

依据《土工试验方法标准》(GB/T 50123—2019) 进行单环渗透试验时，首先，在试验区测试土体中按预定深度开挖一尺寸不小于 $1.0\,m \times 1.5\,m$ 的试坑，在坑底再挖一直径等于外环、深为 10 cm ～ 15 cm 的贮水坑，整平坑底；其次，把铁环放入贮水坑中，铁环入土深度至环上的起点刻度；第三，在环底部土体上均匀铺设 2 cm 厚的砾石层，然后向环内注入清水至满，安放支架至水平位置；第四，将供水瓶注满清水后倒置于支架上，供水瓶的斜口玻璃管插入环内水面以下，打开橡皮塞，调节供水瓶出水量，保持环内水位高度为 0.1 m，记录渗水开始时间及供水瓶的水位和水温，每隔一定的时间间隔，观察环内水位下降情况，并加水使之保持在 0.1 m 高度，记录每次加水的量；最后，测记流量稳定时在此时间内由供水瓶渗入土中的水量。注意从供水瓶流出的水量稳定后，在 1 h ～ 2 h 内测记流出水量至少 5 ～ 6 次，且每次测记的流量与平均流量之差不应超过 10%。试验结束后，拆除仪器并在离试坑中心 3 m ～ 4 m 以外，钻一定深度的钻孔 (一般 3 m ～ 4 m)，每隔 0.2 m 取土样 1 个测定其含水率。根据含水率的变化，确定渗透水的入渗深度。单环法渗透试验过程如图 2-24 所示。

图 2-24　单环法渗透试验

通过单环法渗透试验得到 6 个试验场地的渗透系数如表 2-9 所示。由表 2-9 可知，6 个试验场地的粉细砂的渗透系数分别为 2.45362×10^{-2} cm/s、4.96347×10^{-2} cm/s、2.45362×10^{-2} cm/s、2.93972×10^{-2} cm/s、3.64965×10^{-2} cm/s、3.04521×10^{-2} cm/s，平均渗透系数为 3.25088×10^{-2} cm/s。

表 2-9　各试验场地渗透系数一览表

试验场地	试验点	渗透系数 /(cm/s)
Site 1	JSZH 1-1	2.45362×10^{-2}
Site 2	JSZH 2-1	4.96347×10^{-2}
Site 3	JSZH 3-1	2.45362×10^{-2}
Site 4	JSZH 4-1	2.93972×10^{-2}
Site 5	JSZH 5-1	3.64965×10^{-2}
Site 6	JSZH 6-1	3.04521×10^{-2}

2.5　毛乌素沙漠粉细砂的微结构

选取毛乌素沙漠粉细砂试样，通过 X 射线衍射试验对粉细砂的结构和矿物成分进行分析。试验结果表明，毛乌素沙漠粉细砂主要由岩屑、长石和石英三种颗粒组成 (图 2-25)。其中石英的含量占到 73%、斜长石占 15%，正长石占 8%，这三种矿物总量占到粉细砂成分的 96%。粉细砂中的黏土矿物多为伊利石，只占到 2%；粉细砂中的重矿物有角闪石，占 1%；粉细砂的成分岩屑的组成多种多样，火成岩、变质岩均可见到。

图 2-25　粉细砂试样物质组成 (X 射线衍射试验照片)

粉细砂的风化程度不高，颗粒表面较光滑，磨圆度较好。其中，坚硬的石英颗粒表面较平滑，风化迹象很少；质地软弱的碳酸盐岩屑、泥岩屑等颗粒含有可溶蚀的杂质，表面可以看到溶孔、凹坑、麻点、擦痕等风化迹象。

　　为进一步分析岩屑、长石和石英三种颗粒的排列组合方式，探究毛乌素沙漠粉细砂的微结构特征。采用扫描电镜试验对不同干密度的粉细砂进行观察研究，结果表明，粉细砂颗粒之间的接触方式主要有点—线状接触、线—面状接触；粉细砂的孔隙结构类型以支架结构为主，偶有架空结构的孔隙（图 2-26）。

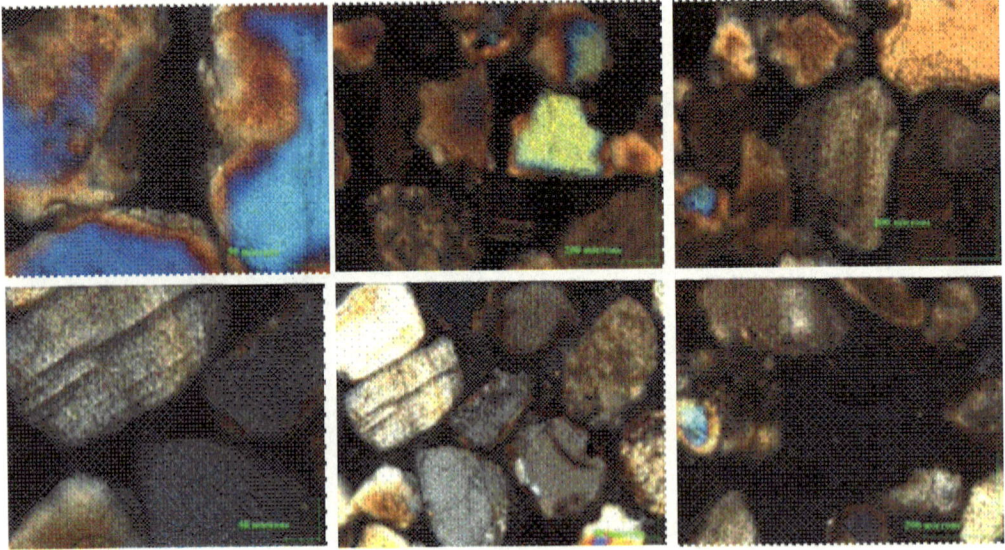

图 2-26　粉细砂颗粒接触方式及孔隙结构类型

　　制作不同密实程度的粉细砂，探究其微结构特性。当粉细砂干密度为 1.47 g/cm³ 时，水平方向切片（图 2-27(a)）与垂直方向切片（图 2-27(b)）的孔隙水平截面形状多呈不规则状，颗粒间接触疏松，平均直径 400 μm 的大孔隙居多。构成孔隙的颗粒之间多以点状接触为主，其次是线状接触，架空孔隙结构类型较为普遍。

(a) 水平切片　　　　　　　　　　　　　　　　(b) 垂直切片

图 2-27　干密度为 1.47 g/cm³ 的粉细砂试样微结构照片

　　干密度为 1.60 g/cm³ 时，粉细砂孔隙水平截面形状多呈不规则状，平均直径为 400 μm

的大孔隙数量明显减少，平均直径为 200 μm ～ 300 μm 的孔隙较多，构成孔隙的颗粒之间多以点—线状接触为主，架空孔隙结构类型较少，支架孔隙结构类型更为普遍 (图 2-28)。

图 2-28　干密度为 1.60 g/cm³ 的粉细砂试样微结构照片

干密度为 1.70 g/cm³ 时，粉细砂颗粒之间接触明显较紧密，200 μm 的孔隙居多，孔隙颗粒之间以线—面状接触为主，其次为点—线状接触 (图 2-29)。

图 2-29　干密度为 1.70 g/cm³ 的粉细砂试样微结构照片

本 章 小 结

通过 6 个试验场地的 15 个试验点的粉细砂物理力学性质试验，得到了以下结论：毛乌素沙漠粉细砂含水率在 3.3% ～ 5.4%，饱和度在 11.92% ～ 20.67%；天然密度在 1.566 g/cm³ ～ 1.68 g/cm³，干密度在 1.512 g/cm³ ～ 1.589 g/cm³，饱和密度在 1.938 g/cm³ ～ 1.988 g/cm³；比重在 2.616 ～ 2.677，孔隙比在 0.663 ～ 0.761，最大干密度为 1.81 g/cm³，最小干密度为 1.37 g/cm³，相对密实度范围为 0.39 ～ 0.66，粉细砂均为中密砂；粒径小于 2 mm 的颗粒占 99.9% ～ 100%，粒径小于 0.5 mm 的颗粒占 98.5% ～ 100%，粒径小于 0.25 mm 的颗粒占 16.95% ～ 63.88%，粒径小于 0.075 mm 的颗粒占 0.04% ～ 4.96%；所有试验点的不均匀系数 C_u 小于 5，曲率系数 C_c 在 1 ～ 3，粉细砂均为良好级配的均粒土；压缩系数范围为 0.084 MPa⁻¹ ～ 0.221 MPa⁻¹，试验点 2、6、8、14、15 的粉细砂为低压缩性土，其余试验点的粉细砂均为中等压缩性土，平均渗透系数为 3.25088×10^{-2} cm/s；毛乌素沙漠粉细砂主要由岩屑、长石和石英三种颗粒组成，颗粒表面较光滑，磨圆度较好；粉细砂颗粒间的接触方式以点—线状接触、线—面状接触为主，孔隙结构类型以支架结构为主。

第 3 章 毛乌素沙漠粉细砂原位湿陷试验

"湿陷性"一词最早出现在我国 1966 年颁布的《湿陷性黄土地区建筑规范》(GB 50025—1966) 对黄土的描述中，其定义为"黄土在一定的压力作用下受水浸湿，土体结构迅速破坏而发生显著附加下沉的性质"。工程界对于"湿陷性"的研究对象主要为黄土，值得注意的是除常见的湿陷性黄土外，在我国干旱和半干旱地区，特别是在山前洪、坡积扇 (裙) 中常遇到湿陷性碎石土、湿陷性砂土等在一定压力下浸水也常呈现强烈的湿陷性。我国湿陷性砂土主要分布在西北部，在国外工程建设也遇到过湿陷性砂土，如安哥拉罗安达市新城建设中遇到的"湿陷性红砂"、尼日尔某炼厂建设中遇到的"湿陷性粉细砂"、巴基斯坦塔尔沙漠的"湿陷性粉细砂"等。由于这类湿陷性土在评价方面尚不能完全沿用我国现行国家标准《湿陷性黄土地区建筑规范》(GB 50025—2018)。因此，对这类非黄土的湿陷性土的勘察评价首先要判定是否具有湿陷性。然而，对于这类土不能如黄土那样用室内湿陷试验判定湿陷性。《岩土工程勘察规范》(GB 50021—2001)(2009 年版) 规定采用现场浸水载荷试验作为判定湿陷性土的基本方法，并规定在 200 kPa 压力作用下浸水载荷试验的附加湿陷量与承压板宽度之比等于或大于 0.023 的土应判定为湿陷性土。

本章首先通过毛乌素沙漠粉细砂标准贯入试验获得砂土状态参数，其次通过在 6 个试验场地布置 15 个试验点，进行粉细砂原位浸水载荷试验，揭示了各试验点粉细砂的压力—位移—时间变化规律、分层沉降变形规律和含水率变化规律，获得了各试验点粉细砂的湿陷系数及自重湿陷系数，最后基于试验结果判定了粉细砂的湿陷性。

3.1 毛乌素沙漠粉细砂原位标准贯入试验

3.1.1 试验方案设计

在毛乌素沙漠地质环境总结的基础上，依据 2.1 节所确定的 6 个试验场地 15 个试验点，采用标准贯入试验对毛乌素沙漠粉细砂试验场地进行勘察，每个试验点进行 3 组标准贯入试验，共进行 45 组标准贯入试验。标准贯入试验时 1 米 1 标，各标准贯入孔设计贯入深度为 10 m，共计进行 450 次标准贯入试验。标准贯入试验方案如表 3-1 所示。

表 3-1　标准贯入试验方案

取样点	试验点	试验场地编号	试验场地名称	标准贯入孔数 / 个	标准贯入深度 /m	标准贯入次数 / 次
1	JSZH 1-1	Site 1	刘家海子 (榆林市榆阳区)	6 (ZK1-1 ～ ZK1-6)	10	60
2	JSZH 1-2					
3	JSZH 2-1	Site 2	草皮圪 (榆林市横山区)	6 (ZK2-1 ～ ZK2-6)	10	60
4	JSZH 2-2					
5	JSZH 3-1	Site 3	刘家海子 (榆林市榆阳区)	6 (ZK3-1 ～ ZK3-6)	10	60
6	JSZH 3-2					
7	JSZH 4-1	Site 4	活洛滩 (榆林市榆阳区)	6 (ZK4-1 ～ ZK4-6)	10	60
8	JSZH 4-2					
9	JSZH 5-1	Site 5	小壕兔乡 (榆林市榆阳区)	9 (ZK5-1 ～ ZK5-9)	10	90
10	JSZH 5-2					
11	JSZH 5-3					
12	JSZH 6-1	Site 6	通斯 (内蒙古乌审旗)	12 (ZK6-1 ～ ZK6-12)	10	120
13	JSZH 6-2					
14	JSZH 6-3					
15	JSZH 6-4					

依据《岩土工程勘察规范》(GB 50021—2001)(2009 年版)、《土工试验方法标准》(GB/T 50123—2019)，对 6 个试验场地 15 个试验点的粉细砂进行标准贯入试验 (图 3-1、图 3-2)，获得了 6 个试验场地标准贯入击数 (N) 和贯入深度 (H) 关系曲线以及工程地质剖面结构。

图 3-1　标准贯入试验现场作业 (以 Site 1 试验场地为例)

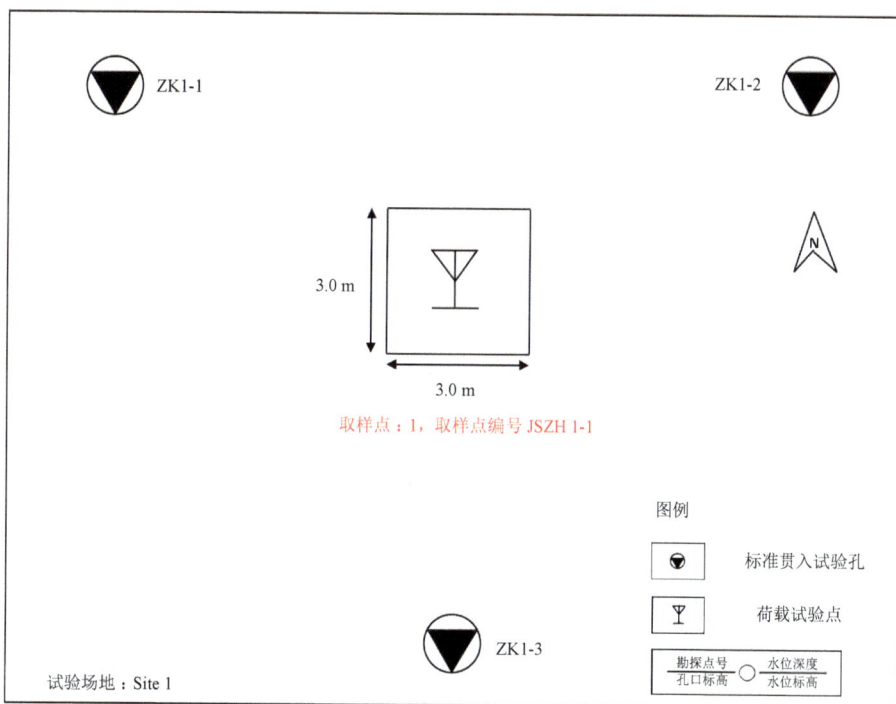

图 3-2　标准贯入试验点位置示意图（以 Site 1 试验场地为例）

3.1.2　试验结果分析

通过 6 个试验场地 15 个试验点的粉细砂标准贯入试验，可以得到标准贯入击数 (N) 和贯入深度 (H) 关系曲线，如图 3-3 所示。由图 3-3 可知，随着标准贯入深度的增加，各个试验点粉细砂的贯入击数逐渐增大，但增幅不同且随着贯入深度的增加产生波动。

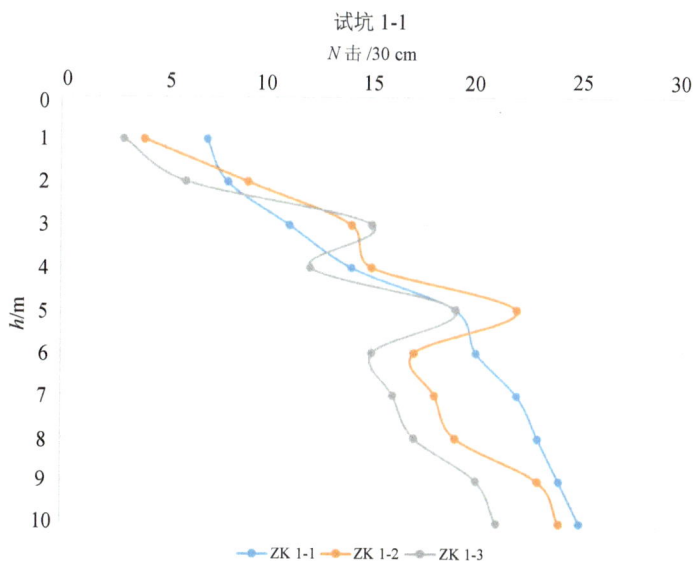

(a) JSZH 1-1

试坑 1-2

N 击 /30 cm

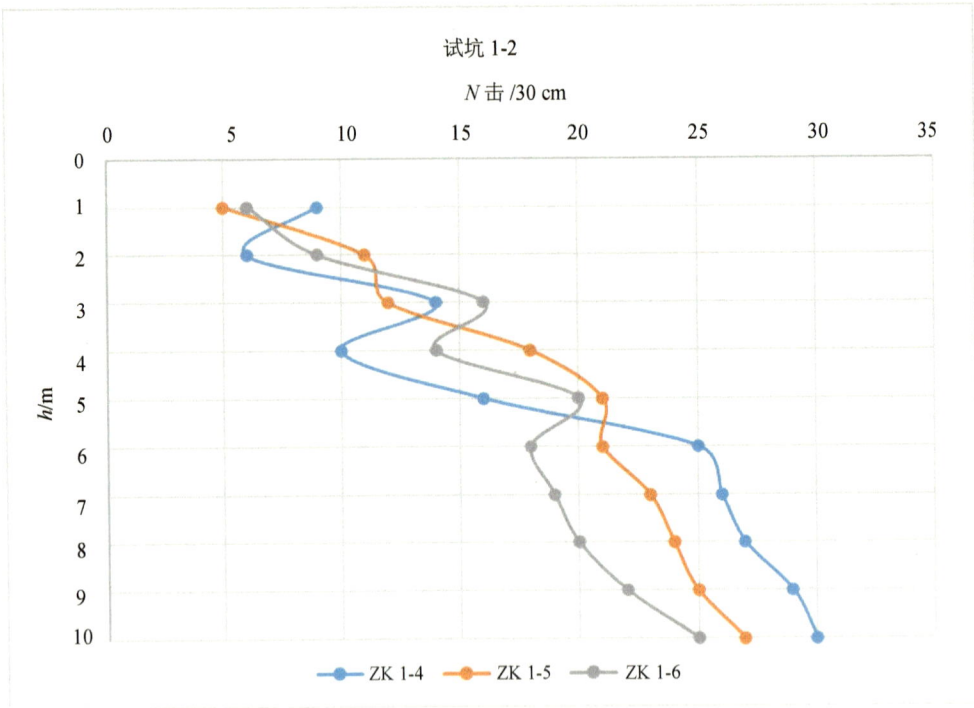

(b) JSZH 1-2

试坑 2-1

N/30 cm

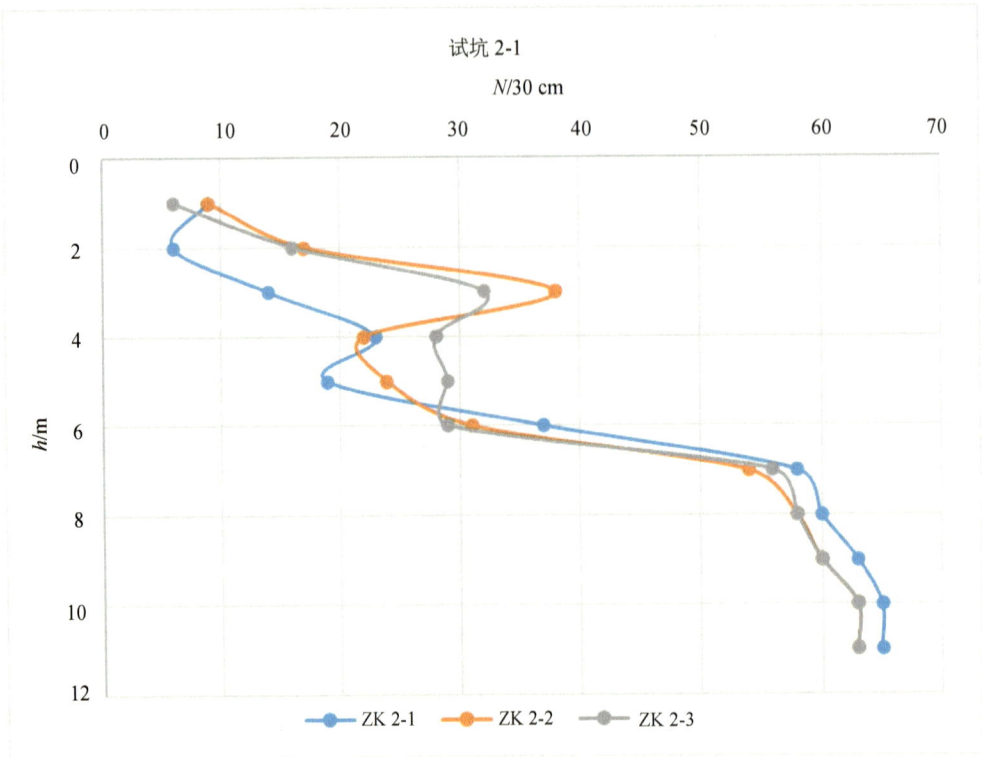

(c) JSZH 2-1

试坑 2-2

N/30 cm

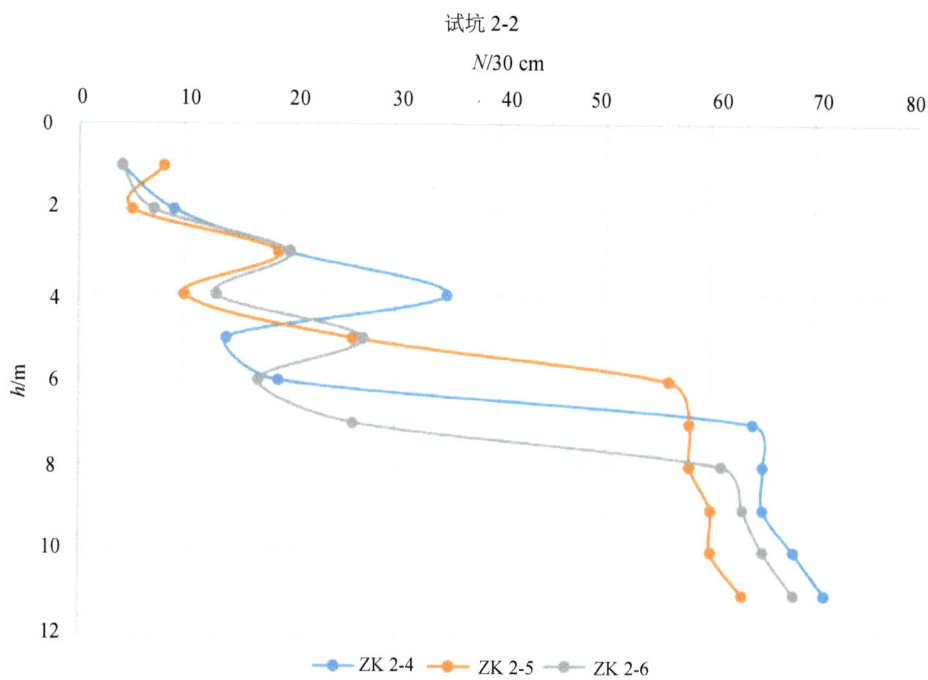

(d)　JSZH 2-2

试坑 3-1

N/30 cm

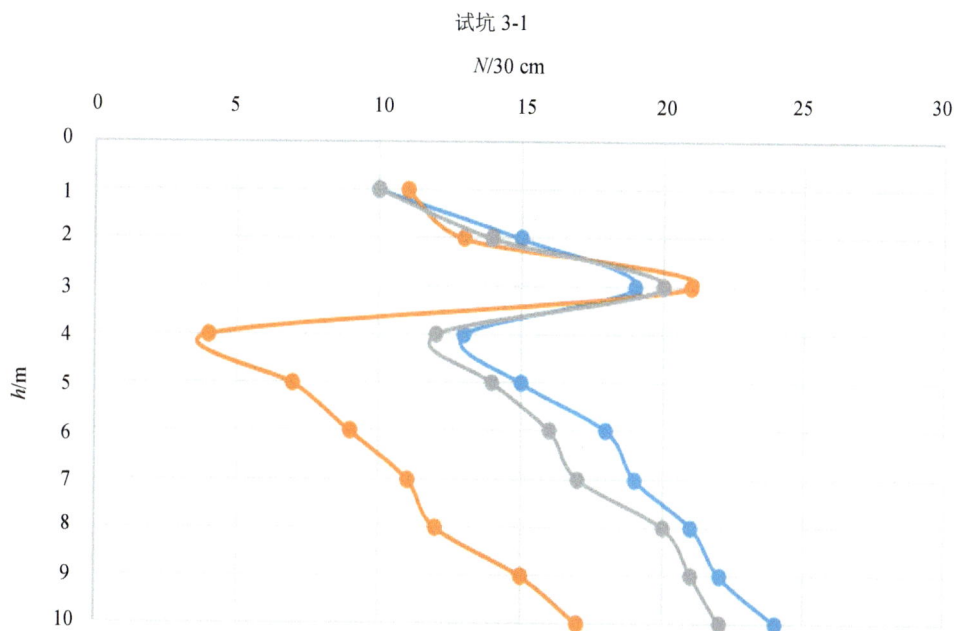

(e)　JSZH 3-1

试坑 3-2

N/30 cm

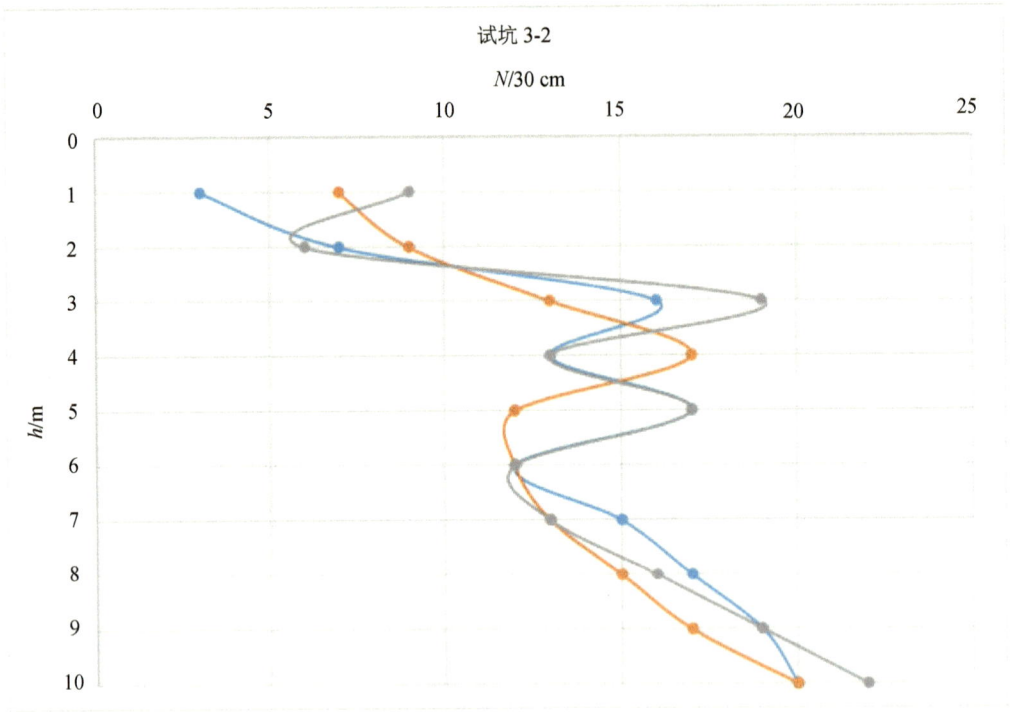

(f) JSZH 3-2

试坑 4-1

N/30 cm

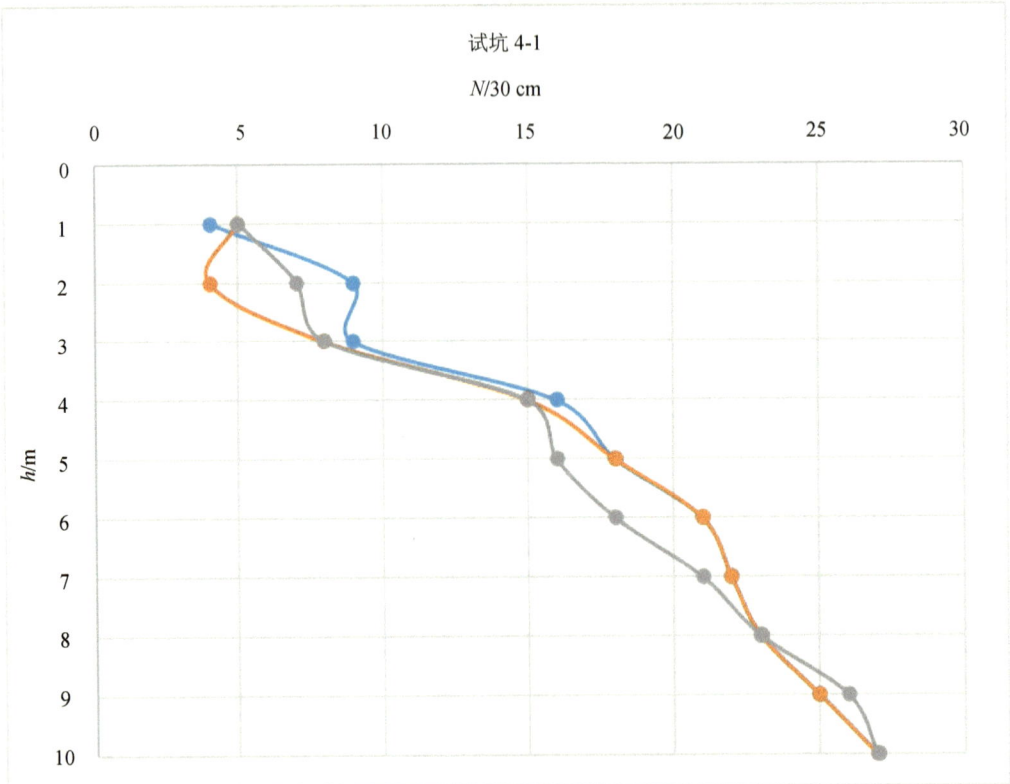

(g) JSZH 4-1

试坑 4-2

N/30 cm

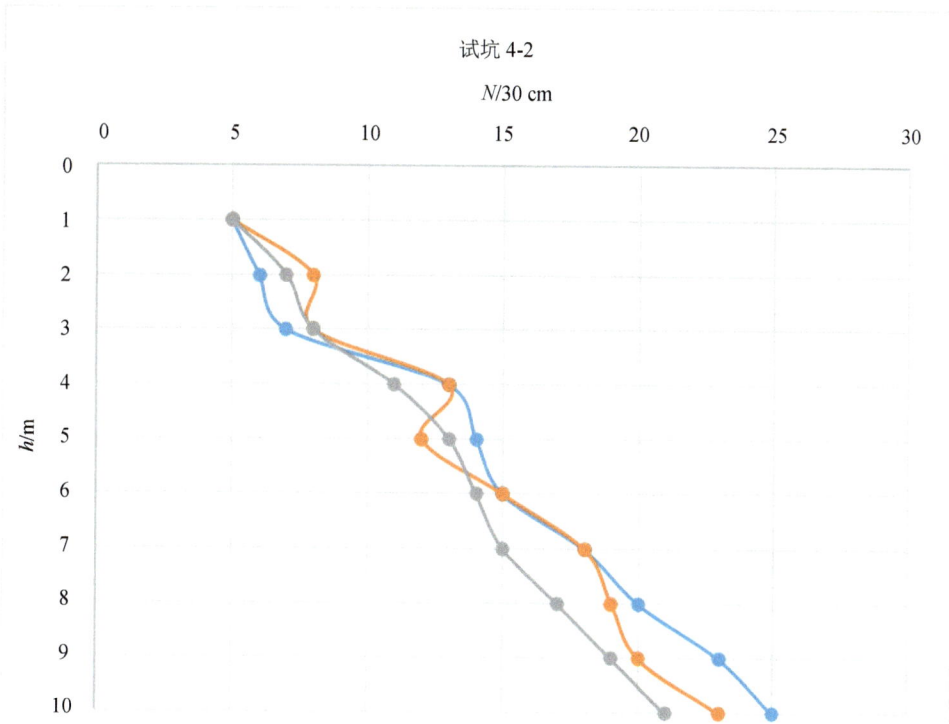

(h) JSZH 4-2

试坑 5-1

N/30 cm

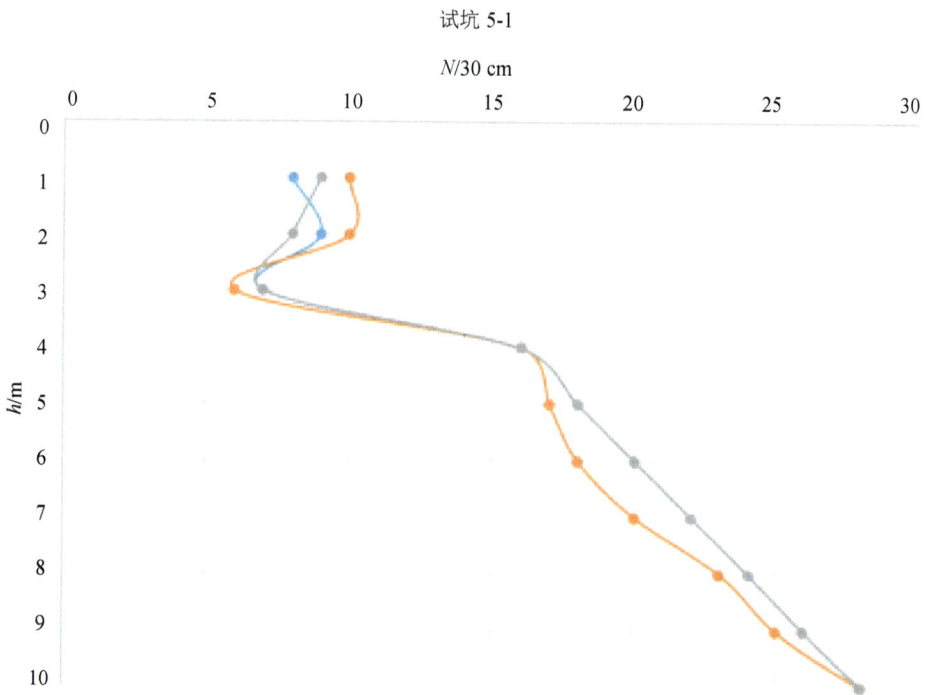

(i) JSZH 5-1

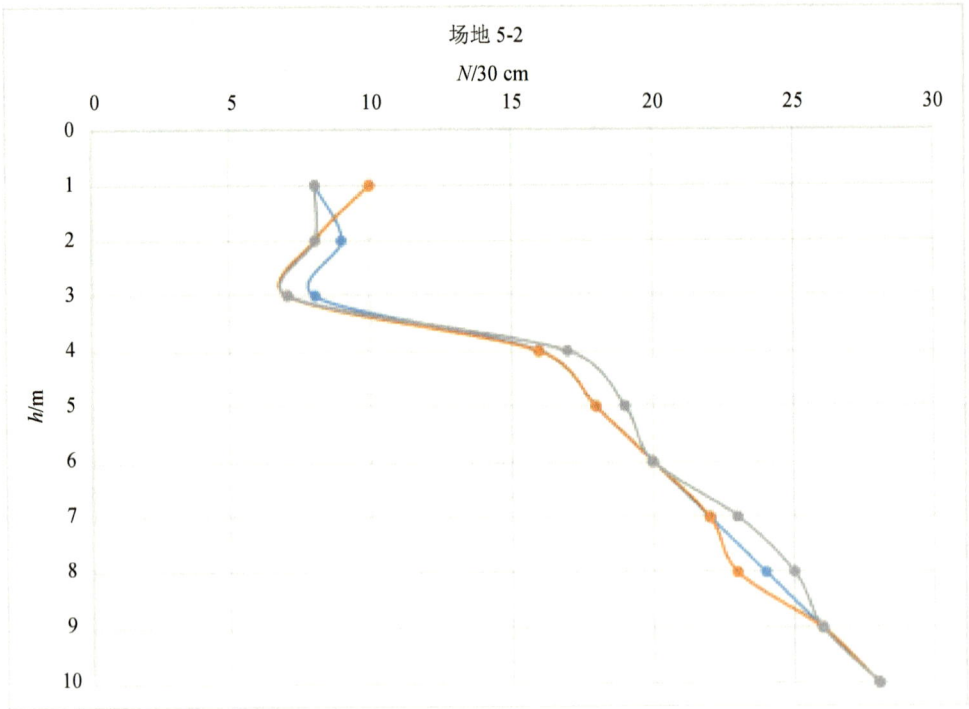

(j)　JSZH 5-2

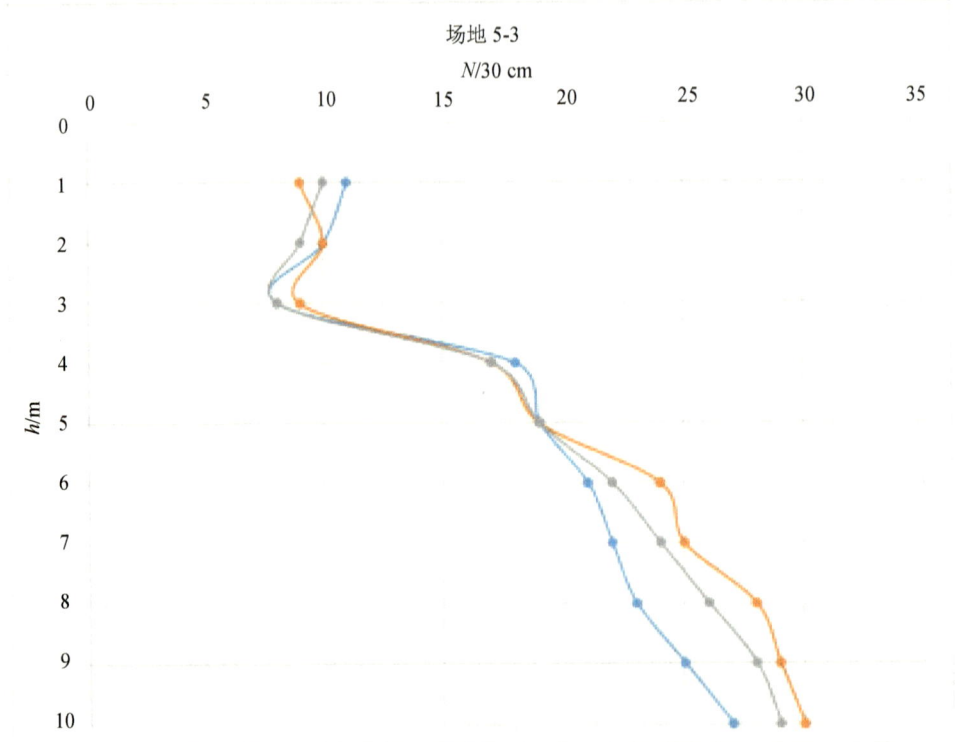

(k)　JSZH 5-3

试坑 6-1

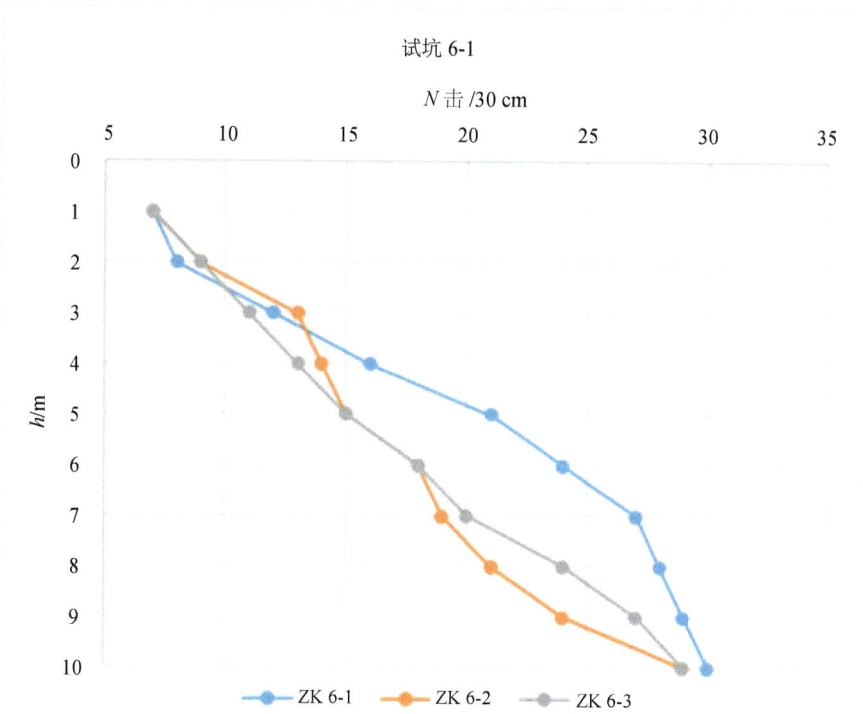

(l) JSZH 6-1

试坑 6-2

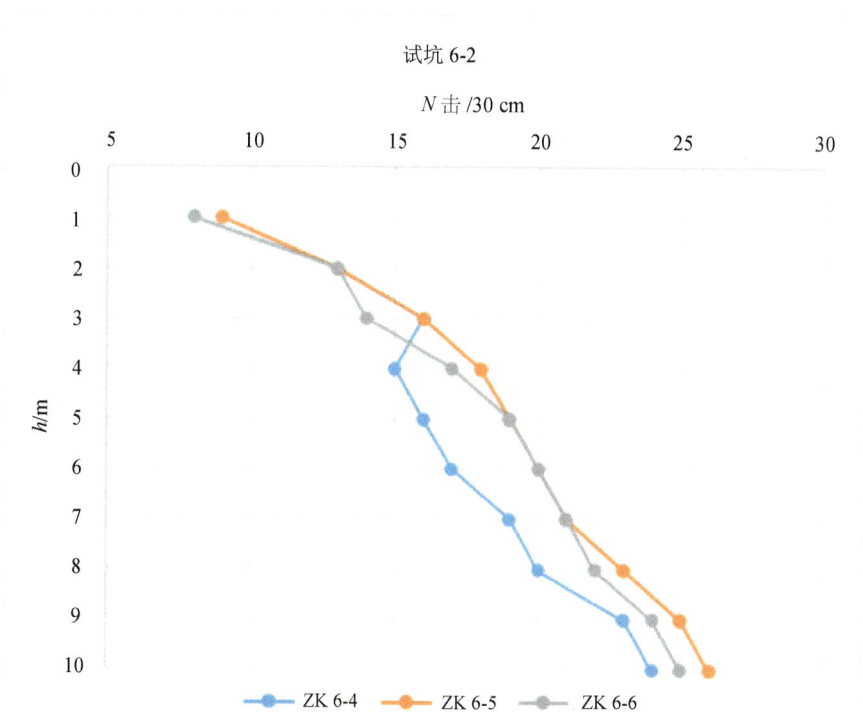

(m) JSZH 6-2

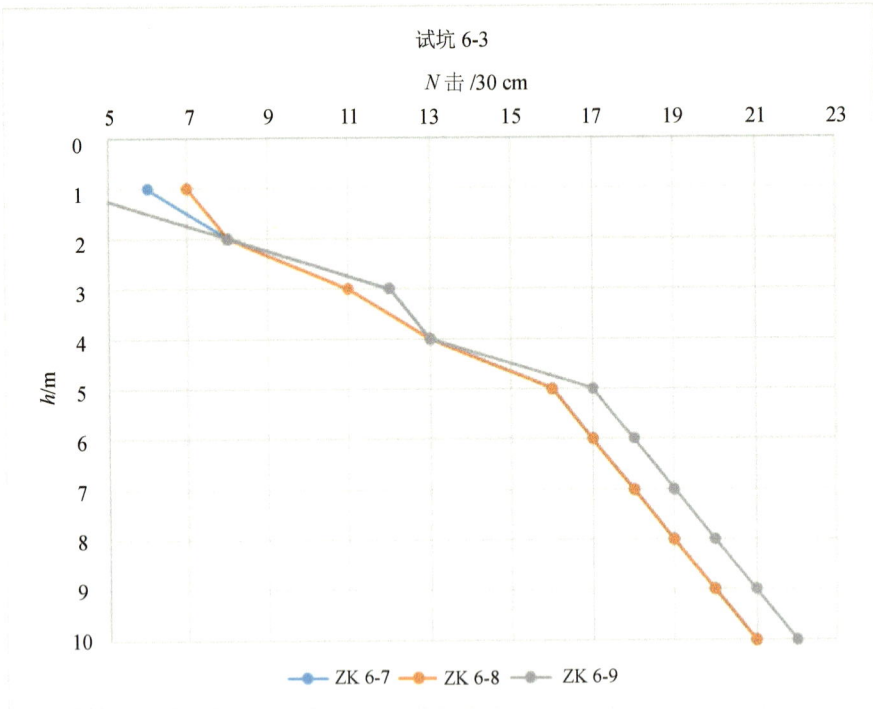

(n) JSZH 6-3

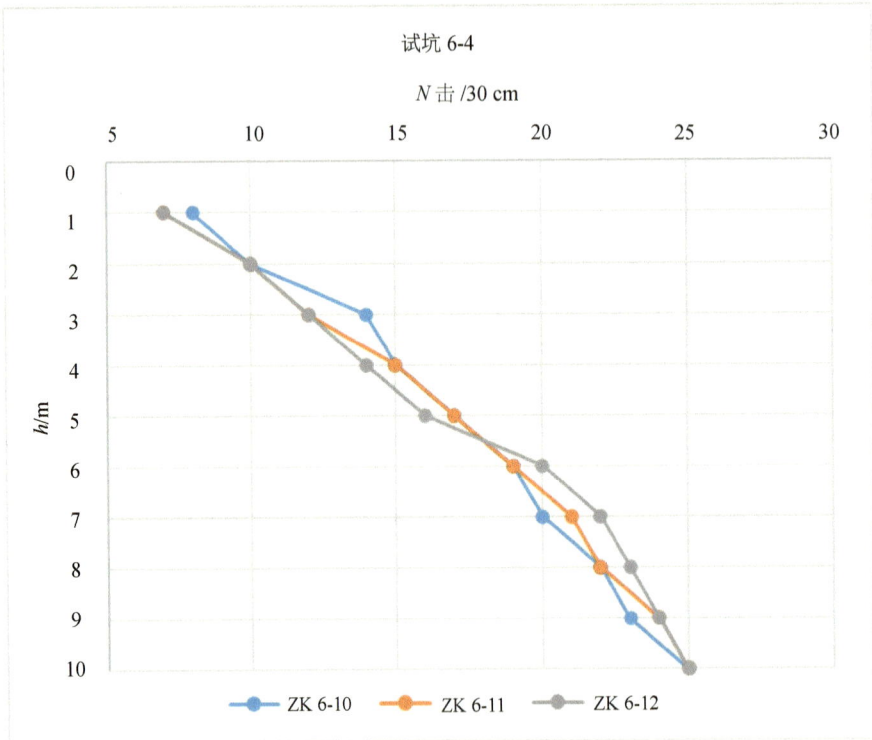

(o) JSZH 6-4

图 3-3　不同试验场地浸水载荷试验点标准贯入击数和贯入深度关系曲线

　　根据不同试验场地标准贯入试验的贯入击数可知，Site 1 试验场地 0 m ～ 2 m 处密实度多为松散，3 m ～ 4 m 处密实度为稍密—中密，4 m 至地下水位密实度为中密；Site2 试验场地 0 m ～ 2 m 处密实度多为松散，3 m ～ 5 m 处密实度为稍密—中密，6 m ～ 7 m 处密实度为中密，7 m 以下密实度为密实；Site 3 试验场地 0 m ～ 1 m 处密实度多为松散，2 m ～ 3 m 处密实度为稍密，3 m 处出现中密层，4 m 至地下水位密实度为稍密—中密；Site 4 试验场地 0 m ～ 4 m 处密实度多为松散—稍密，4 m 至地下水位密实度为密实—中密；Site 5 试验场地 0 m ～ 3.5 m 处密实度多为松散，4 m 至地下水位密实度为中密；Site 6 试验场地 0 m ～ 2 m 处密实度多为松散，3 m ～ 4 m 处密实度为稍密—中密，4 m 至地下水位密实度为中密。通过对 6 个试验场地进行标准贯入试验，得到了 6 个试验场地的地层结构情况如图 3-4 所示，结合现场编录成果，得到不同试验场地试验点的土性及物质成分、地下水位标高、地层结构类型如表 3-2 所示。

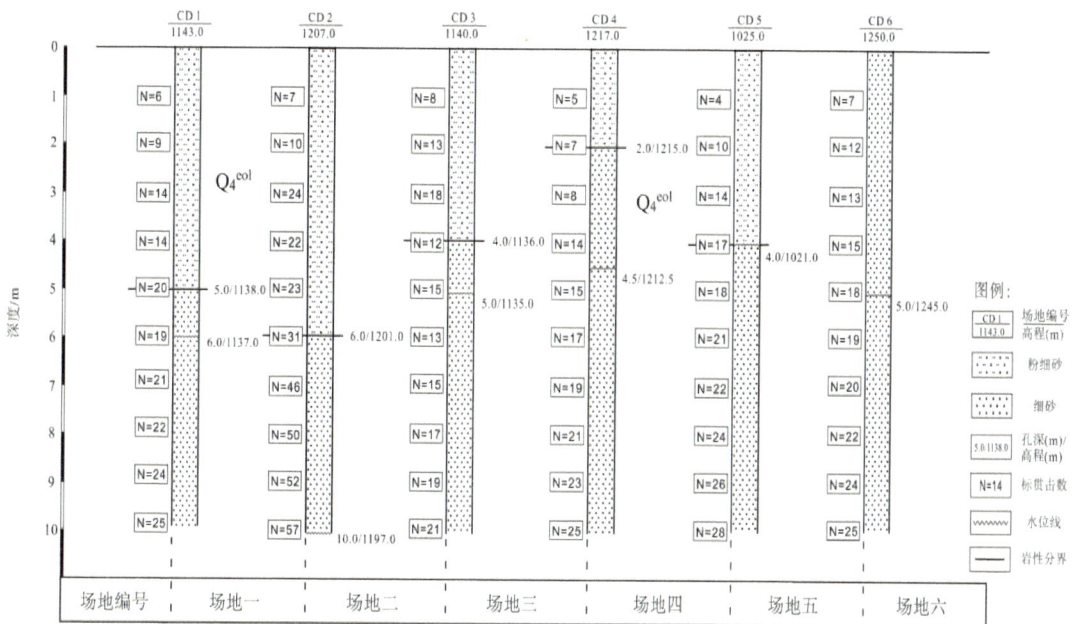

图 3-4　不同试验场地工程地质剖面图

　　由表 3-2 可知，各试验场地地层以浅黄、褐黄色粉细砂层或淡黄色、灰黄色、浅灰细砂层为主，粉细砂层位于地表，之下为细砂层，地下水位距地表距离在 3.8 m ～ 10.1 m。结合现场编录成果，砂土主要成分为石英、长石颗粒，偶见云母，砂质纯净，仅颗粒大小不同。就密实度而言，邻近地表均为松散状态，厚度 0 ～ 3.5 m 不等，随着深度的增加其密实程度逐渐增大。

表 3-2　标准贯入试验结果分析统计表

试验场地编号	地层结构	地层深度	物质成分	标准贯入孔个数	砂土状态	试验点	地下水位
Site 1	粉细砂层	0～5 m	石英、长石颗粒，偶见云母	6 (ZK 1-1～ZK 1-6)	松散 (0～2 m) 稍密—中密 (3～4 m) 中密 (4 m～地下水位)	JSZH 1-1	4.9 m
	细砂层	5 m 以下				JSZH1-2	6.1 m
Site 2	粉细砂层	0～6 m	石英、长石颗粒，偶见云母	6 (ZK 2-1～ZK 2-6)	松散 (0～1 m) 稍密 (2～3 m) 中密 (3～4 m) 稍密—中密 (4 m～地下水位)	JSZH 2-1	10.1 m
	细砂层	6 m 以下				JSZH 2-2	9.5 m
Site 3	粉细砂层	0～4 m	石英、长石颗粒，偶见云母	6 (ZK 3-1～ZK 3-6)	松散 (0～2 m) 稍密—中密 (3～4 m) 中密 (4 m～地下水位)	JSZH 3-1	4.2 m
	细砂层	4 m 以下				JSZH 3-2	4.8 m
Site 4	粉细砂层	0～2 m	石英、长石颗粒，偶见云母	6 (ZK 4-1～ZK 4-6)	松散 (0～2 m) 稍密 (2～4 m) 稍密—中密 (4 m～地下水位)	JSZH 4-1	4.1 m
	细砂层	2 m 以下				JSZH 4-2	4.5 m
Site 5	粉细砂层	0～4 m	石英、长石颗粒，偶见云母	9 (ZK 4-1～ZK 4-9)	松散 (0～3.5 m) 中密 (4 m～地下水位)	JSZH 5-1	4.0 m
	细砂层	4 m 以下				JSZH 5-2	3.8 m
						JSZH5-3	3.9 m
Site 6	细砂	0～6.2 m	石英、长石颗粒，偶见云母	12 (ZK 6-1～ZK 6-12)	松散 (0～2 m) 稍密—中密 (3～4 m) 中密 (4 m～地下水位)	JSZH 6-1	6.1 m
						JSZH 6-2	3.8 m
						JSZH 6-3	4.8 m
						JSZH 6-4	6.2 m

3.2　毛乌素沙漠粉细砂浸水载荷湿陷试验

3.2.1　试验场地条件

试验场地位于陕西省榆林市横山区、榆阳区以及内蒙古自治区乌审旗 (图 2.1 及表 2.1 取样点位置即为浸水载荷湿陷试验场地位置，取样点的个数分别为浸水载荷湿陷试验载荷点的个数)。其中，Site 1 试验场地和 Site 3 试验场地位于榆林市榆阳区芹河镇刘家海子村 (图 3-5)，距离榆林市政府 14.3 km。该试验场地地势平坦，高程 1151.5 m，地貌为固定风沙地貌，植物覆盖度较好，呈 "滩" 状形态，根据标准贯入试验揭示的地层情况为 0 ～ 5 m 厚的粉细砂层，其下为细砂层，地下水位在 4.9 m ～ 6.1 m。

图 3-5　Site 1 和 Site 3 试验场地

Site 2 试验场地位于榆林市横山区白界镇草皮坬村 (图 3-6)，距离榆林市政府 31.8 km。该试验场地地势平坦，高程 1102.7 m，地貌为固定风沙地貌，固定沙丘错落分布，呈 "堆" "拢" 状形态，高度 1.0 m ～ 5.0 m，根据标准贯入试验揭示的地层情况为 0 ～ 6.0 m 厚的粉细砂层，其下为细砂层，地下水位在 9.5 m ～ 10.1 m。

图 3-6　Site 2 试验场地

Site 4 试验场地位于榆林市榆阳区小纪汗镇活洛滩村 (图 3-7)，距离榆林市政府 30.3 km。该试验场地地势平坦，高程 1214.9 m，地貌为固定风沙地貌，植物覆盖度较好，分布有部分沙梁，呈"堆"状形态，根据标准贯入试验揭示的地层情况为 0 ～ 4.0 m 厚的粉细砂层，其下为细砂层，地下水位在 4.2 m ～ 4.8 m。

图 3-7　Site 4 试验场地

Site 5 试验场地位于榆林市榆阳区小壕兔乡早留太村 (图 3-8)，距离榆林市政府 60.4 km。该试验场地地势地平坦，高程 1282.7 m，地貌为固定风沙地貌，植物覆盖度较好，分布有部分沙梁、沙丘，呈"堆""拢"状形态，根据标准贯入试验揭示的地层情况为 0 ～ 2 m 厚的粉细砂层，其下为细砂层，地下水位在 3.8 m ～ 6.2 m。

图 3-8　Site 5 试验场地

Site 6 试验场地位于鄂尔多斯市乌审旗通斯 (图 3-9)，距离乌审旗 59 km，该处为苏中天然气处理站第七处理厂拟建场地。该试验场地地势基本平坦，高程 1248.1 m，地貌为固定风沙地貌，植物覆盖度一般，分布有部分沙梁、沙丘，呈"堆""拢"状形态，根据标准贯入试验揭示的地层情况为细砂层，地下水位在 3.8 m ～ 6.2 m。

在 Site 1 ～ Site 6 试验场地，开展 15 组浸水载荷湿陷试验 (JSZH 1-1、JSZH 1-2、JSZH 2-1、JSZH 2-2、JSZH 3-1、JSZH 3-2、JSZH 4-1、JSZH 4-2、JSZH 5-1、JSZH 5-2、JSZH 5-3、JSZH 6-1、JSZH 6-2、JSZH 6-3、JSZH 6-4)，各浸水载荷试验点位置如下。

JSZH 1-1(38°13′14″N，109°38′24.72″E) 和 JSZH 1-2(38°13′50.65″N，109°38′44.89″E) 浸水载荷湿陷试验点北邻苏酸路，南与种植林接壤，西为居民区，东临乡间小路，试验点

示意图如图 3-10 所示。

图 3-9　试验 Site 6 场地

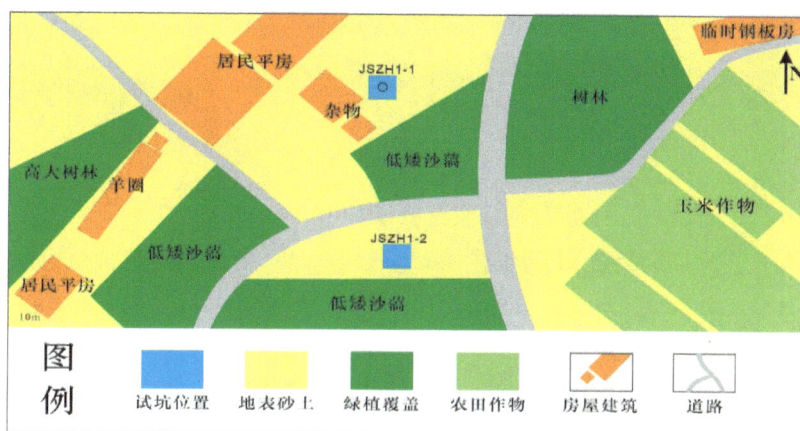

图 3-10　Site 1 试验场地浸水载荷湿陷试验点示意图

JSZH 2-1(38°7′42.16″N，109°36′38.19″E) 和 JSZH 2-2(38°7′42.64″N，109°36′36.51″E)
浸水载荷湿陷试验点西邻乡间小路，北、东、南部均为风沙草滩区，植被茂盛，试验点示
意图如图 3-11 所示。

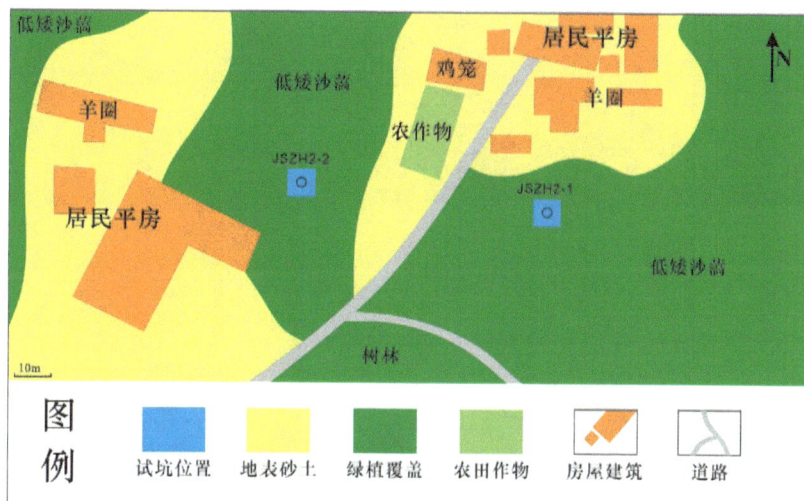

图 3-11　Site 2 试验场地浸水载荷湿陷试验点示意图

JSZH 3-1(38°13′58.23″N，109°38′50.15″E) 和 JSZH 3-2(38°13′54.80″N，109°38′52.01″E) 浸水载荷湿陷试验点西、北邻乡间小路，东、南部为风沙草滩区、居民平房区，植被茂盛，试验点示意图如图 3-12 所示。

图 3-12   Site 3 试验场地浸水载荷湿陷试验点示意图

JSZH 4-1(38°21′0.24″N，109°29′6.20″E) 和 JSZH 4-2(38°21′3.65″N，109°29′4.96″E) 浸水载荷湿陷试验点北临居民区，南临小路，东、西部与种植地接壤，植被较茂盛，试验点示意图如图 3-13 所示。

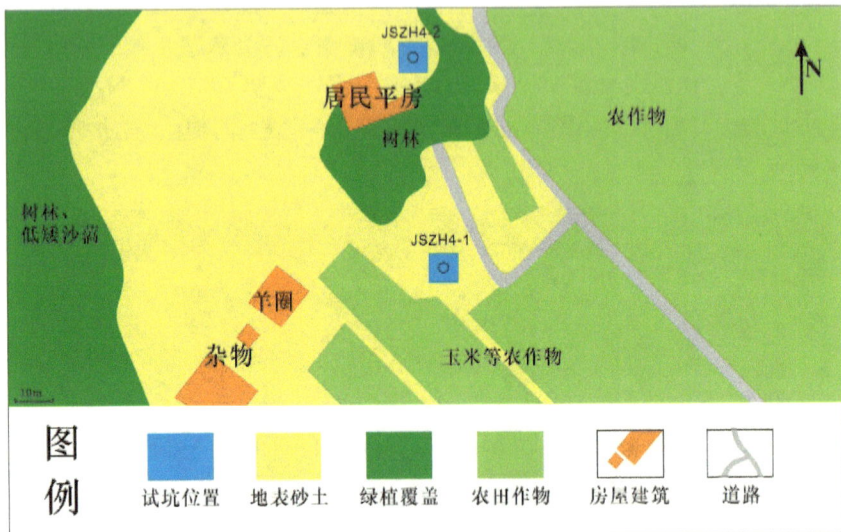

图 3-13   Site 4 试验场地浸水载荷湿陷试验点示意图

JSZH 5-1(38°46′12.70″N，109°43′11.16″E)、JSZH 5-2(38°46′13.30″N，109°43′10.71″E) 和 JSZH 5-3(38°46′13.15″N，109°43′9.99″E) 浸水载荷湿陷试验点东南接乡间小路，西北为居民区，西南与风沙草滩接壤，东北临种植地，植被较茂盛，试验点示意图如图 3-14 所示。

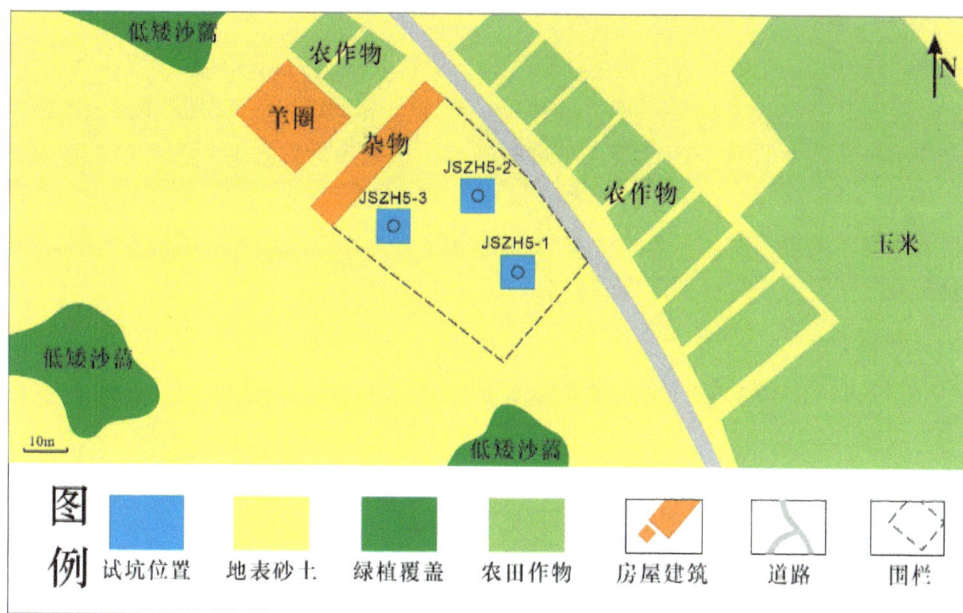

图 3-14　Site 5 试验场地浸水载荷湿陷试验点示意图

JSZH 6-1(38°11′54.25″N，108°39′54.33″E)、JSZH 6-2(38°11′56.68″N，108°39′54.17″E)、JSZH 6-3(38°11′54.15″N，108°39′57.71″E) 和 JSZH 6-4(38°11′56.81″N，108°40′00.86″E) 浸水载荷湿陷试验点东接 215 省道，北、南、西部均为草原。该试验场地设计有 4 处浸水载荷湿陷试验点 (JSZH 6-1、JSZH 6-2、JSZH 6-3 和 JSZH 6-4)，试验点示意图如图 3-15 所示。

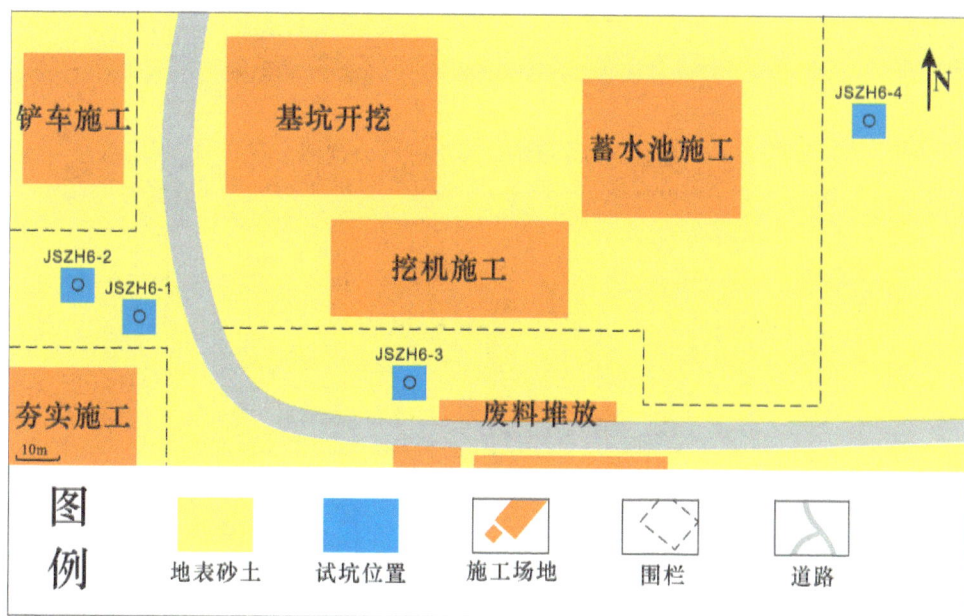

图 3-15　Site 6 试验场地浸水载荷湿陷试验点示意图

3.2.2　试验方案设计

在确定浸水载荷湿陷试验场地条件和试验点位置的基础上，开展现场浸水载荷湿陷试验。试验方案设计包括试坑设计、承压板及防渗设计、传感器设计和试验加载设计。其中，试坑设计需确定浸水载荷湿陷试验点的试验层位、试坑尺寸以及试坑开挖时的放坡比例，承压板及防渗设计需要确定承压板类型及尺寸和防渗类型及尺寸，传感器设计需确定湿陷变形测量传感器的类型及布置方式、水分传感器的类型及布置方式，试验加载设计需确定浸水载荷湿陷试验的加载类型及布置方式。

1. 试坑设计

粉细砂湿陷试验现场试坑坑底设置为方形，尺寸为 3.0 m(长) × 3.0 m(宽)(图 3-16)，试坑顶面尺寸为 6.0 m(长) × 6.0 m(宽)，其中试坑高度 (即试验层位) 为 1.5 m，施工时放坡开挖，开挖坡比为 1∶1，选取 1.5 m 处的粉细砂地层为浸水载荷湿陷试验层，为保持试坑中土的天然湿度和原始结构，在承压板周围预留 20 cm ~ 30 cm 厚的保护层。承压板与土层接触处垫 0.5 cm ~ 1 cm 砂层找平，保证承压板水平并与土均匀接触。

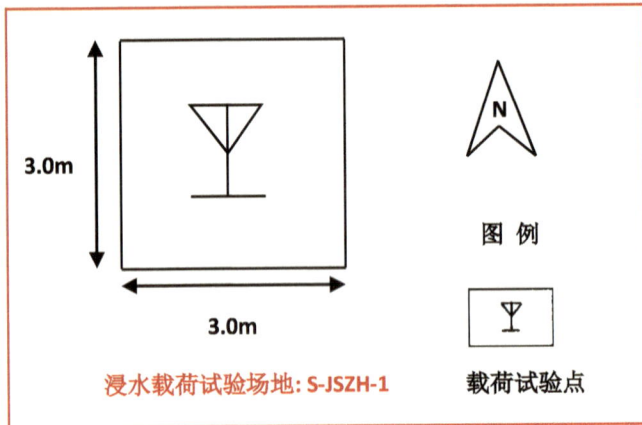

(a) 浸水载荷湿陷试验试坑平面布置图

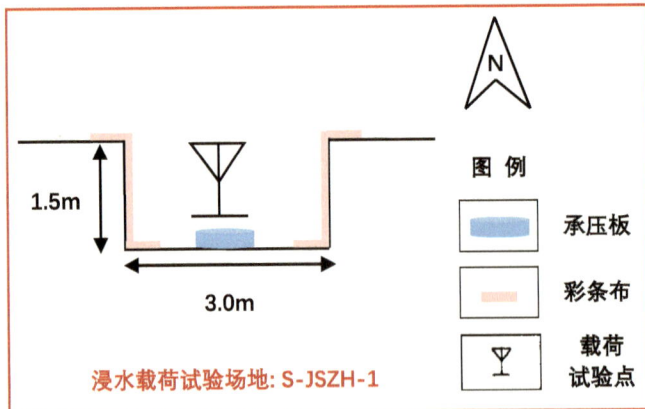

(b) 浸水载荷湿陷试验试坑剖面布置图

图 3-16　浸水载荷湿陷试验试坑设计图

2. 承压板及防渗设计

浸水载荷湿陷试验采用圆形钢质承压板，面积为 0.5 m²，直径为 80 cm；为保证试坑注水时坑壁不渗水，用彩条布作为防渗织物 (图 3-17)，彩条布于坑顶延伸至坑外 50 cm 以上，于坑底延伸至坑内至少 50 cm。

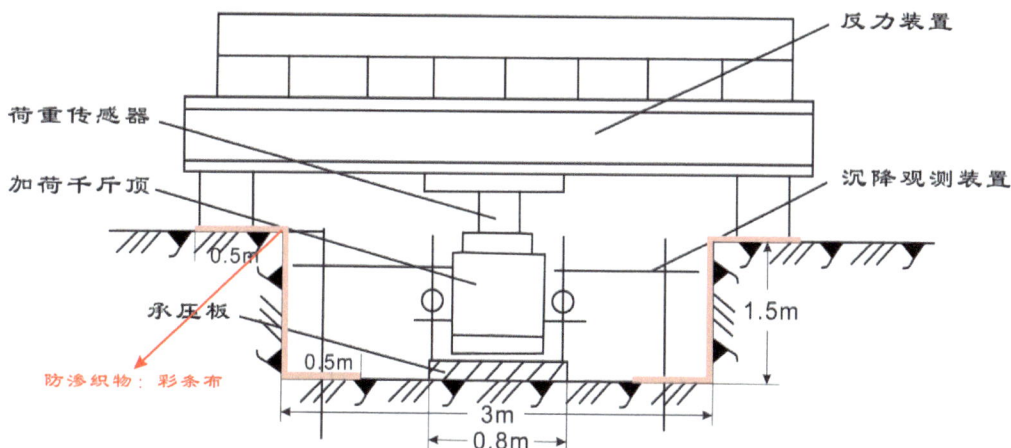

图 3-17　浸水载荷湿陷试验承压板及防渗织物设计图

3. 传感器布设

浸水载荷湿陷试验采用大量程 (0 ~ 100 mm) 百分表测量砂土的湿陷变形，通过支架将百分表分别布设于承压板边缘 (图 3-18)，每个浸水载荷湿陷试验场地拟布设百分表 4 个。百分表测量最大允许误差应为 ±1%F.S，湿陷变形判稳标准为慢速法标准，即连续 2 h 沉降速度不超过 0.1 mm/h。

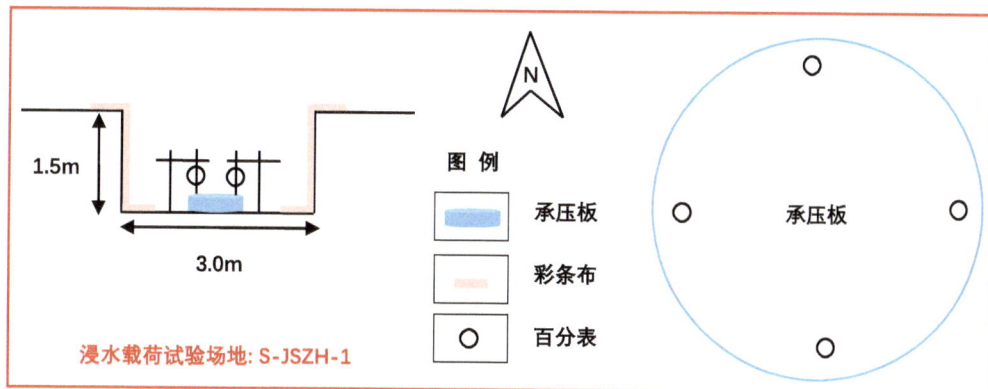

图 3-18　浸水载荷湿陷试验传感器设计图

考虑到根据我国现行规范《土工试验方法标准》(GB/T 50123—2019) 在进行平板浸水载荷湿陷试验时，其试验结果所反映的为载荷板下 1.5 倍至 2.0 倍承压板直径或宽度的深度范围内土体的强度、变形特征。因此，在进行浸水载荷湿陷试验时，为应对土体应力衰减性质、载荷板变形为土体总变形的问题，采用 CJ-1B 型磁致式沉降仪 (图 3-19、图 3-20) 对不同深度的砂层进行分层湿陷沉降测量。

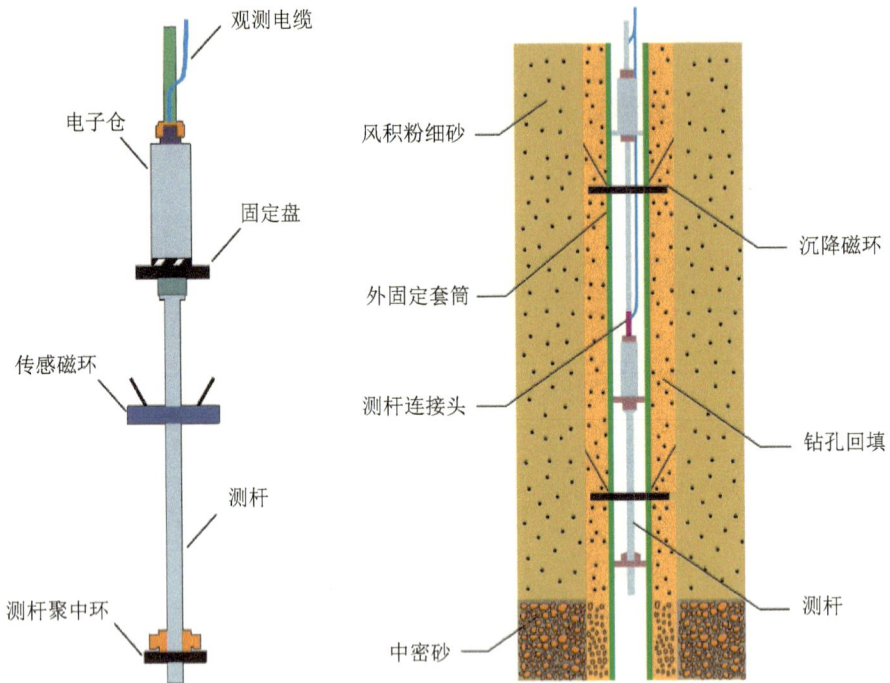

观测电缆

电子仓

固定盘

传感磁环

测杆

测杆聚中环

风积粉细砂

外固定套筒

测杆连接头

中密砂

沉降磁环

钻孔回填

测杆

图 3-19　CJ-1B 型磁致式沉降仪构造图

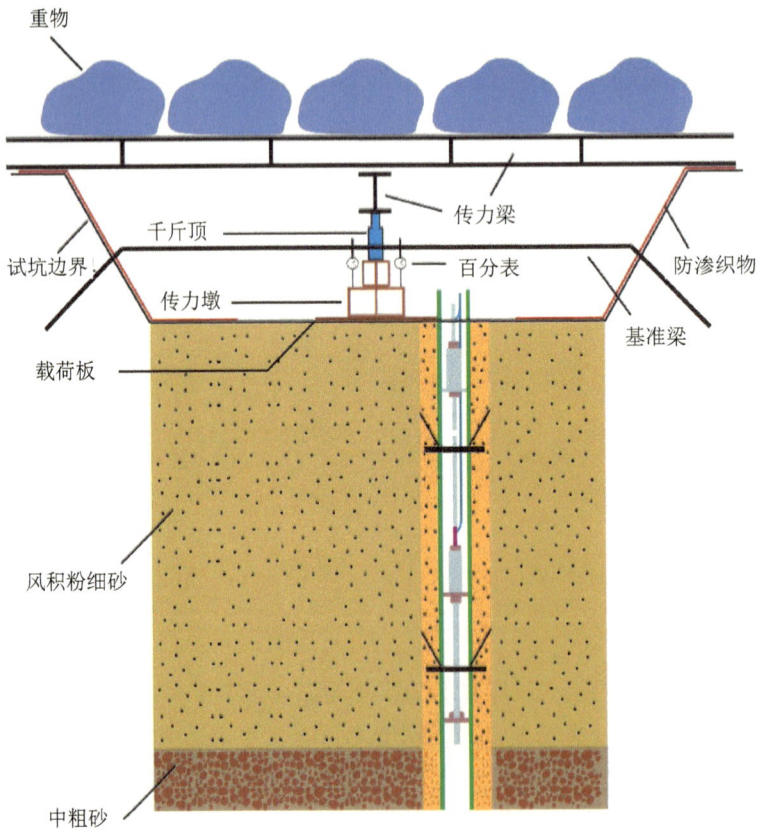

重物

传力梁

千斤顶

百分表

试坑边界

防渗织物

传力墩

基准梁

载荷板

风积粉细砂

中粗砂

图 3-20　CJ-1B 型磁致式沉降仪传感器整体设计图

　　CJ-1B 磁致式沉降仪主要由观测电缆、电子仓、固定盘、传感磁环、测杆、测杆聚中环等组成，其中观测电缆连接数采仪器，适用于自动化测量土石坝的分层沉降及路堤、地基在开挖堆载过程中的沉降，其所采用的磁致伸缩式传感器具有分辨率高、稳定性好、性能可靠、响应速度快、工作寿命长、线性测量、绝对量输出、非接触测量、永不磨损、自标定、安装简单方便、输出信号为 RS485 数字量等优点。CJ-1B 型磁致式沉降仪参数如表 3-3 所示。

表 3-3　CJ-1B 型磁致式沉降仪参数一览表

规　格　代　号	CJ-1B
测量范围	0 ~ 1500 mm（量程自选）
灵敏度	0.01 mm
测量精度	0.1%F.S
信号输出方式	RS485/4 mA ~ 20 mA
报文方式	自报 / 招测
调试方式	地址码和波特率自设定
绝缘电阻	≥ 50 Ω
储存温度	−30℃ ~ 70℃

　　CJ-1B 磁致式沉降仪的不锈钢测杆内装有磁致伸缩波导丝，测量时电子仓发出起始脉冲，起始脉冲沿波导丝传输，当脉冲与沉降磁环相遇，产生磁致伸缩效应电流脉冲，通过计算两个脉冲之间的时间差，就可以得出沉降磁环所在的绝对位置。当土体发生沉降，带动套在沉降管外的沉降磁环移动，沉降磁环与测杆之间产生相对位移，磁致式沉降仪测出的位移量即为土体的沉降量。试验时，首先通过人工钻孔将 CJ-1B 型磁致式沉降仪埋置于试验土层中，所埋置的土层穿透粉细砂层，使固定套筒具备一定深度保证其稳定性。其次下固定套筒 (ABS、PVC 材质)，在沉降观测深度的测杆上设置传感磁环固定器，测杆传感磁环聚中，传感磁环具备 4 根外翻爪，使传感磁环与周围土层形成整体从而达到沉降一致，以便记录土体沉降变形。第三，使用原始地层砂土回填钻孔，连接传感器至数据采集中心，紧靠固定套筒安装载荷板，同时按照相关技术方案及规范要求安装其他试验设备。最后，通过测杆电磁感应传感磁环，记录不同深度土层产生的分层湿陷变形。

　　为监测现场浸水载荷湿陷试验时有效渗透深度，采用数显式水分传感器测量不同深度的土样含水率 (图 3-21)，基于含水率的对比结果，可以得到现场浸水载荷湿陷试验后有效渗透深度。试验布设数显式水分传感器 3 个，传感器的埋置位置为试坑底部距坑壁50 cm 处，考虑到砂土现场浸水载荷湿陷试验 3.5 倍承压板直径 (或宽度) 深度范围内的土层达到饱和 (即 2.4 m 达到饱和)，因此，数显式水分传感器的埋置深度分别距试坑底部为 1.0 m、2.0 m、3.0 m。

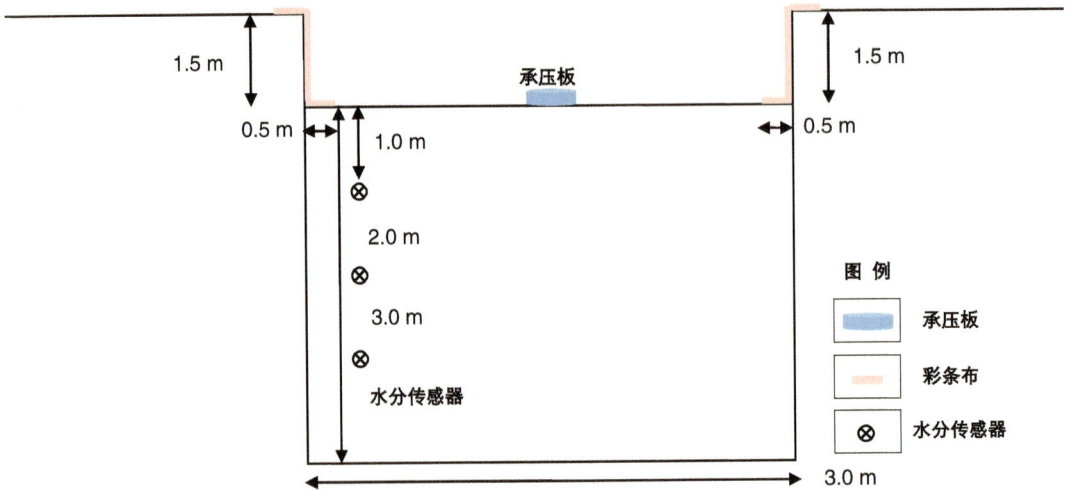

图 3-21   浸水载荷湿陷试验水分传感器设计图

4. 试验加载设计

浸水载荷湿陷试验加载方式包括压力源、反力构架（图 3-22）。其中压力源通过千斤顶加压提供压力；反力构架采用堆载方式，必须牢固稳定、安全可靠，其承受能力不小于试验最大荷载的 1.5 ～ 2 倍。

(a) 50 MPa 千斤顶提供压力源

(b) 工字形钢梁提供反力平台

(c) 砂包堆载提供反力

(d) 浸水载荷湿陷试验整体图

图 3-22   浸水载荷湿陷试验加载设计

浸水载荷湿陷试验加载过程严格按照《岩土工程勘察规范》(GB 50021—2001)(2009
年版)、《土工试验方法标准》(GB/T 50123—2019)及《湿陷性黄土地区建筑标准》(GB
50025—2018)的有关规定执行，采用分级维持荷载沉降相对稳定法(常规慢速法)进行试
验，初始加载压力为 25 kPa，每级加压增量为 25 kPa，共 8 级加载(表 3-4)，试验终止压
力为 200 kPa。每级加压后，按每隔 15 min 测读一次，连续测读 4 次以后每 30 min 测读
一次，当连续 2 h 内，每 1h 的下沉量小于 0.10 mm 时，认为承压板下沉稳定，即可施加
下一级压力。当施加 200 kPa 压力的沉降稳定后，向试坑内浸水饱和，并测试附加下沉量，
附加下沉稳定后，试验终止，浸水载荷湿陷试验如图 3-22 所示。其中，除 Site1 未安装
CJ-1B 磁致式沉降仪外，其余 5 个试验场地均安装，其主要作用为测量浸水载荷湿陷试验
时的分层沉降量。试验开始前，需要分别测试每个试验点试坑底部以下 10 cm 处粉细砂的
基本物理性质，测试结果如表 2-2 ～表 2-9 所示。

表 3-4 浸水载荷湿陷试验加载表

序号	加荷等级	千斤顶加荷 /MPa	对应加荷荷载 /kPa
1	一级	2	25
2	二级	4	50
3	三级	6	75
4	四级	8	100
5	五级	10	125
6	六级	12	150
7	七级	14	175
8	八级	16	200

5. 浸水载荷湿陷试验方案

通过现场调查和试验方案设计，确定了浸水载荷湿陷试验方案如表 3-5 所示。共确定
6 个试验场地 15 个载荷试验点，每个试验点试坑底面尺寸为 3.0 m(长)×3.0 m(宽)，顶
面尺寸为 6.0 m(长)×6.0 m(宽)，试坑高度(即试验层位)为地表以下 1.5 m；承压板直
径为 80 cm，面积为 0.5 m²，采用彩条布作为防渗织物，彩条布于坑底和坑顶延伸至坑内、
外至少 50 cm；采用 4 个大量程(0 ～ 100 mm)百分表测量砂土的湿陷变形，连续 2 h 沉降
速度不超过 0.1 mm/h 即认为湿陷变形稳定；采用 1 套 CJ-1B 型磁致式沉降仪对不同深度的
砂层进行分层湿陷沉降测量；采用 3 个数显式水分传感器测量不同深度的土样含水率；采
用分级维持荷载沉降相对稳定法(常规慢速法)进行试验，初始加载压力为 25 kPa，每级
加压增量为 25 kPa，共 8 级加载，试验终止压力为 200 kPa。当连续 2 h 内，每 1 h 的下沉
量小于 0.10 mm 时，认为湿陷变形(承压板下沉)稳定，即可施加下一级压力。

表 3-5　浸水载荷湿陷试验方案

序号	试验项目	试验场地编号	试验场地名称	深度	浸水载荷试验点
1		Site 1	刘家海子 (榆林市榆阳区)	1.5 m	2 (JSZH 1-1、JSZH 1-2)
2		Site 2	草皮坬 (榆林市横山区)	1.5 m	2 (JSZH 2-1、JSZH 2-2)
3	浸水载荷湿陷试验	Site 3	刘家海子 (榆林市榆阳区)	1.5 m	2 (JSZH 3-1、JSZH 3-2)
4		Site 4	活洛滩 (榆林市榆阳区)	1.5 m	2 (JSZH 4-1、JSZH 4-2)
5		Site 5	小壕兔乡 (榆林市榆阳区)	1.5 m	3 (JSZH 5-1、JSZH 5-3)
6		Site 6	通斯 (内蒙古乌审旗)	1.5 m	4 (JSZH 6-1、JSZH 6-4)
合计		6	—	—	15

3.2.3　试验实施过程

　　鉴于毛乌素沙漠粉细砂浸水载荷湿陷试验研究较少，且现场开展 15 组原位浸水载荷湿陷试验，因此试验开始前设计了详细的试验流程，在试验过程中根据实际情况及时调整，浸水载荷湿陷试验全过程流程图如图 3-23 所示。

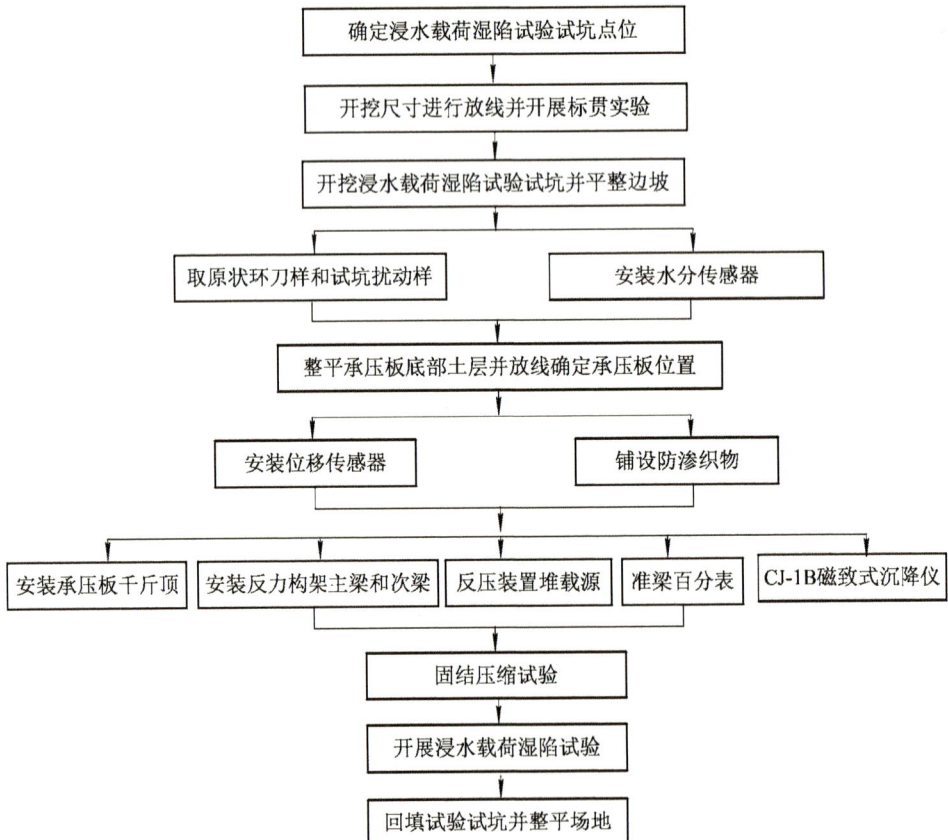

图 3-23　浸水载荷试验流程图

　　根据浸水载荷湿陷试验设计流程进行试验，试验的实施过程包含多个步骤，主要为不同浸水载荷湿陷试验点试验前的标准贯入试验、试坑放线、试坑开挖、试坑修坡、环刀原状样取样、含水率原状样取样、水分传感器布孔、埋置水分传感器、承压板底部土层整平、位移传感器布孔、制作传感器套管、安装位移传感器套管、铺盖彩条布、安装反压装置、安装主梁、安装次梁并堆载、安装基准梁、安装百分表、安装位移传感器、千斤顶加压、固结沉降变形读数、试坑浸水、浸水后湿陷沉降变形读数、试验结束后试坑回填和场地平整，试验操作流程如图 3-24 所示。

标准贯入试验　　　　　　试坑放线　　　　　　　试坑开挖　　　　　　　试坑修坡

　　　环刀原状样取样　　　　　　　　　　　　含水率原状样取样

水分传感器布孔　　　埋置水分传感器　　　承压板底部土层整平　　　位移传感器布孔

制作传感器套管　　　安装位移传感器套管　　　铺盖彩条布　　　　　安装反压装置

安装主梁　　　　　　安装次梁并堆载　　　　　　　　安装基准梁

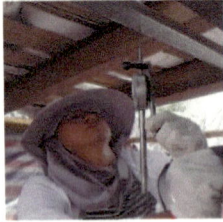

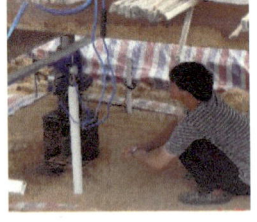

安装百分表　　　　安装位移传感器　　　千斤顶加压　　　固结沉降变形读数

　　　试坑浸水　　　　　　　　　　　　浸水后湿陷沉降变形读数

试验结束后试坑回填　　　　　　　　　　　场地平整

图3-24　浸水载荷试验基本流程

3.3 毛乌素沙漠粉细砂浸水载荷湿陷试验结果

3.3.1 浸水量变化

通过 6 个试验场地 15 个浸水载荷湿陷试验点的现场浸水量及湿陷变形的监测，得到两者的关系如图 3-25 所示。由不同浸水载荷湿陷试验点 $T—V_w$ 曲线可以看出，随着浸水时间的增加，不同浸水载荷湿陷试验点的浸水量呈线性增大，浸水量和浸水时间存在显著差异，15 个浸水载荷湿陷试验点的注水量分别为 63.51 m³、63.62 m³、128.70 m³、128.65 m³、63.55 m³、63.59 m³、63.50 m³、95.24 m³、65.03 m³、94.59 m³、65.04 m³、143.06 m³、177.59 m³、98.66 m³、152.11 m³，不同浸水载荷湿陷试验点浸水量的显著差异显示出了粉细砂的湿陷性、渗透性差异。

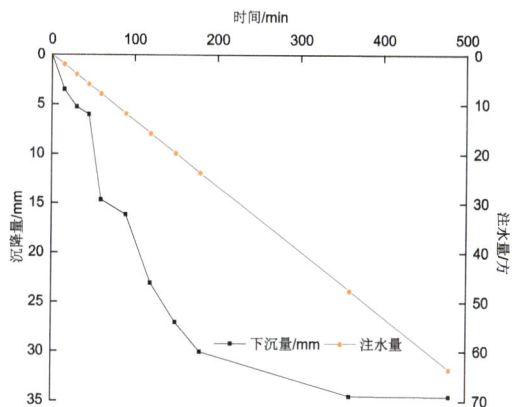

(a) JSZH 1-1

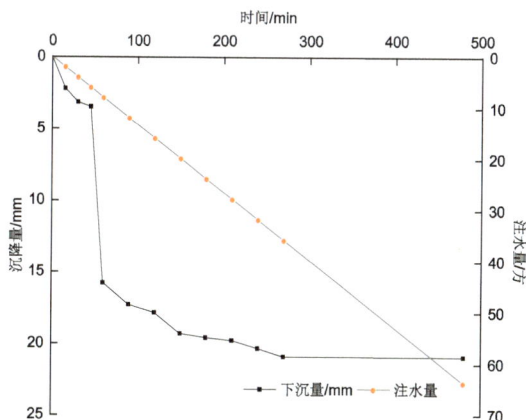

(b) JSZH 1-2

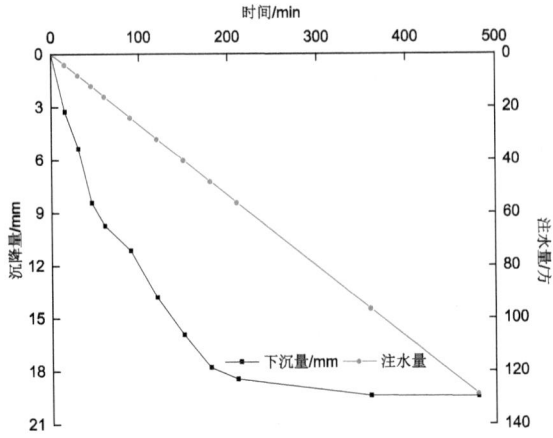

(c) JSZH 2-1

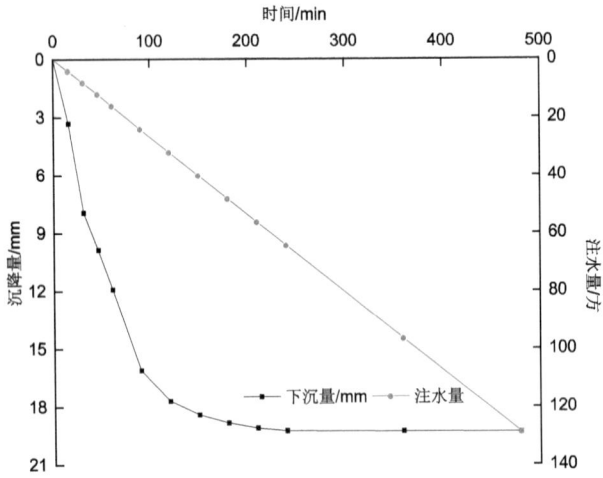

(d) JSZH 2-2

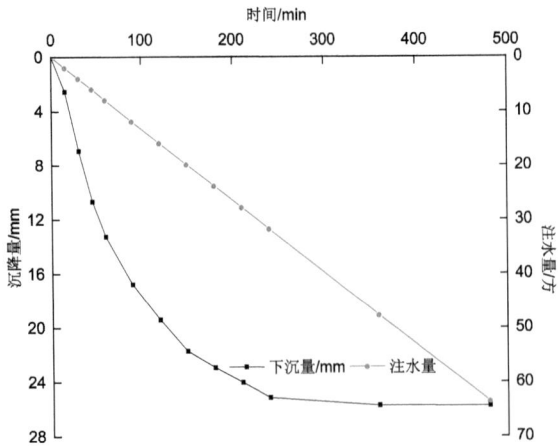

(e) JSZH 3-1

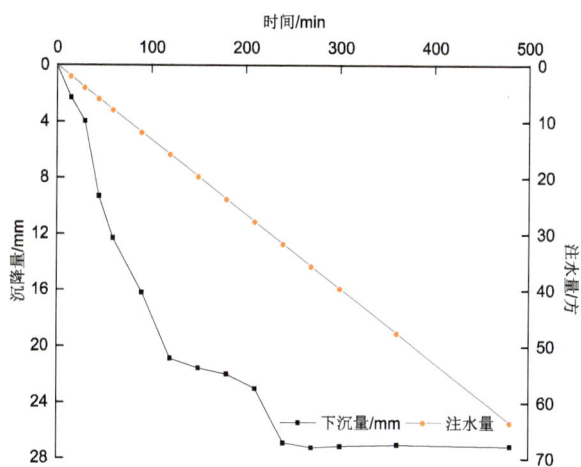

(f) JSZH 3-2

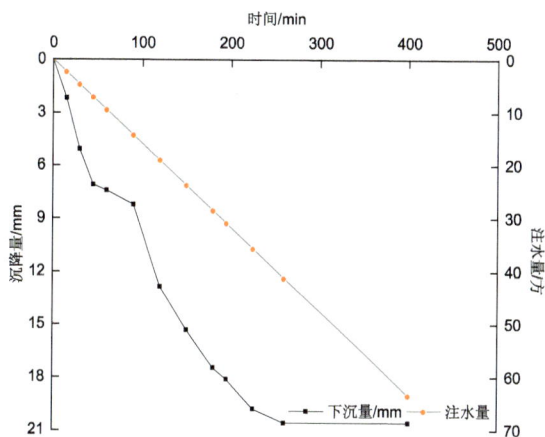

(g) JSZH 4-1

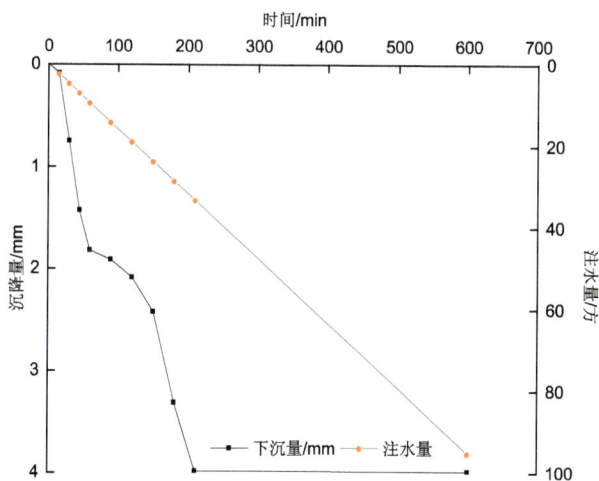

(h) JSZH 4-2

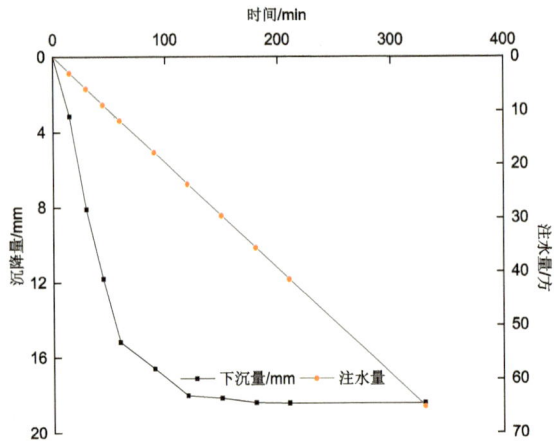

(i) JSZH 5-1

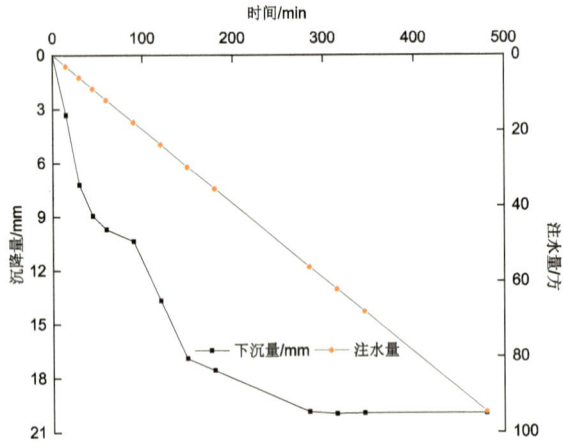

(j) JSZH 5-2

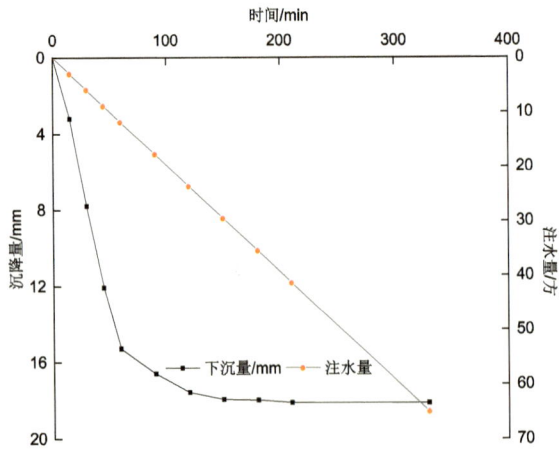

(k) JSZH 5-3

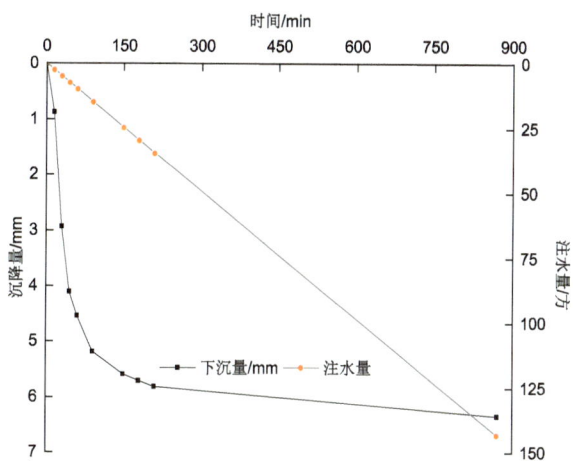

(l) JSZH 6-1

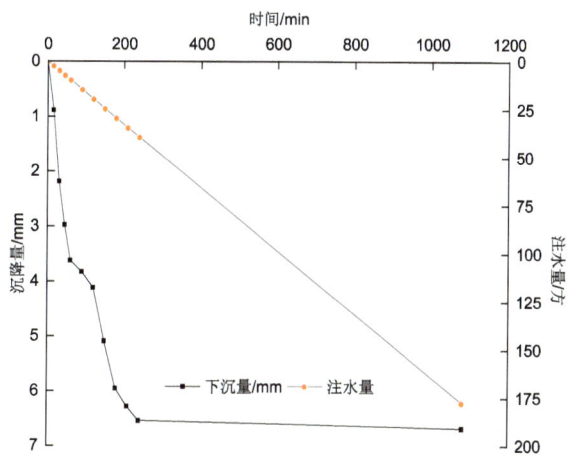

(m) JSZH 6-2

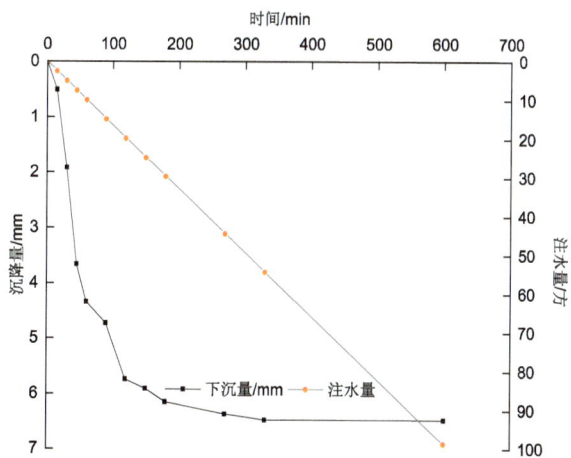

(n) JSZH 6-3

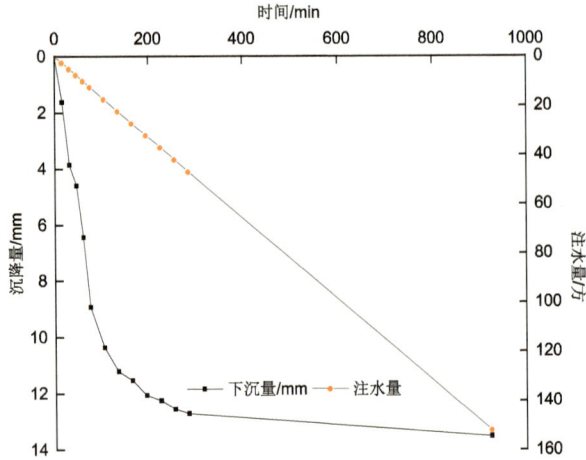

(o) JSZH 6-4

图 3-25　不同浸水载荷湿陷试验点 S—T—V_w 曲线

与此同时，通过不同浸水载荷湿陷试验点 S—T 曲线可以看出，随着浸水时间的增加，不同浸水载荷湿陷试验点粉细砂湿陷变形量逐渐增大，湿陷变形随时间变化的曲线呈下凸形。粉细砂湿陷变形可分为加速变形、缓慢变形、变形稳定三个阶段，其中在浸水初期 (浸水 $0 \sim 3$ h)，粉细砂湿陷变形量迅速增大 (加速变形阶段)，随着浸水过程的进行 (浸水 $3 \sim 5$ h)，粉细砂湿陷变形增加的速度变缓 (缓慢变形阶段)，浸水湿陷 5 h 后，湿陷变形均基本趋于稳定 (变形稳定阶段)，浸水湿陷 8 h 后，此时随着注水量增加，湿陷变形均不再增加，说明此时土体已全部浸润饱和。

3.3.2　含水率变化

根据《土工试验方法标准》(GB/T 50123—2019)，浸水载荷湿陷试验向试坑内注水时，需保证 3.5 倍承压板直径 (或宽度) 深度范围内的土层达到饱和，试验选用的承压板直径为 0.8 m，因此需保证 2.4 m 范围内的粉细砂达到饱和。试验水分传感器布设深度分别为载荷点试坑底部以下 1 m、2 m、3 m 范围，因此 3 m 范围内的粉细砂达到饱和则必然满足试验规范要求。通过 6 个试验场地 15 个浸水载荷湿陷试验点注水量的监测，可以得到不同浸水载荷湿陷试验点 S—T—w_v 曲线变化规律如图 3-26 所示。

由图 3-26 可知，不同浸水载荷湿陷试验点 S—T 曲线的变化规律与图 3-25 所示的不同浸水载荷湿陷试验点 S—T 曲线一致，这里不再赘述其变化规律。对于图 3-26 所示的不同浸水载荷湿陷试验点 T—w_v 变化曲线，可以发现随着浸水时间的增加，不同浸水载荷湿陷试验点的水分传感器监测的体积含水率逐渐增加，体积含水率的变化呈现出三个发展阶段：浸水初期 (1 m 深度为 $0 \sim 0.5$ h，2 m 深度为 $0 \sim 1$ h，3 m 深度为 $0 \sim 2$ h) 的平缓期、浸水中期 (浸水初期后的 1 h) 的急剧增长期、浸水后期 (体积含水率达到最大，连续 2 h 变化小于 1%) 的稳定期。

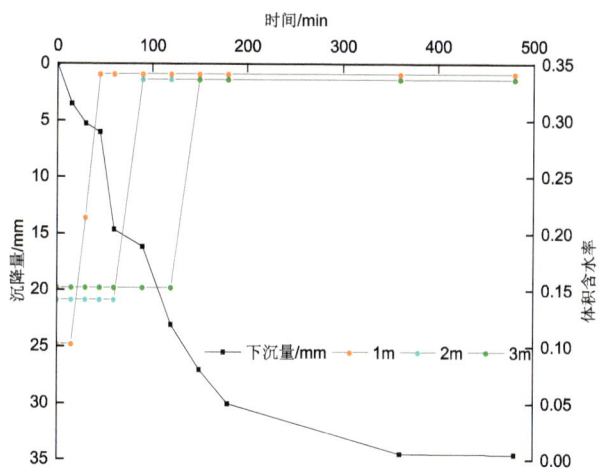

(a) JSZH 1-1

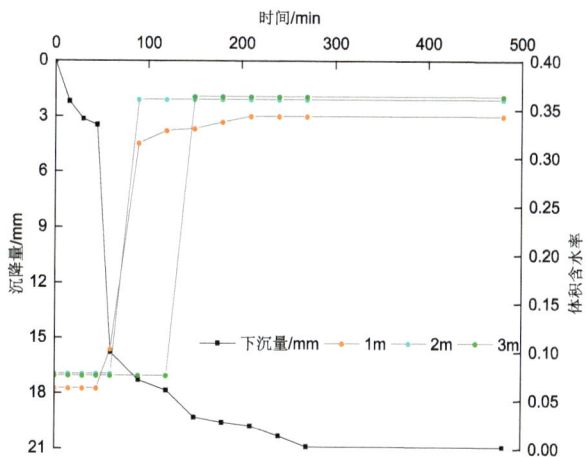

(b) JSZH 1-2

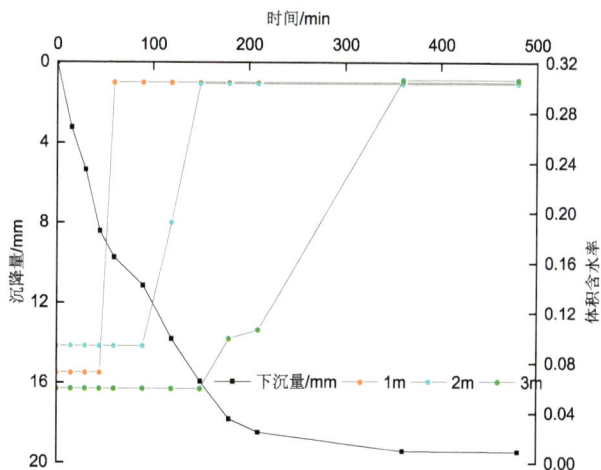

(c) JSZH 2-1

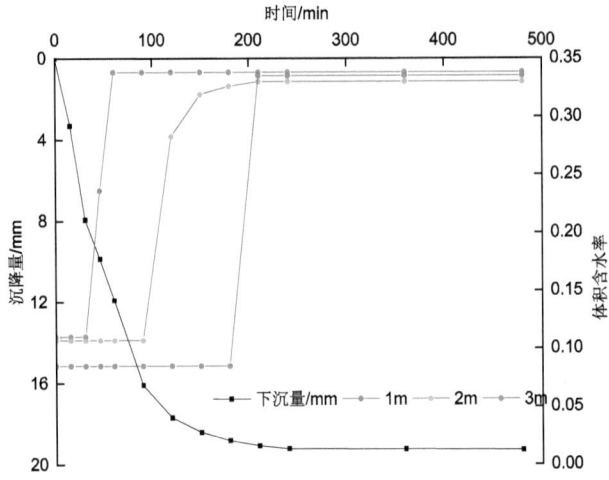

(d) JSZH 2-2

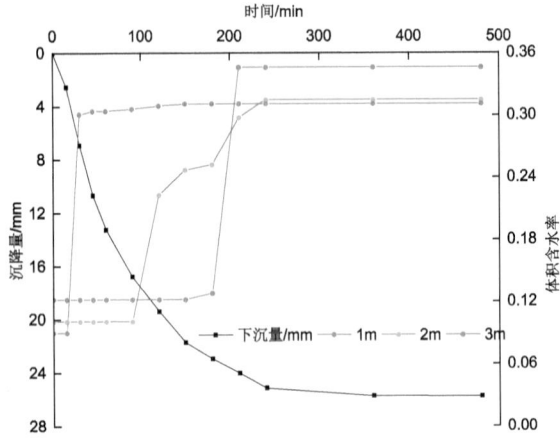

(e) JSZH 3-1

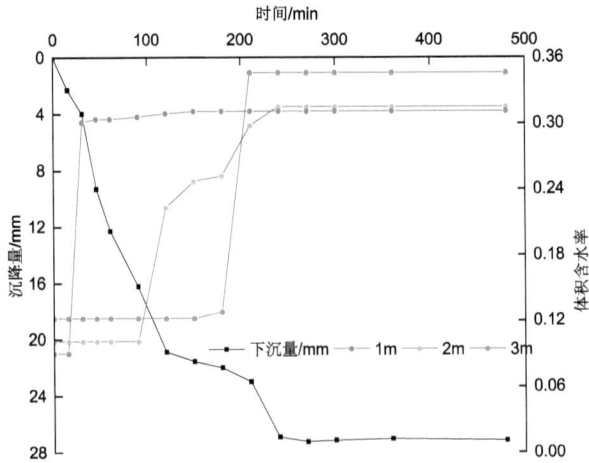

(f) JSZH 3-2

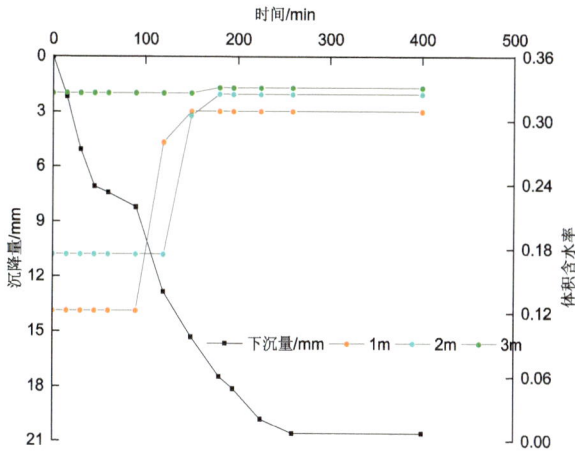

(g) JSZH 4-1

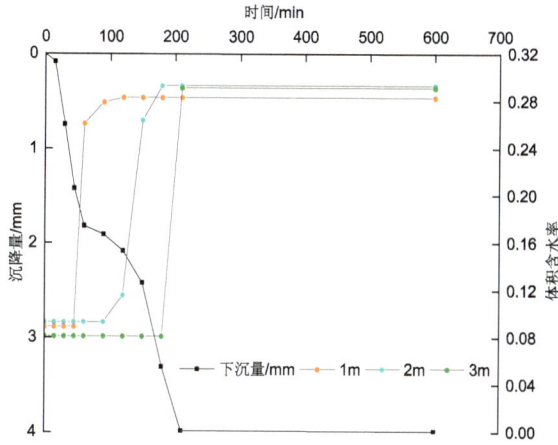

(h) JSZH 4-2

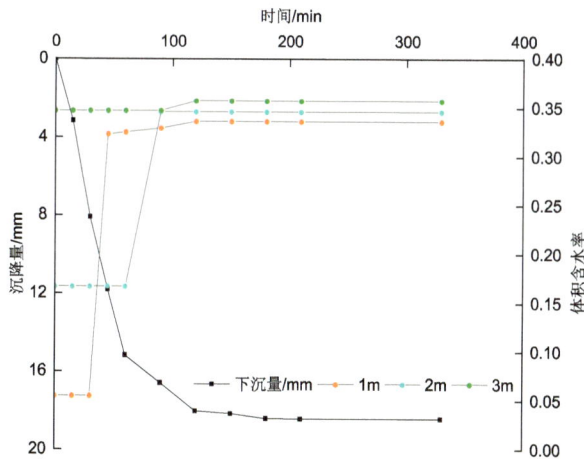

(i) JSZH 5-1

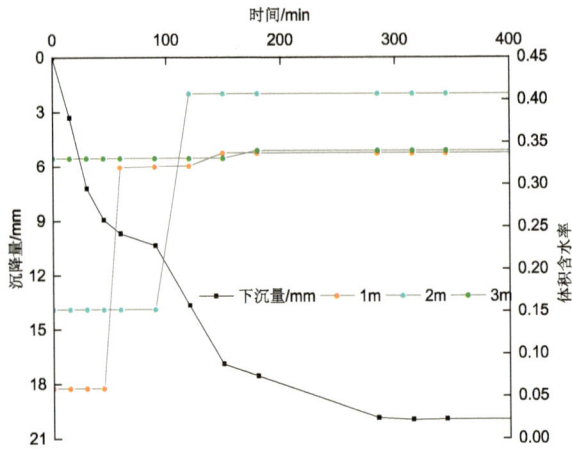

(j) JSZH 5-2

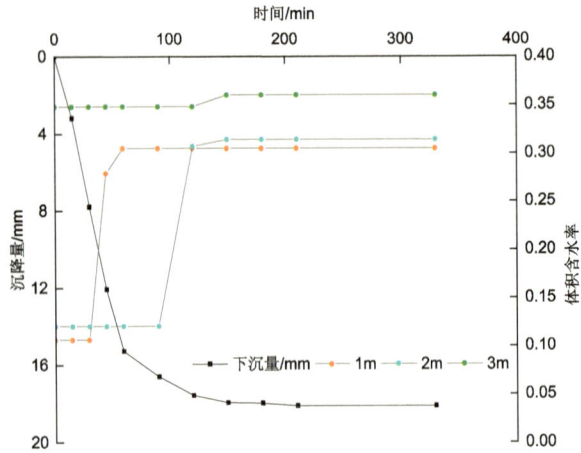

(k) JSZH 5-3

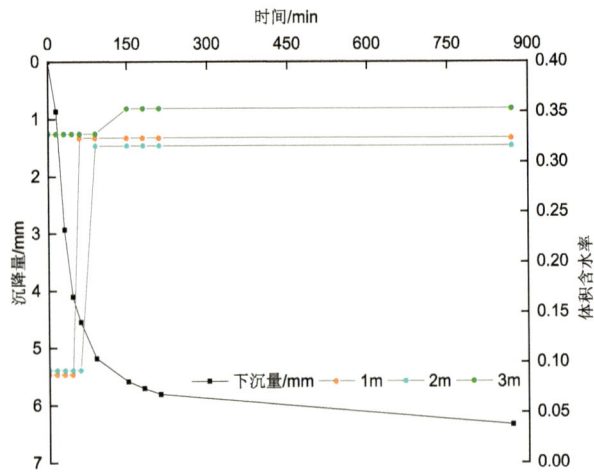

(l) JSZH 6-1

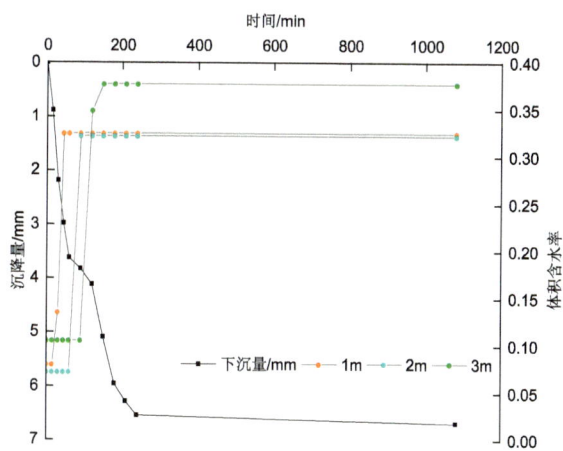

(m) JSZH 6-2

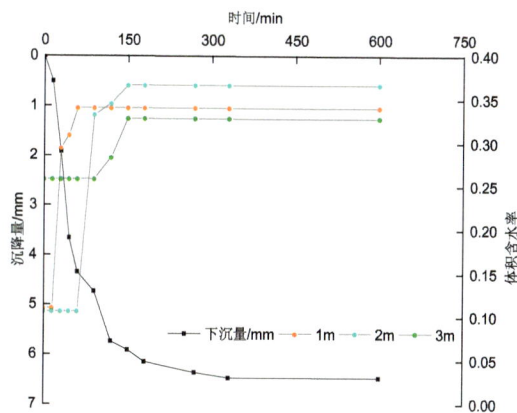

(n) JSZH 6-3

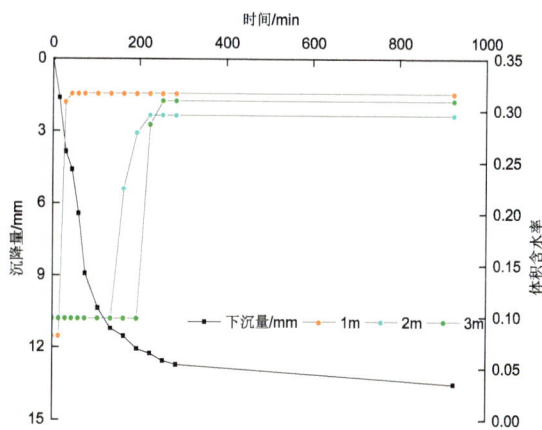

(o) JSZH 6-4

图 3-26　不同浸水载荷湿陷试验点 $S—T—w_V$ 曲线

不同浸水载荷湿陷试验点 T—w_v 曲线变化过程为试验点粉细砂浸水后水未入渗至水分传感器监测点，体积含水率无明显变化，随注水时间呈水平直线；随着浸水时间的继续，水入渗至水分传感器监测点深度，体积含水率急剧增加，T—w_v 变化曲线接近垂直；随着浸水时间的继续，不同深度体积含水率的变化随注水时间的增加基本呈现水平直线，此时表明粉细砂已达到饱和。不同深度的体积含水率增加的时间不尽相同，1 m 处的水分传感器监测的体积含水率最先开始增加，随后 2 m 处的水分传感器监测的体积含水率开始增加，最后 3 m 处的水分传感器监测的体积含水率开始增加，3 个水分传感器的增速基本相同。1 m、2 m、3 m 深度范围内的粉细砂达到饱和的时间分别为 2.5 h～4 h，不同深度粉细砂饱和时的体积含水率在 29.5%～40.7%。对于个别浸水载荷湿陷试验点，3 m 处的水分传感器监测的体积含水率从试验开始即基本为最大值，且随着浸水时间的增加，体积含水率基本无变化，始终保持为直线，值得注意的是，这些浸水载荷湿陷试验点的地下水位深度均在 3.8 m～4.2 m，试坑开挖 1.5 m 后，所埋置的水分传感器已经位于地下水位以下，达到饱和状态，因此水分传感器监测的体积含水率数据从试验开始即基本为最大值，且随着浸水时间的增加基本无变化。6 个试验场地 15 个浸水载荷湿陷试验点不同深度监测点稳定时的体积含水率如表 3-6 所示。

表 3-6   不同浸水载荷湿陷试验点体积含水率变化

浸水载荷湿陷试验点	不同水分传感器监测深度体积含水率			注水时间 /min
	1 m	2 m	3 m	
JSZH 1-1	34.1%	33.6%	33.6%	480
JSZH 1-2	34.3%	36.0%	36.3%	480
JSZH 2-1	30.4%	30.3%	30.6%	480
JSZH 2-2	33.8%	33.0%	33.5%	480
JSZH 3-1	31.1%	31.5%	34.6%	480
JSZH 3-2	31.1%	31.5%	34.6%	480
JSZH 4-1	30.9%	32.5%	33.1%	400
JSZH 4-2	30.9%	32.5%	33.1%	600
JSZH 5-1	33.6%	34.6%	35.7%	330
JSZH 5-2	33.7%	40.7%	34.0%	480
JSZH 5-3	30.5%	31.4%	36.0%	330
JSZH 6-1	32.4%	31.6%	35.3%	870
JSZH 6-2	32.5%	32.2%	37.7%	1080
JSZH 6-3	34.0%	36.6%	32.8%	600
JSZH 6-4	31.6%	29.5%	30.9%	925

根据饱和度、体积含水率与孔隙比的关系公式（$S_r = w_v \times (1+1/e)$，其中 S_r 为饱和度，w_v 为体积含水率，e 为孔隙比），可计算出 6 个试验场地 15 个浸水载荷湿陷试验点的体积含水率不变时的饱和度如表 3-7 所示。

表 3-7　不同浸水载荷湿陷试验点饱和度

浸水载荷湿陷试验点	不同水分传感器监测深度饱和度		
	1 m	2 m	3 m
JSZH 1-1	80%	88%	88%
JSZH 1-2	80%	83%	84%
JSZH 2-1	82%	82%	83%
JSZH 2-2	82%	80%	81%
JSZH 3-1	86%	87%	84%
JSZH 3-2	87%	88%	85%
JSZH 4-1	84%	87%	89%
JSZH 4-2	83%	85%	89%
JSZH 5-1	78%	81%	83%
JSZH 5-2	80%	87%	81%
JSZH 5-3	85%	88%	89%
JSZH 6-1	89%	87%	86%
JSZH 6-2	80%	80%	83%
JSZH 6-3	85%	82%	82%
JSZH 6-4	80%	84%	87%

在工程实践中，按饱和度的大小将土的饱水程度划分为以下三种状态：$S_r < 50\%$ 为稍湿，$50 \leqslant S_r \leqslant 80\%$ 为很湿，$S_r > 80\%$ 为饱和。根据试验结果可知，浸水湿陷稳定后 3 m 以上的土体均已饱和。

3.3.3　分层湿陷变形

考虑砂土浸水载荷湿陷试验测得的承压板变形为下部地基土体的宏观整体变形，随着砂土地层深度的增加，承压板下部土体中的有效应力迅速衰减，主要变形区集中于板下部分区域内，无法准确评价砂土湿陷性。通过 CJ-1B 型磁致式沉降仪可以解决以往只能测量承压板整体变形及土中附加应力随深度逐渐增大的难题，从而得到不同深度粉细砂在受到附加应力作用后产生的湿陷变形。针对 5 个试验场地 13 个浸水载荷湿陷试验点，得到不同深度的分层湿陷沉降变形曲线如图 3-27 所示。

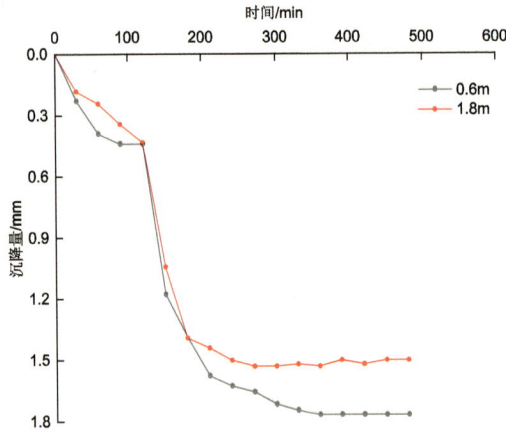

(a)　JSZH 2-1

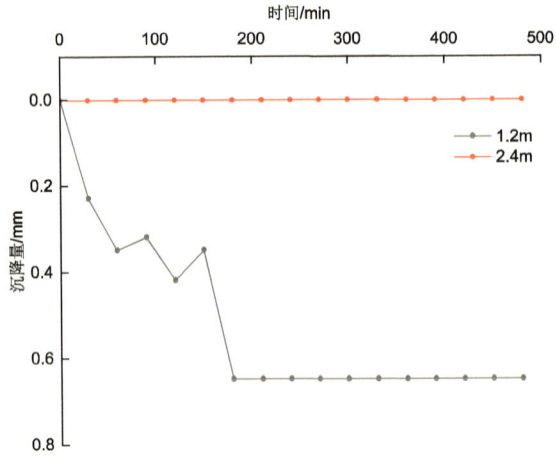

(b)　JSZH 2-2

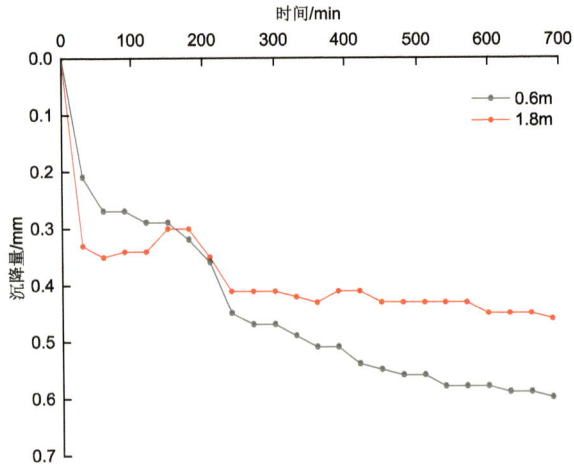

(c)　JSZH 3-1

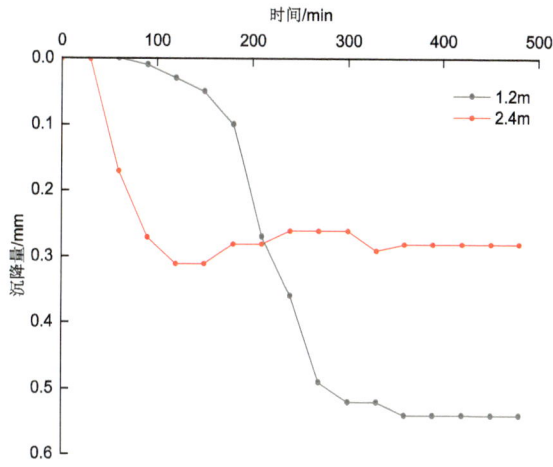

(d) JSZH 3-2

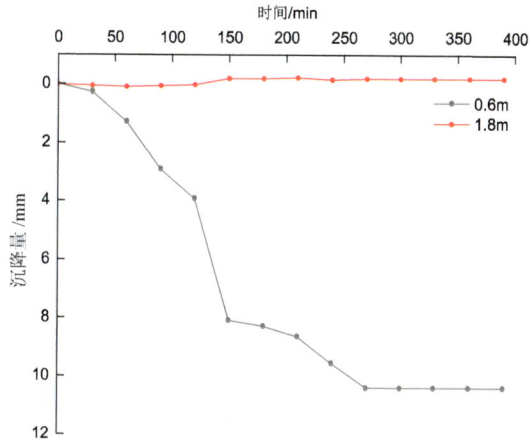

(e) JSZH 4-1

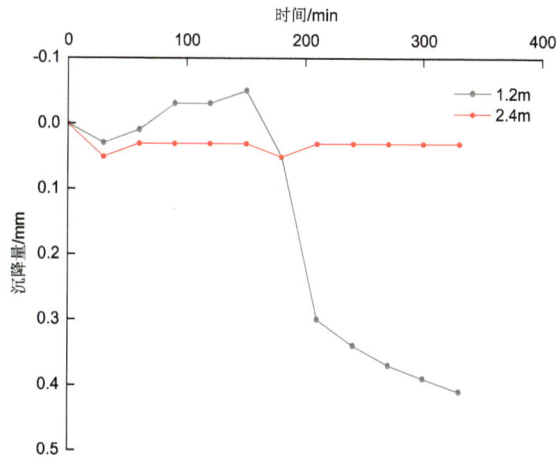

(f) JSZH 4-2

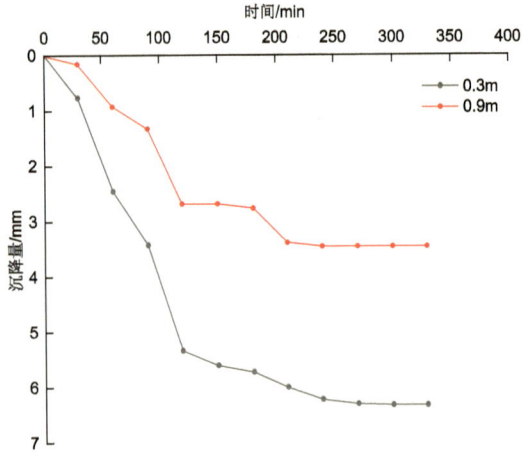

(g) JSZH 5-1

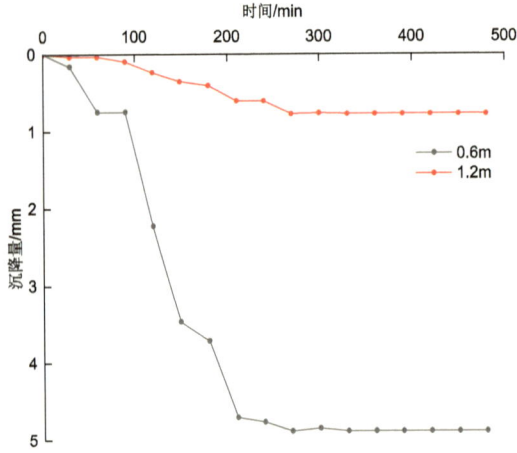

(h) JSZH 5-2

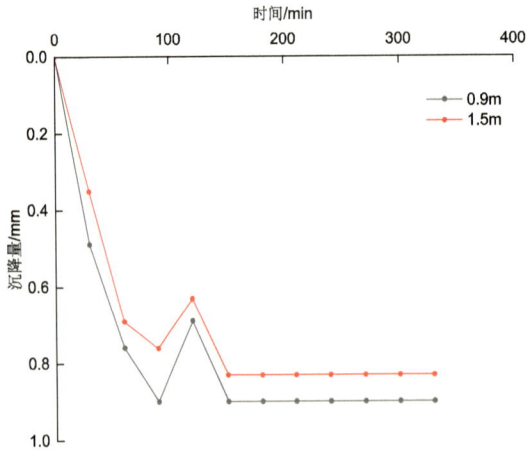

(i) JSZH 5-3

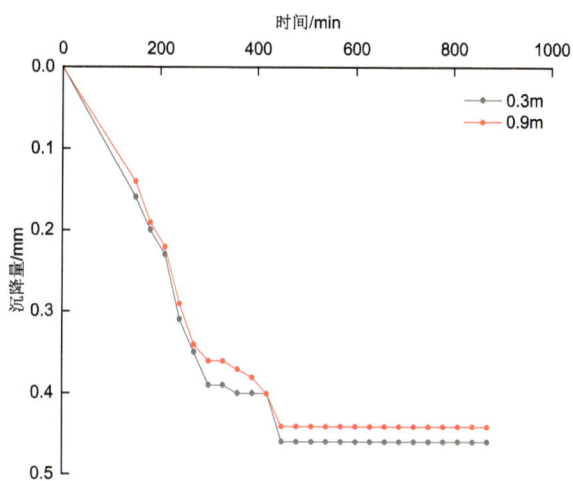

(j)　JSZH 6-1

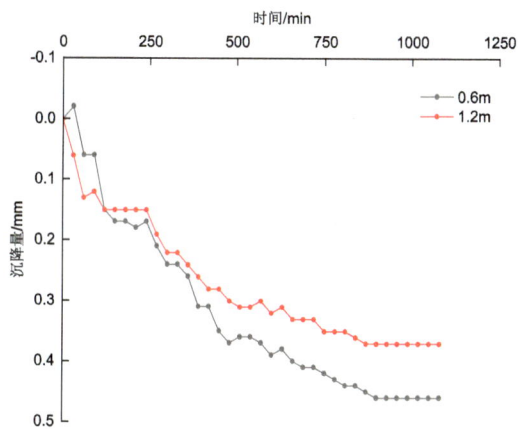

(k)　JSZH 6-2

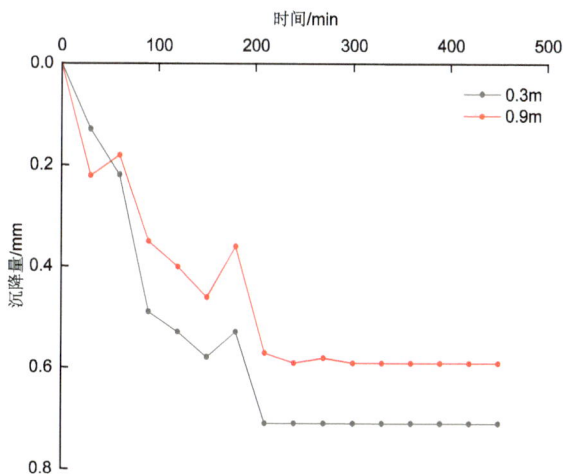

(l)　JSZH 6-3

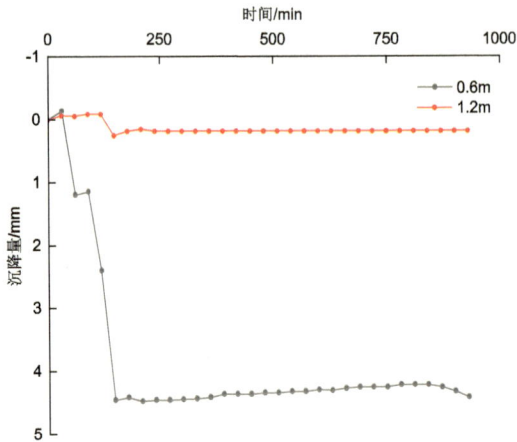

(m) JSZH 6-4

图 3-27 不同浸水载荷湿陷试验点不同深度分层湿陷沉降变形

在测量不同深度分层湿陷沉降变形时，Site 2、Site 3、Site 4 试验场地分别测试 0.6 m、1.2 m、1.8 m 和 2.4 m 处的分层沉降湿陷变形；Site 5 试验场地测试 0.3 m、0.6 m、0.9 m、1.2 m 和 1.5 m 处的分层沉降湿陷变形；Site 6 试验场地测试 0.3 m、0.6 m、0.9 m 和 1.2 m 处的分层沉降湿陷变形。由图 3-27 可知，不同浸水载荷湿陷试验点的分层湿陷沉降变形总体规律是随着浸水时间的增加，其湿陷变形逐渐增大，不同深度的增加幅度不尽相同，且不同试验点其分层湿陷沉降变形中湿陷变形较大和较小的分界深度不尽相同。

对于 Site 2 试验场地来说，在 0.6 m、1.2 m 和 1.8 m 处的分层湿陷沉降变形呈现出随着浸水时间的增加，前 200 min 的湿陷变形最明显，浸水 300 min 后，其湿陷变形基本趋于稳定。2.4 m 处的分层湿陷沉降未产生变形，这表明 Site 2 试验场地 JSZH 2-2 试验点 2.4 m 处的传感器测试试验数据失效。

对于 Site 3 试验场地来说，在 0.6 m、1.2 m、1.8 m 和 2.4 m 处的分层湿陷沉降变形呈现出随着浸水时间的增加，前 200 min ～ 300 min 的湿陷变形最明显，随后湿陷变形基本趋于稳定；随着监测深度的增加，湿陷变形量逐渐减小，即深度由 0.6 m 增加至 2.4 m 时，湿陷变形量逐渐减小。

对于 Site 4 试验场地来说，在 0.6 m、1.2 m、1.8 m 和 2.4 m 处的分层湿陷沉降变形呈现出随着浸水时间的增加，前 250 min 的湿陷变形最明显；浸水 300 min 后，其湿陷变形基本趋于稳定；随着监测深度的增加，其湿陷变形量逐渐减小，即深度由 0.6 m 增加至 2.4 m 时，湿陷变形量逐渐减小；1.8 m 处的分层湿陷沉降未产生变形，这表明 Site 4 试验场地 JSZH 4-1 试验点 1.8 m 处的传感器测试试验数据失效。

对于 Site 5 试验场地来说，在 0.3 m、0.6 m、0.9 m、1.2 m 和 1.5 m 处的分层湿陷沉降变形呈现出随着浸水时间的增加，前 400 min 的湿陷变形最明显，随后湿陷变形基本趋于稳定；随着监测深度的增加，其湿陷变形量逐渐减小，即深度由 0.3 m 增加至 1.2 m 时，湿陷变形量逐渐减小。

对于 Site 6 试验场地来说，在 0.3 m、0.6 m、0.9 m 和 1.2 m 处的分层湿陷沉降变形呈现出随着浸水时间的增加，前 200 min ～ 300 min 的湿陷变形最明显，随后湿陷变形基本趋于稳定；随着监测深度的增加，其湿陷变形量逐渐减小，即深度由 0.3 m 增加至 1.5 m 时，湿陷变形量逐渐减小。为进一步量化各试验场地不同浸水载荷湿陷试验点的分层湿陷沉降变形规律，统计不同深度分层湿陷沉降变形占总湿陷沉降变形比例如表 3-8 所示。

表 3-8　不同浸水载荷湿陷试验点分层湿陷沉降变形占总湿陷沉降变形比例

浸水载荷试验点	分层湿陷沉降变形占总湿陷沉降变形比例						
	0.3 m	0.6 m	0.9 m	1.2 m	1.5 m	1.8 m	2.4 m
JSZH 2-1	—	9.1%	—	—	—	7.7%	—
JSZH 2-2	—	—	—	3.36%	—	—	—
JSZH 3-1	—	10.45%	—	—	—	8.01%	—
JSZH 3-2	—	—	—	1.99%	—	—	1.03%
JSZH 4-1	—	50.54%	—	—	—	—	—
JSZH 4-2	—	—	—	10.28%	—	—	0.75%
JSZH 5-1	34.37%	—	18.74%	—	—	—	—
JSZH 5-2	—	24.52%	—	3.87%	—	—	—
JSZH 5-3	—	—	4.99%	—	3.60%	—	—
JSZH 6-1	7.26%	—	6.95%	—	—	—	—
JSZH 6-2	—	6.89%	—	5.54%	—	—	—
JSZH 6-3	10.98%	—	9.12%	—	—	—	—
JSZH 6-4	—	32.69%	—	1.33%	—	—	—

由表 3-8 可知，Site 2 试验场地由 0.6 m 增加至 2.4 m 过程中，其分层湿陷沉降变形占比由 9.1% 减少至 7.7%，最后至 3.36%；Site 3 试验场地由 0.6 m 增加至 2.4 m 过程中，其分层湿陷沉降变形占比由 10.45% 减少至 8.01%，最后至 1.03%；Site 4 试验场地由 0.6 m 增加至 2.4 m 过程中，其分层湿陷沉降变形占比由 50.54% 减少至 10.28%，最后至 0.75%；Site 5 试验场地由 0.3 m 增加至 1.5 m 过程中，其分层湿陷沉降变形占比由 34.37% 减少至 24.52%、18.74%、4.99%、3.87%，最后至 3.60%；Site 6 试验场地各分层沉降变形均比较小，这与其本身的湿陷变形有一定的关系。上述分层湿陷沉降变形占总湿陷沉降变形的比例进一步验证了随着监测深度的增加，湿陷变形量逐渐减小，反映出粉细砂的湿陷变形主要发生在浅层范围。

3.3.4　湿陷变形特性

根据原位浸水载荷湿陷试验结果，绘制 6 个试验场地不同试验点的浸水载荷湿陷试验

p—s 湿陷沉降变形曲线如图 3-28 所示。

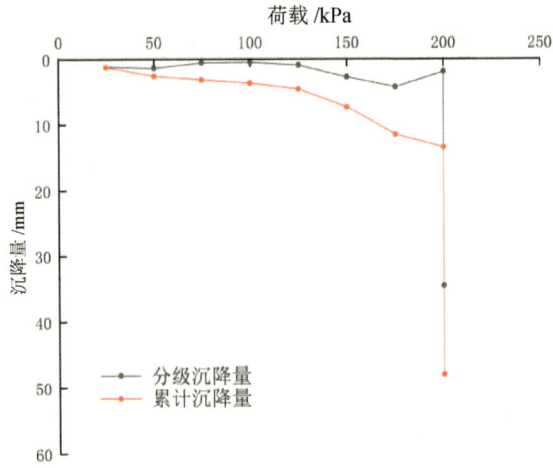

(a) JSZH 1-1

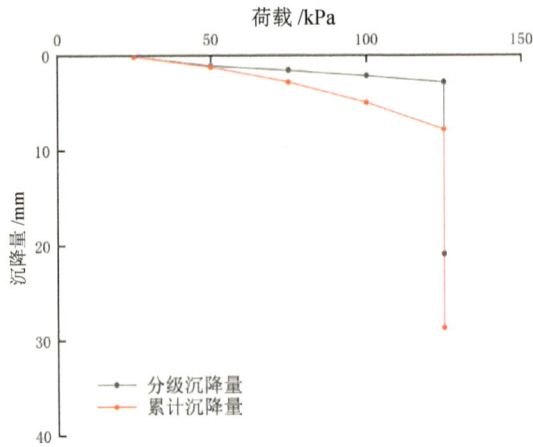

(b) JSZH 1-2

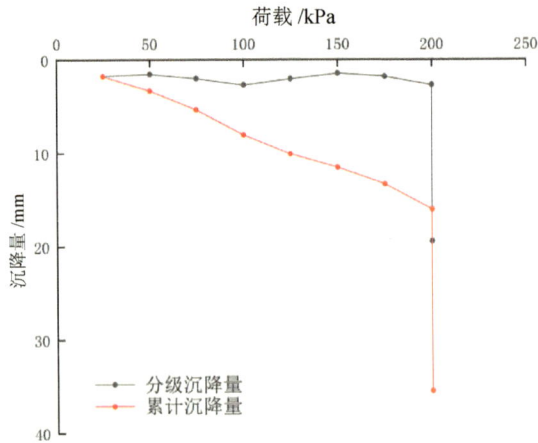

(c) JSZH 2-1

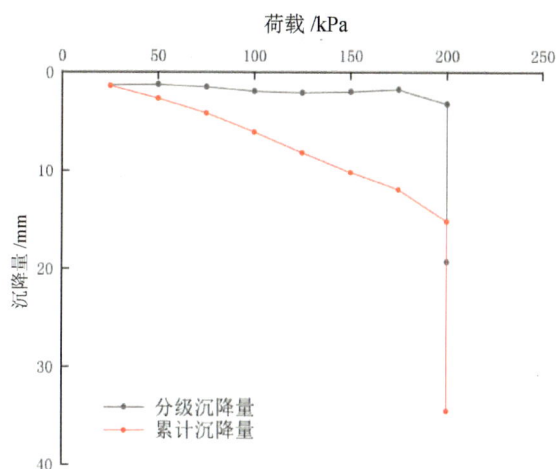

(d) JSZH 2-2

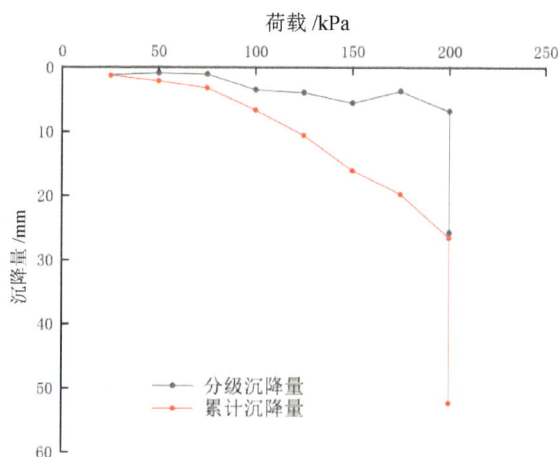

(e) JSZH 3-1

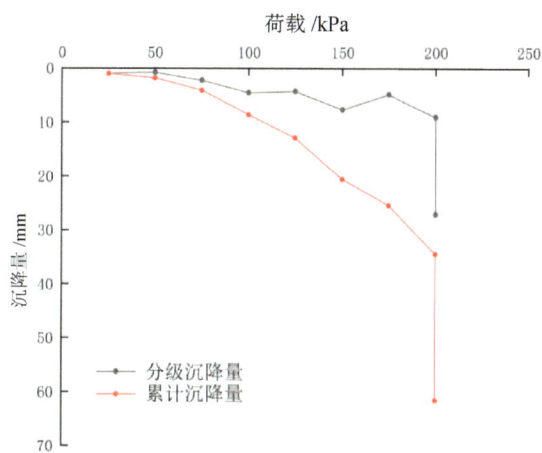

(f) JSZH 3-2

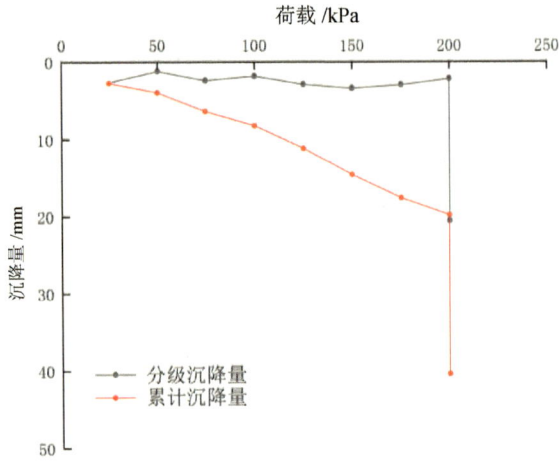

(g) JSZH 4-1

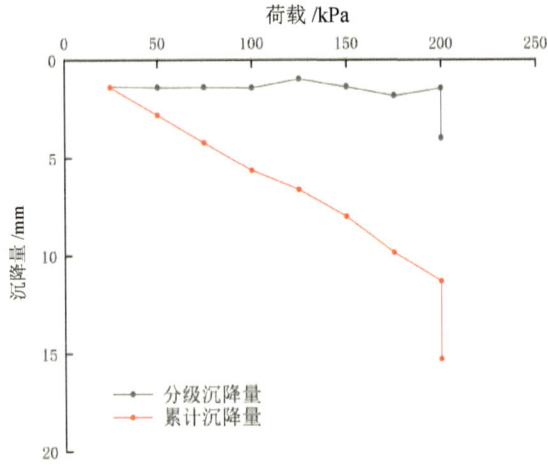

(h) JSZH 4-2

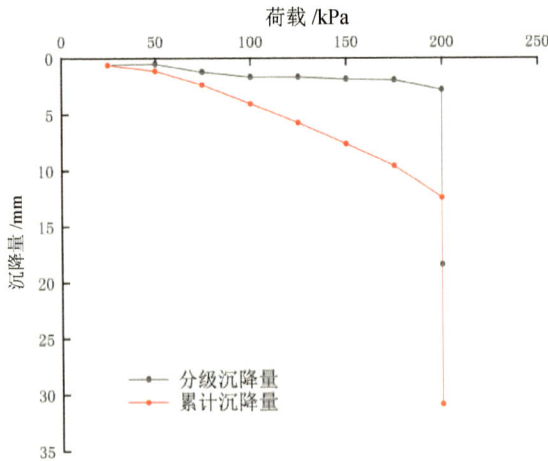

(i) JSZH 5-1

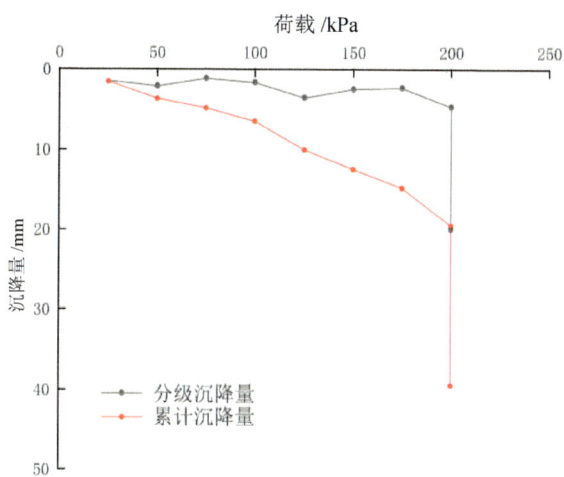

(j) JSZH 5-2

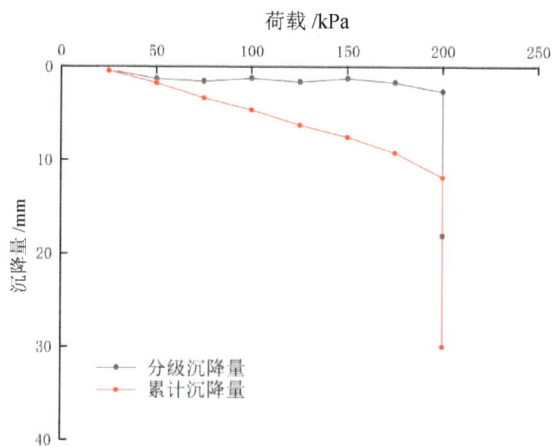

(k) JSZH 5-3

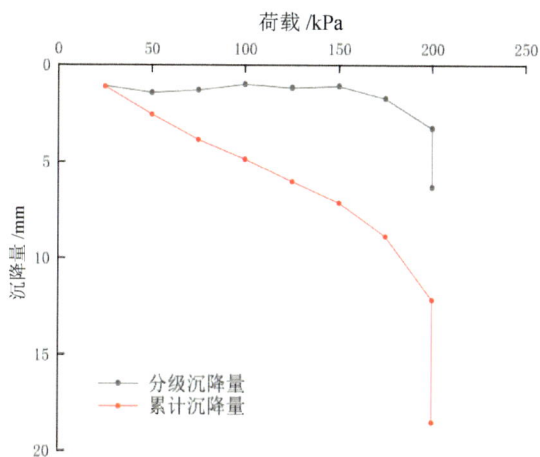

(l) JSZH 6-1

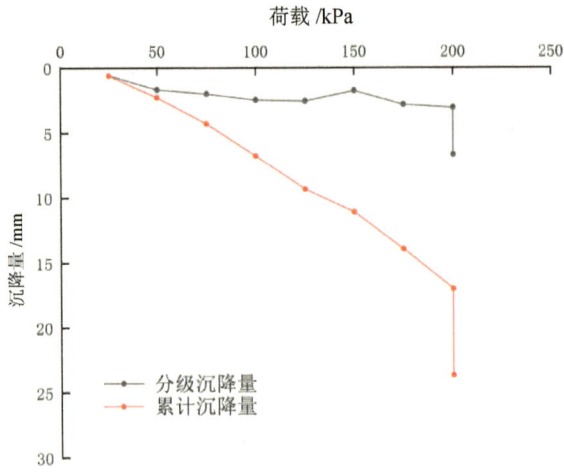

(m) JSZH 6-2

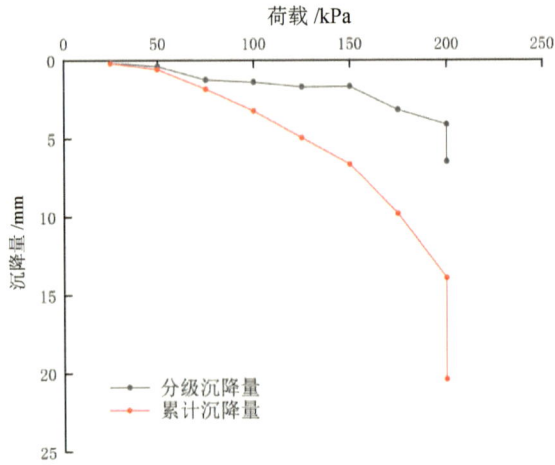

(n) JSZH 6-3

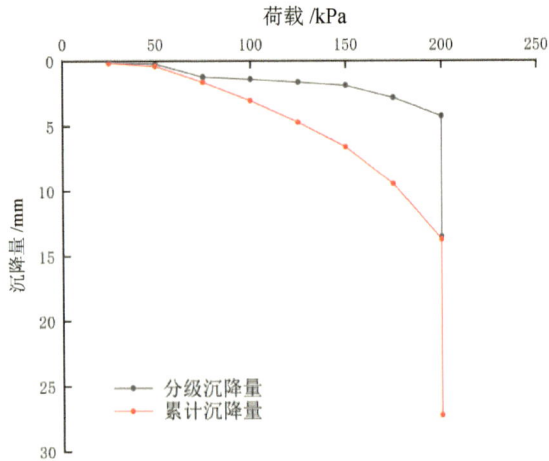

(o) JSZH 6-4

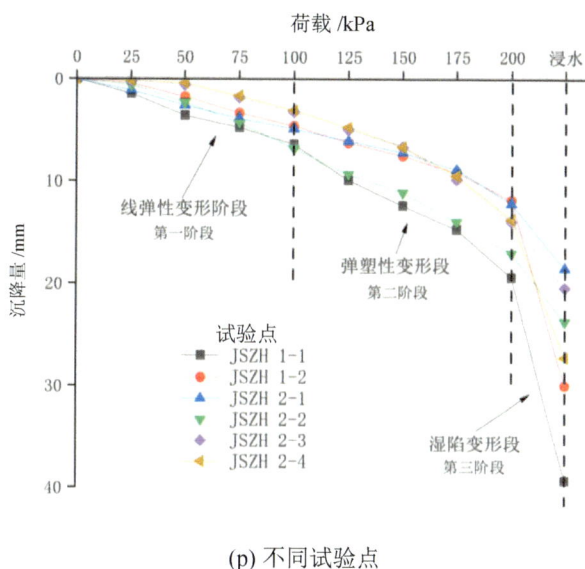

(p) 不同试验点

图 3-28　不同浸水载荷湿陷试验点 *p*—*s* 湿陷沉降曲线

由图 3-28 可知，各分级荷载作用下粉细砂固结沉降变形和湿陷附加变形均有一定的差异性。随着固结压力的逐渐增大，不同浸水载荷湿陷试验点的固结沉降量逐渐增加，*p*—*s* 曲线表现出压密变形 (*p*—*s* 曲线近似直线) 和剪切变形 (*p*—*s* 曲线为曲线) 特征，固结变形量的范围为 7.738 mm ～ 34.354 mm，最大固结变形量为 JSZH 3-2 的 34.354 mm，除 JSZH 1-2 试验点之外，其余试验点的固结沉降量均大于 10 mm。不同试验场地浸水载荷湿陷试验点在 200 kPa 固结变形稳定后，浸水饱和均产生了一定的附加沉降量，但不同浸水载荷湿陷试验点的附加沉降量结果相差较大，变化范围为 3.988 mm ～ 34.541 mm。其中，试验点 JSZH 1-1 湿陷变形量最大为 34.541 mm，JSZH 1-2、JSZH 3-1、JSZH 3-2 和 JSZH 4-1 的湿陷变形量均大于 20 mm。绘制 15 个试验点粉细砂湿陷变形特性如图 3-28(p) 所示。由图可以看出，粉细砂从加压到浸水湿陷经历 3 个阶段，分别为：

(1) 线弹性变形阶段。在荷载作用下，地基土被压缩而产生变形，由于作用在承压板的压力较小，此时土中各点切应力均小于其抗剪强度，且沉降量与压力呈线性关系，土体处于弹性平衡状态，表现为可恢复的弹性变形。此阶段终点的荷载为临塑荷载 Pcr。鉴于图中线性变形段不明显，取 *S* = 0.01B，即沉降量为 8 mm 时所对应的荷载为临塑荷载。

(2) 弹塑性变形段。随着承压板上应力的增加，ΔS / ΔP 亦增加，地基土的沉降与应力呈非线性关系。此时地基土中局部范围内的剪应力达到其抗剪强度，出现剪切破坏，呈弹塑性状态。该阶段终点荷载为 200 kPa，依据试验结果可知此时并未达到极限荷载。

(3) 湿陷变形段。保持承压板上荷载 200 kPa 稳定且不变，随地基土逐渐饱和，土体竖向沉降变形骤增。浸水后，地基土中颗粒间胶结作用被破坏，同时颗粒间的水膜因浸水而增厚，起到润滑作用，使得土颗粒容易发生滑移，进而产生湿陷变形。

通过浸水载荷湿陷试验，得到 6 个试验场地 15 个不同浸水载荷湿陷试验点的固结沉降变形量和湿陷附加变形量如表 3-9 所示。

表 3-9　不同浸水载荷湿陷试验点固结沉降变形和湿陷附加变形统计表

浸水载荷湿陷试验点	固结沉降变形量 / mm	湿陷变形附加沉降量 / mm
JSZH 1-1	13.368	34.541
JSZH 1-2	7.738	20.904
JSZH 2-1	14.987	19.433
JSZH 2-2	14.129	19.291
JSZH 3-1	26.468	24.741
JSZH 3-2	34.354	27.120
JSZH 4-1	19.740	20.571
JSZH 4-2	11.270	3.988
JSZH 5-1	12.380	18.419
JSZH 5-2	19.386	19.929
JSZH 5-3	11.779	18.108
JSZH 6-1	12.113	6.335
JSZH 6-2	16.974	6.678
JSZH 6-3	13.878	6.469
JSZH 6-4	13.682	13.519

3.3.5　湿陷性评价

《岩土工程勘察规范》(GB 50021—2001)(2009 年版) 规定除黄土外的湿陷性土在评价方面尚不能完全沿用我国现行国家标准《湿陷性黄土地区建筑规范》(GB 50025—2018) 的有关规定，因其不能如黄土那样用室内浸水压缩试验，在一定压力下测定湿陷系数 δ_s，并以 δ_s 值等于或大于 0.015 作为判定湿陷性黄土的标准界限,故《岩土工程勘察规范》(GB 50021—2001)(2009 年版) 第 6.1 节规定采用现场浸水载荷湿陷试验作为判定湿陷性土的基本方法，并规定以 200 kPa 压力作用下浸水载荷湿陷试验的附加湿陷量与承压板宽度之比等于或大于 0.023 的土应判定为湿陷性土。即：

$$\delta_s = \frac{\Delta F_s}{b} \tag{3.1}$$

式中，δ_s 为湿陷系数，ΔF_s 为附加沉降量，b 为承压板宽度。

现场粉细砂浸水载荷湿陷试验采用圆形承压板，承压板面积为 0.5 m^2，直径为 80 cm，因此要想进行粉细砂湿陷性的评价，需将圆形承压板等效为方形承压板。《岩土工程勘察规范》(GB 50021—2001)(2009 年版) 规定在计算承载力或压缩模量时承压板直径与宽度可以互相替换。但在湿陷性判别时，规范没有说明直径与宽度是否可以替换，也没有规定承压板宽度与直径的换算关系，由于载荷板宽度 (b) 是湿陷性评价非常重要的影响因素，为了准确得到圆形承压板的等效宽度，通过规范湿陷程度分类表中的判别界限与湿陷性土

的标准界限 ($\Delta F_s/b \geqslant 0.023$) 分析计算出等效宽度 (表 3-10)。

表 3-10　湿陷程度分类

湿陷程度	附加湿陷量 ΔF_s/cm	
	承压板面积 $0.5~m^2$	承压板面积 $0.25~m^2$
轻微	$1.6 < \Delta F_s \leqslant 3.2$	$1.1 < \Delta F_s \leqslant 2.3$
中等	$3.2 < \Delta F_s \leqslant 7.4$	$2.3 < \Delta F_s \leqslant 2.3$
强烈	$7.4 < \Delta F_s$	$5.3 < \Delta F_s$

由表 3-10 可知，当承压板面积为 $0.5~m^2$ 时，附加湿陷量 1.6 cm 是轻微沉降的最小界限，可以理解为此时 $\Delta F_s/b = 0.023$，求得 $b = 70$ cm(如承压板为正方形，面积约为 $0.5~m^2$，b 为承压板的宽度)，$b/d = 0.87$；同样当承压板面积为 $0.25~m^2$ 时，直径 $d = 56.4$ cm，附加湿陷量为 1.1 cm，此时 $\Delta F_s/b = 0.023$，求得 $b = 47.8$ cm，$b/d = 0.85$。得出根据承压板面积不同 $0.25~m^2 \sim 0.5~m^2$，圆形载荷板的宽度与直径的换算关系为 $b = 0.85d \sim 0.87d$。按照 $\Delta F_s/b \geqslant 0.023$ 或表 3-10 进行判别，在 200 kPa 压力下的浸水附加湿陷量大于 16.0 mm 的试验土层即为湿陷性土。由此可以得到基于现场浸水载荷试验的粉细砂湿陷系数及其湿陷性如表 3-11 所示。

表 3-11　不同浸水载荷湿陷试验点湿陷性评价一览表

试验点	湿陷量 / mm	湿陷系数 ($\Delta F_s/b$)	湿陷程度
JSZH 1-1	34.541	0.04934	中等湿陷
JSZH 1-2	20.904	0.02986	轻微湿陷
JSZH 2-1	19.433	0.02776	轻微湿陷
JSZH 2-2	19.291	0.02756	轻微湿陷
JSZH 3-1	25.741	0.03677	轻微湿陷
JSZH 3-2	27.12	0.03874	轻微湿陷
JSZH 4-1	20.571	0.02939	轻微湿陷
JSZH 4-2	3.988	0.00570	无湿陷性
JSZH 5-1	18.419	0.02631	轻微湿陷
JSZH 5-2	19.929	0.02847	轻微湿陷
JSZH 5-3	18.108	0.02587	轻微湿陷
JSZH 6-1	6.335	0.00905	无湿陷性
JSZH 6-2	6.496	0.00928	无湿陷性
JSZH 6-3	6.678	0.00954	无湿陷性
JSZH 6-4	13.519	0.01931	无湿陷性

由表 3-11 可知，6 个试验场地 15 个浸水载荷湿陷试验获取的毛乌素沙漠粉细砂的附加湿陷变形量范围为 3.988 mm ～ 34.541 mm，根据《岩土工程勘察规范》(GB 50021—2001)(2009 年版) 计算得到的湿陷系数范围为 0.0057 ～ 0.04934，平均值为 0.02486；通过计算得到的湿陷系数对不同浸水载荷湿陷试验点进行湿陷性评价，评价结果如下：JSZH 1-1 试验点的粉细砂有中等湿陷性；JSZH 1-2、JSZH 2-1、JSZH 2-2、JSZH 3-1、JSZH 3-2、JSZH 4-1、JSZH 5-1、JSZH 5-2、JSZH 5-3 试验点的粉细砂有轻微湿陷性，JSZH 4-2、JSZH 6-1、JSZH 6-2、JSZH 6-3、JSZH 6-4 试验点的粉细砂无湿陷性。

本 章 小 结

通过开展 6 个试验场地 15 个浸水载荷湿陷试验点的毛乌素沙漠粉细砂原位标准贯入试验，获得了砂土状态参数；在此基础上开展了 15 组浸水载荷湿陷试验，系统研究了毛乌素沙漠粉细砂的湿陷特性及变形规律，获得了湿陷系数及湿陷量变化范围，在此基础上基于《岩土工程勘察规范》(GB 50021—2001)(2009 年版) 提出了毛乌素沙漠粉细砂湿陷性程度及等级，建立了基于现场浸水载荷湿陷试验的毛乌素沙漠粉细砂湿陷性及其评价方法。研究表明：

(1) 毛乌素沙漠粉细砂地层以浅黄色、褐黄色粉细砂层或淡黄色、灰黄色、浅灰色细砂层为主，粉细砂层位于地表，之下为细砂层，地下水位距地表范围在 3.8 m ～ 10.1 m。粉细砂主要为石英、长石颗粒，偶见云母，砂质纯净，仅颗粒大小不同。邻近地表的粉细砂均为松散状态，厚度 0 ～ 3.5 m 不等，随着深度的增加其密实程度逐渐增大。

(2) 随着浸水时间的增加，不同浸水载荷湿陷试验点浸水量呈线性增大，浸水量和浸水时间存在显著差异。

(3) 随着浸水时间的增加，不同浸水载荷湿陷试验点粉细砂湿陷变形量逐渐增大，湿陷变形随时间变化曲线呈现出下凸形。粉细砂湿陷变形可分为加速变形、缓慢变形、变形稳定三个阶段，其中在浸水初期 (浸水 0 ～ 3 h)，粉细砂湿陷变形量迅速增大 (加速变形阶段)，随着浸水过程的进行 (浸水 3 h ～ 5 h)，粉细砂湿陷变形增加的速度变缓 (缓慢变形阶段)，浸水湿陷 5 h 后，湿陷变形均基本趋于稳定 (变形稳定阶段)，浸水湿陷 8 h 后，此时随着注水量增加，湿陷变形均不再增加，说明此时土体已全部浸润饱和。

(4) 不同浸水载荷湿陷试验点的分层湿陷沉降变形总体规律是随着浸水时间的增加，其湿陷变形逐渐增大，不同深度的增加幅度不尽相同，且不同载荷试验点其分层湿陷沉降变形中湿陷变形较大和较小的分界深度不尽相同。分层湿陷沉降变形占总湿陷沉降变形的比例随着监测深度的增加逐渐减小，反映出粉细砂的湿陷变形主要发生在浅层范围内。

(5) 各分级荷载作用下其固结沉降变形和湿陷附加变形均有一定的差异性。随着固结压力的增大，不同浸水载荷湿陷试验点的固结沉降量逐渐增加，p—s 曲线表现出压密变形 (p—s 曲线近似直线) 和剪切变形 (p—s 曲线为曲线) 特征，固结变形量的范围为 7.738 mm ～

34.354 mm。不同试验场地浸水载荷湿陷试验点在 200 kPa 固结变形稳定后，浸水饱和均产生了一定的附加沉降量，但不同浸水载荷湿陷试验点的附加沉降量结果相差较大，变化范围为 3.988 mm ～ 34.541 mm。

(6) 根据《岩土工程勘察规范》(GB 50021—2001)(2009 年版) 计算得到的 6 个试验场地 15 个载荷点的湿陷系数范围为 0.0057 ～ 0.04934，平均值为 0.02486；通过计算得到的湿陷系数对不同浸水载荷湿陷试验点进行湿陷性评价，评价结果如下：JSZH 1-1 试验点的粉细砂有中等湿陷性；JSZH 1-2、JSZH 2-1、JSZH 2-2、JSZH 3-1、JSZH 3-2、JSZH 4-1、JSZH 5-1、JSZH 5-2、JSZH 5-3 试验点的粉细砂有轻微湿陷性，JSZH 4-2、JSZH 6-1、JSZH 6-2、JSZH 6-3、JSZH 6-4 试验点的粉细砂无湿陷性。

第4章 毛乌素沙漠粉细砂室内湿陷试验

室内湿陷试验、现场浸水载荷湿陷试验和试坑浸水试验是确定湿陷性、湿陷系数、自重湿陷系数、湿陷起始压力和试验场地湿陷类型的主要方法。现场浸水载荷湿陷试验、试坑浸水试验成本较高，相比之下室内湿陷试验测定湿陷性比较简单，不仅可以同时测定不同深度土的湿陷性，还可以研究不同影响因素对土湿陷性的影响规律，揭示影响土湿陷性的影响因素。

本章在第3章现场浸水载荷湿陷试验研究的基础上，通过在6个试验场地15个试验点进行原状样取样，开展原状粉细砂室内湿陷试验，进一步研究毛乌素沙漠粉细砂湿陷特性，并与现场浸水载荷湿陷试验结果进行对比，判别15个试验点室内原状湿陷试验结果与现场浸水载荷湿陷试验结果是否具有一致性。在湿陷性一致的基础上，通过重塑原状样的试验方法，进行毛乌素沙漠粉细砂室内重塑湿陷试验，并将重塑湿陷试验结果与原状湿陷试验结果进行对比，验证重塑湿陷试验方法的合理性。在此基础上采用单一变量法，研究不同影响因素对粉细砂湿陷性的影响规律，揭示影响粉细砂湿陷性的影响因素，提出影响毛乌素沙漠粉细砂湿陷性影响因素的阈值，试验可为毛乌素沙漠粉细砂数值模拟提供数据基础。

4.1 室内原状样湿陷试验

4.1.1 试验方案设计

室内湿陷试验采用双线法，即一个试样在天然湿度下分级加压，直至湿陷变形稳定，另一个试样在天然湿度下施加第一级压力后浸水，稳定后再分级加压，直至各级压力下浸水变形稳定。试验加载压力等级分别为25 kPa、50 kPa、100 kPa、150 kPa、200 kPa，湿陷稳定标准为连续2次每小时变形量不大于0.01 mm。6个试验场地15个试验点进行5组原状粉细砂湿陷特性平行试验，每个试验点中每组平行试验包含2个原状环刀试样，共计

150 组原状样湿陷特性试验，试验方案如表 4-1 所示。

表 4-1　毛乌素沙漠不同试验点原状粉细砂室内湿陷性试验方案

试验点	湿陷试验组数 / 个	湿陷稳定标准	加载压力 / kPa
JSZH 1-1	10(5 组平行试验，双线法)		
JSZH 1-2	10(5 组平行试验，双线法)		
JSZH 2-1	10(5 组平行试验，双线法)		
JSZH 2-2	10(5 组平行试验，双线法)		
JSZH 3-1	10(5 组平行试验，双线法)		
JSZH 3-2	10(5 组平行试验，双线法)		25
JSZH 4-1	10(5 组平行试验，双线法)		50
JSZH 4-2	10(5 组平行试验，双线法)	连续 2 次每小时	75
JSZH 5-1	10(5 组平行试验，双线法)	变形量不大于 0.01 mm	100
JSZH 5-2	10(5 组平行试验，双线法)		150
JSZH 5-3	10(5 组平行试验，双线法)		200
JSZH 6-1	10(5 组平行试验，双线法)		
JSZH 6-2	10(5 组平行试验，双线法)		
JSZH 6-3	10(5 组平行试验，双线法)		
JSZH 6-4	10(5 组平行试验，双线法)		

　　室内湿陷试验所用仪器为 WG 型单杠杆固结仪，试样所用环刀尺寸为 61.8 mm × 20 mm，试验仪器示意图如图 4-1 所示。

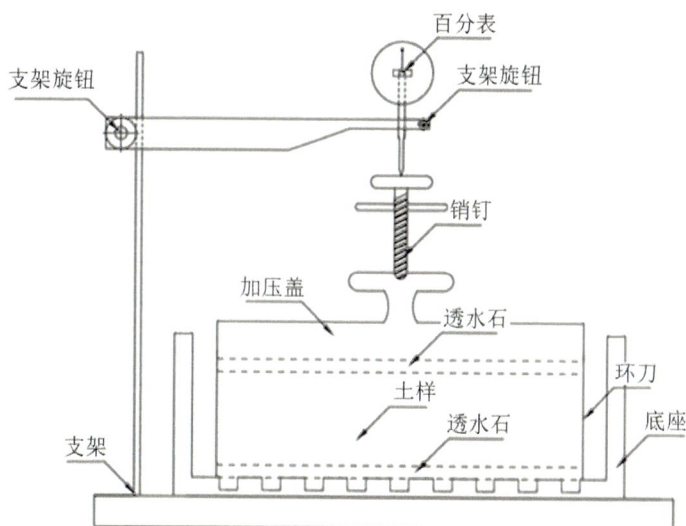

图 4-1　WG 型单杠杆固结仪

通过室内湿陷试验获得的湿陷系数是评价沙土湿陷性的关键指标，其定义为一定压力下土样浸水前后高度之差与土样原始高度之比。依据《岩土工程勘察规范》(GB 50021—2001)(2009 年版) 第 6.1.5 节的内容：对能用取土器取得不扰动试样的湿陷性粉砂，按式 (4.1) 计算湿陷系数

$$\delta_s = \frac{h_p - h_{p'}}{h_0} \tag{4.1}$$

式中，δ_s 为湿陷系数；h_p 为保持天然湿度和结构的试样，加压至一定程度时，试样变形稳定后的高度 (mm)；$h_{p'}$ 为加压下沉稳定后的试样，在浸水饱和条件下，附加下沉稳定后的高度 (mm)；h_0 为试样的原始高度 (mm)。

根据计算的湿陷系数判别湿陷程度，具体的判别方法如表 4-2 所示。

表 4-2　湿陷程度的划分标准

湿陷系数 δ_s	湿 陷 程 度
0 ~ 0.015	不湿陷
0.015 ~ 0.030	湿陷轻微
0.030 ~ 0.070	湿陷中等
> 0.070	湿陷强烈

4.1.2　湿陷变形特性

通过毛乌素沙漠 5 组原状粉细砂湿陷特性平行试验 (5 组湿陷试验结果的平均值)，得到 6 个试验场地 15 个试验点压力随湿陷沉降变形关系曲线 (p—s 关系曲线) 如图 4-2 所示。

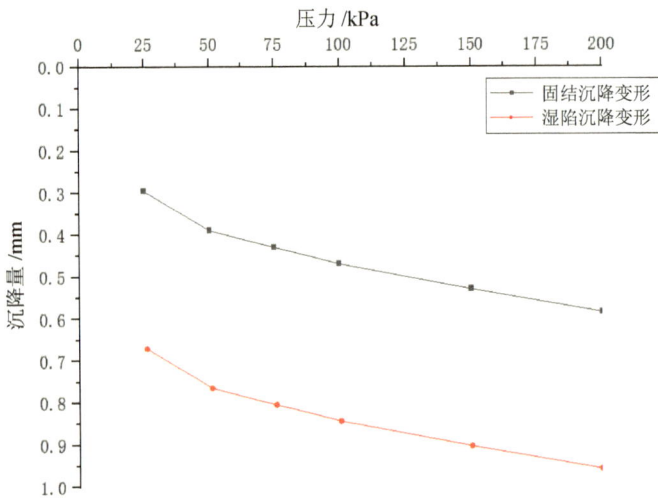

(a) JSZH 1-1

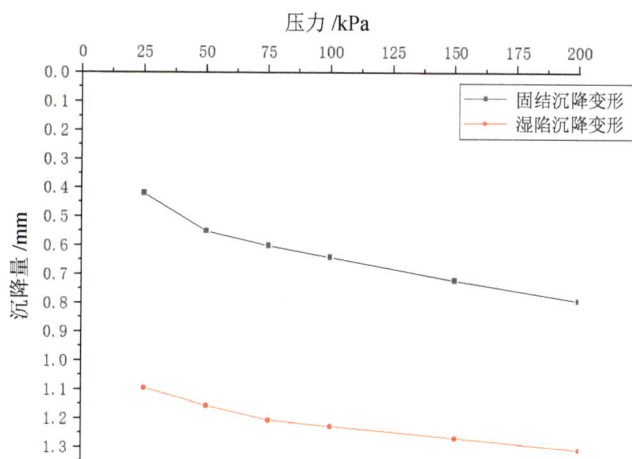

(b) JSZH 1-2

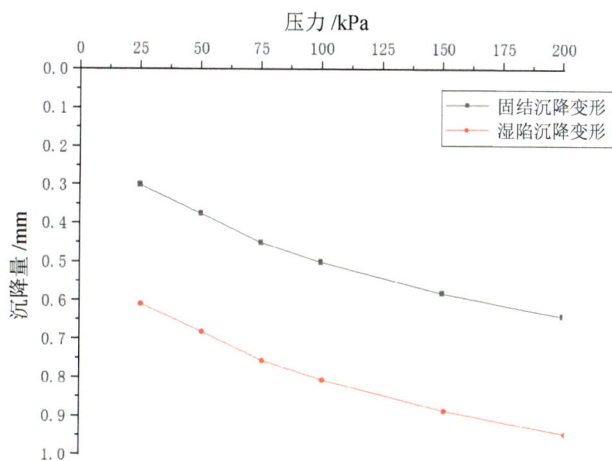

(c) JSZH 2-1

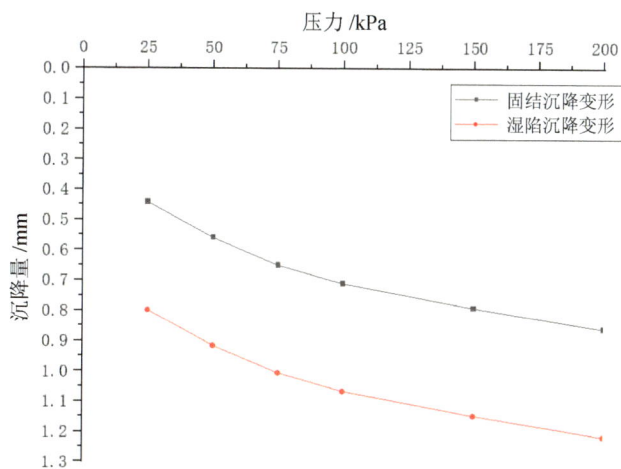

(d) JSZH 2-2

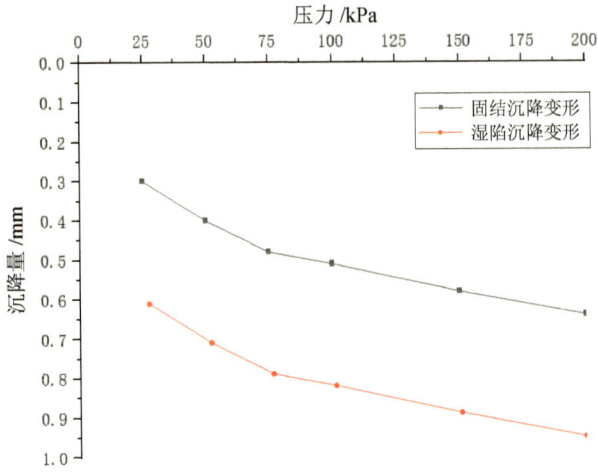

(e) JSZH 3-1

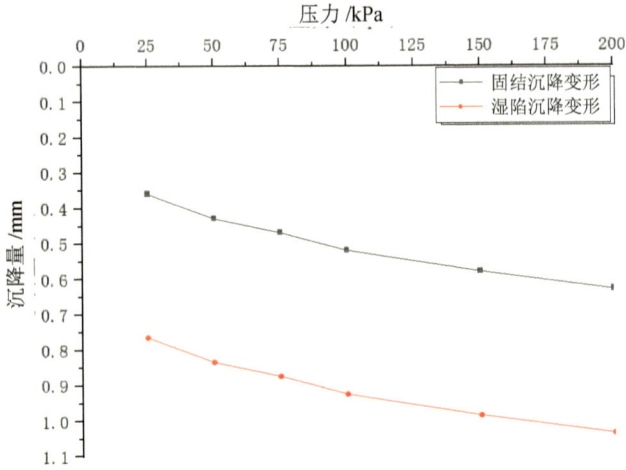

(f) JSZH 3-2

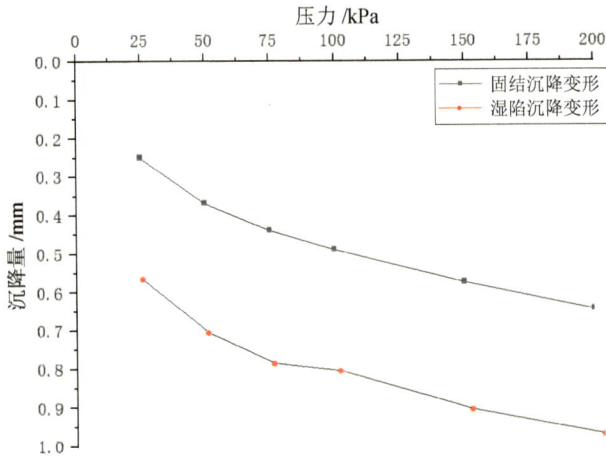

(g) JSZH 4-1

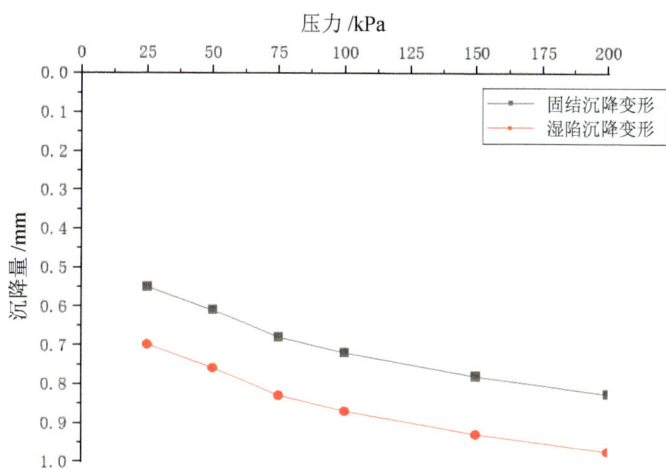

(h)　JSZH 4-2

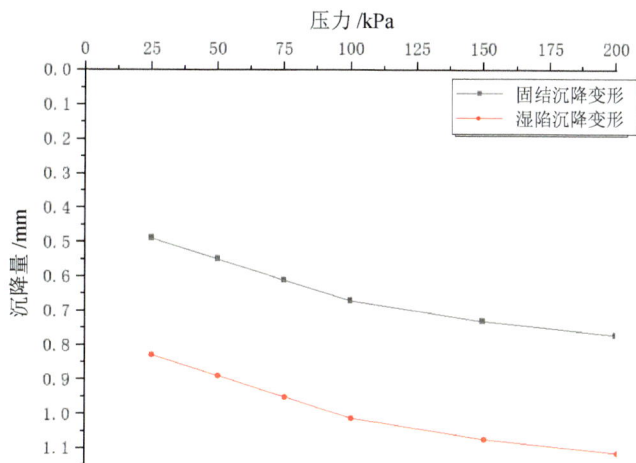

(i)　JSZH 5-1

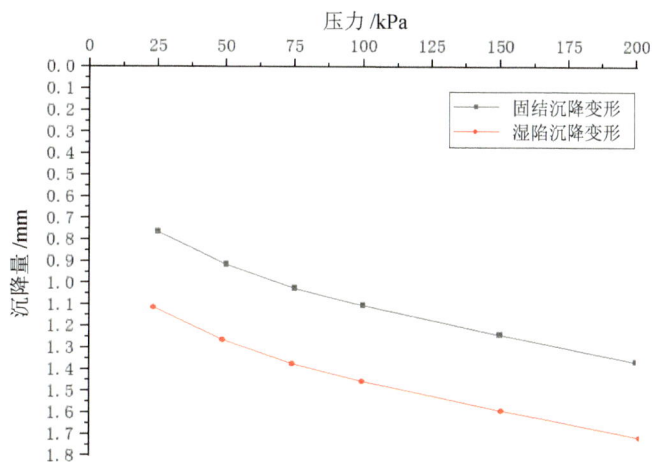

(j)　JSZH 5-2

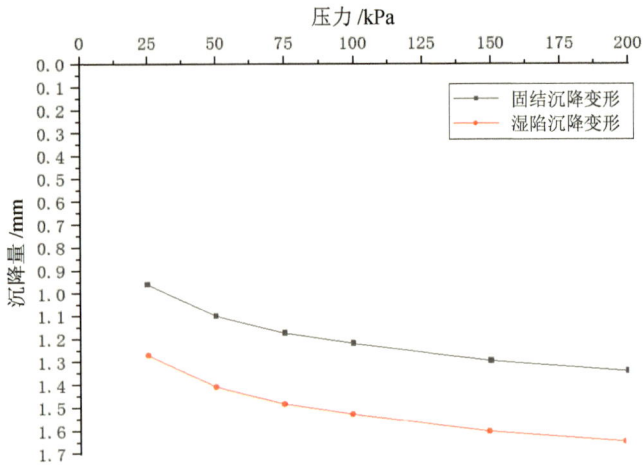

(k) JSZH 5-3

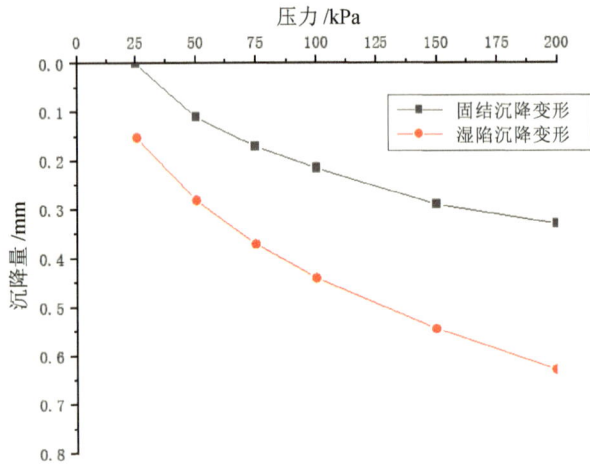

(l) JSZH 6-1

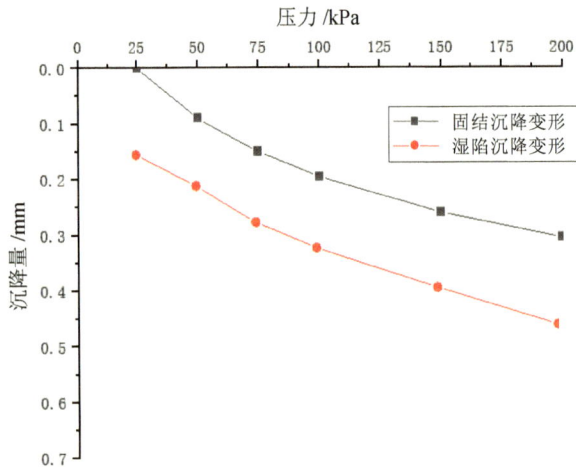

(m) JSZH 6-2

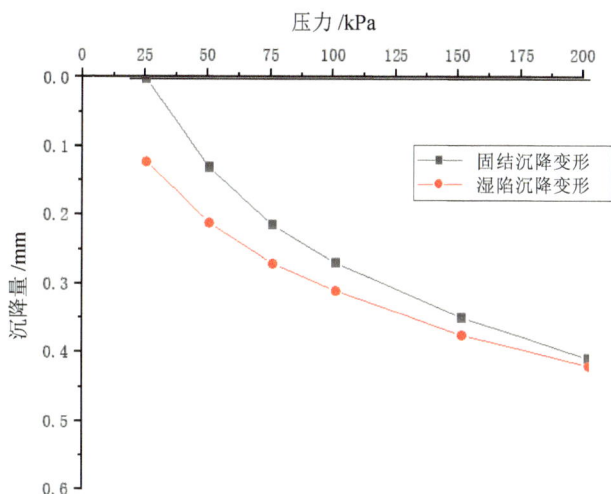

(n) JSZH 6-3

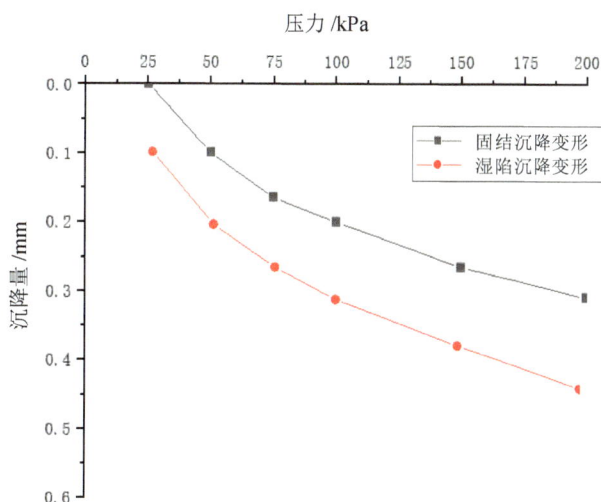

(o) JSZH 6-4

图 4-2　毛乌素沙漠原状粉细砂 p—s 关系曲线

　　由图 4-2 可知，6 个试验场地 15 个试验点的固结沉降变形和湿陷沉降变形均随着加载压力的增加而逐渐增加，p—s 曲线呈现下凹形，曲率较小，因此 p—s 曲线近似直线。其中，不同试验点的固结沉降变形具有一定的差异性，范围在 0.265 mm ～ 1.34 mm，最小固结沉降变形为 JSZH 6-4 试验点的 0.265 mm，最大固结沉降变形为 JSZH 5-3 试验点的 1.34 mm，平均固结沉降变形为 0.708 mm。不同试验点的湿陷沉降变形具有一定的差异性，范围在 0.05 mm ～ 0.67 mm，最小湿陷沉降变形为 JSZH 6-4 试验点的 0.05 mm，最大湿陷沉降变形为 JSZH 1-2 试验点的 0.67 mm，平均湿陷沉降变形为 0.303 mm。不同浸水载荷湿陷试验点的固结沉降变形和湿陷沉降变形统计如表 4-3 所示。

表 4-3　不同试验点室内原状样固结沉降变形和湿陷沉降变形统计表

试 验 点	固结沉降变形量 / mm	湿陷沉降变形量 / mm
JSZH 1-1	0.585	0.37
JSZH 1-2	0.79	0.67
JSZH 2-1	0.64	0.31
JSZH 2-2	0.86	0.36
JSZH 3-1	0.64	0.63
JSZH 3-2	0.79	0.41
JSZH 4-1	0.645	0.32
JSZH 4-2	0.825	0.145
JSZH 5-1	0.77	0.33
JSZH 5-2	1.365	0.34
JSZH 5-3	1.34	0.31
JSZH 6-1	0.47	0.14
JSZH 6-2	0.32	0.09
JSZH 6-3	0.325	0.07
JSZH 6-4	0.265	0.05

4.1.3　湿陷系数变化

　　为进一步分析原状粉细砂的湿陷性，绘制了不同试验点室内湿陷试验的湿陷系数随加载压力变化曲线如图 4-3 所示。

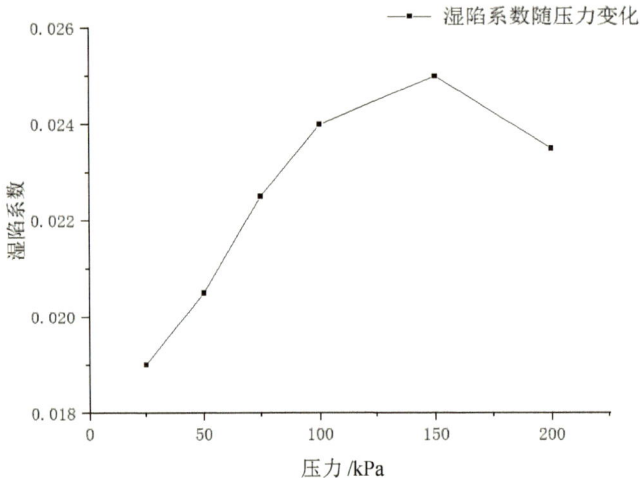

(a) JSZH 1-1

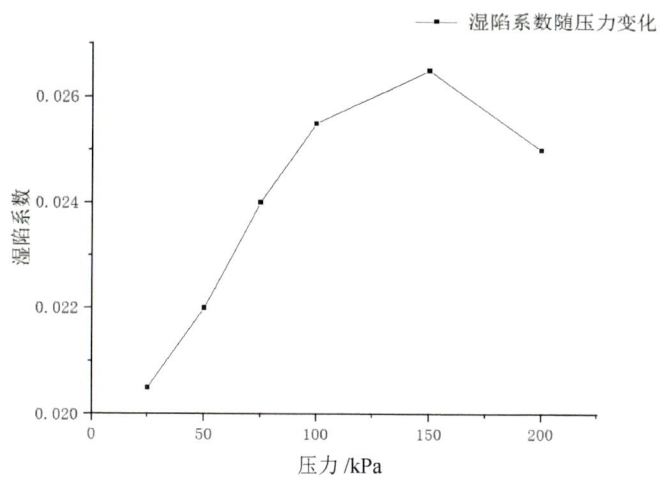

(b) JSZH 1-2

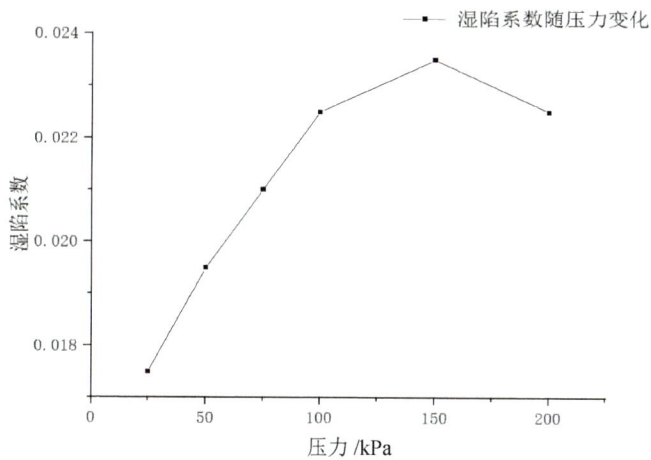

(c) JSZH 2-1

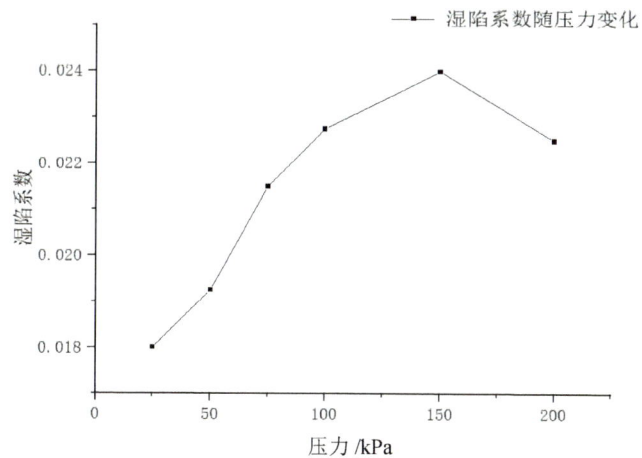

(d) JSZH 2-2

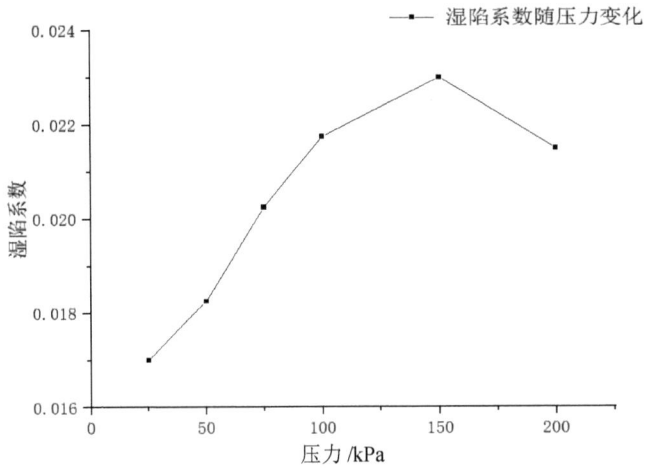

(e) JSZH 3-1

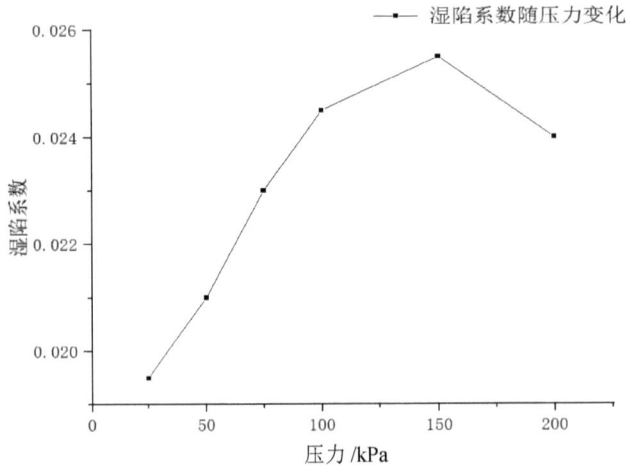

(f) JSZH 3-2

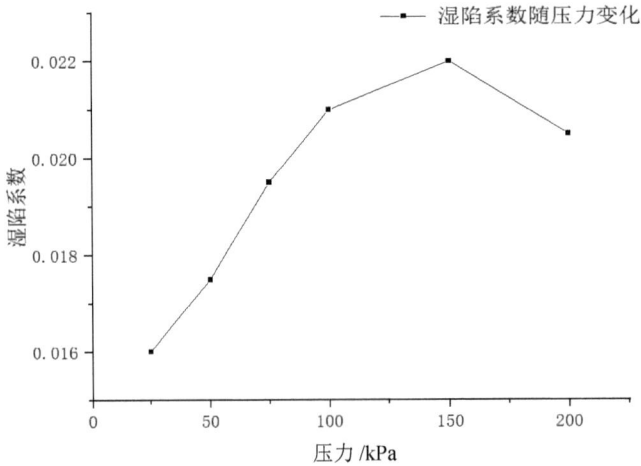

(g) JSZH 4-1

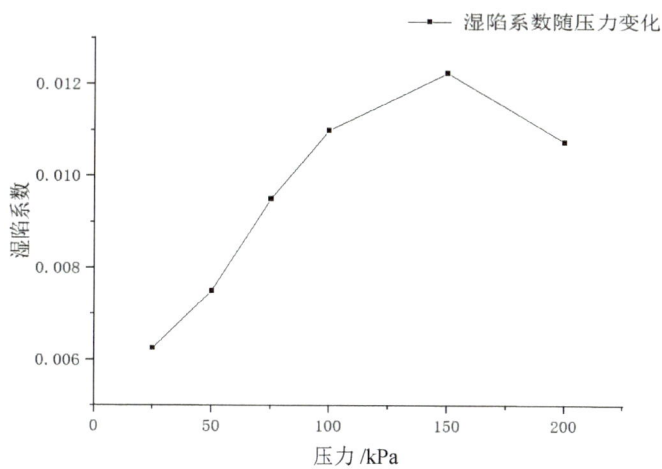

(h) JSZH 4-2

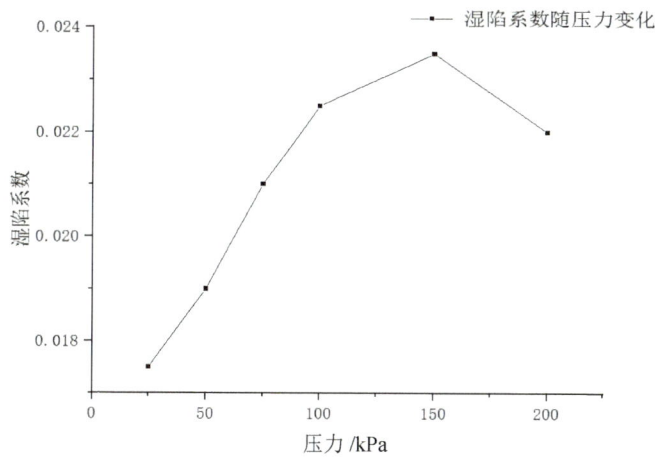

(i) JSZH 5-1

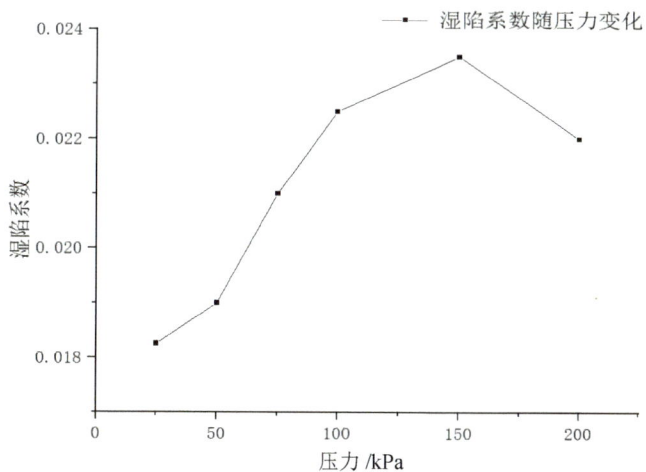

(j) JSZH 5-2

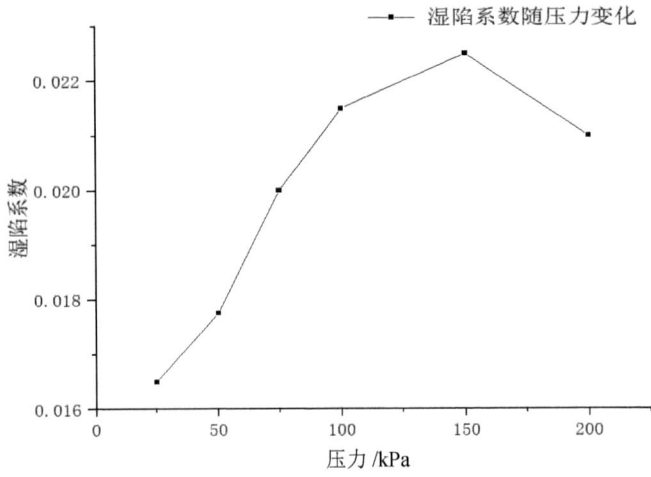

(k)　JSZH 5-3

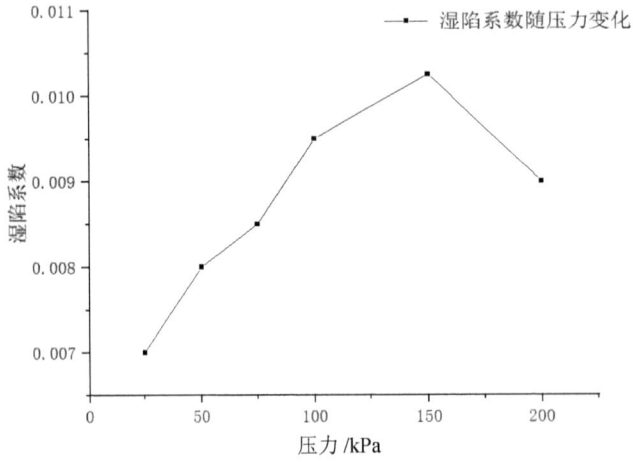

(l)　JSZH 6-1

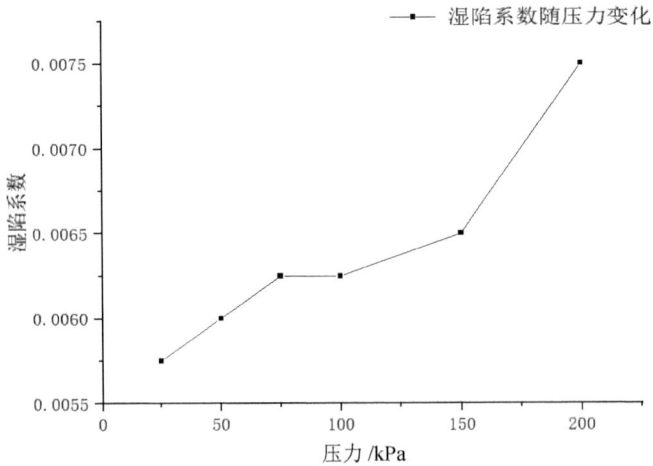

(m) JSZH 6-2

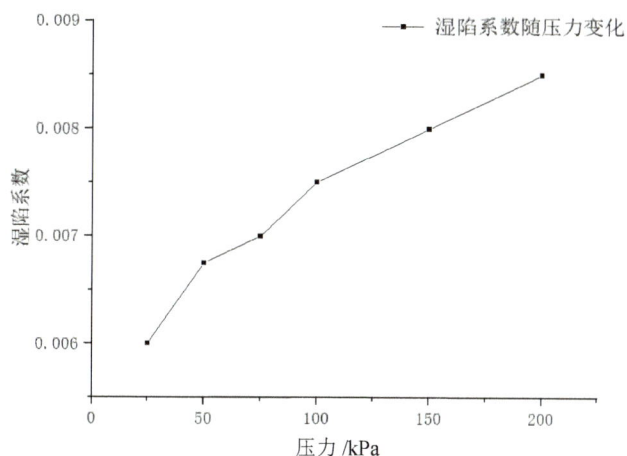

(n) JSZH 6-3

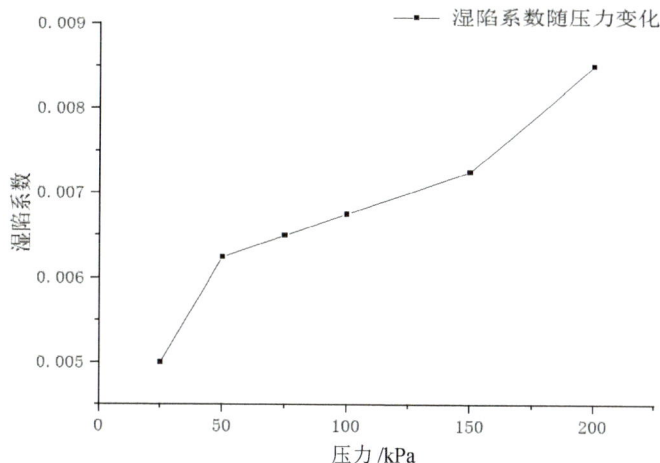

(o) JSZH 6-4

图 4-3　不同试验点原状粉细砂湿陷系数随压力变化曲线

由图 4-3 可知，在原状样湿陷试验中，JSZH 1-1、JSZH 1-2、JSZH 2-1、JSZH 2-2、JSZH 3-1、JSZH 3-2、JSZH 4-1、JSZH 4-2、JSZH 5-1、JSZH 5-2、JSZH 5-3、JSZH 6-1 试验点的湿陷系数随压力的增大呈先增大后减小的趋势，加载压力为 150 kPa 时湿陷系数最大；JSZH 6-2、JSZH 6-3、JSZH 6-4 试验点的湿陷系数随试验压力增大而增大，但增幅较小。

4.1.4　湿陷性评价

依据《岩土工程勘察规范》(GB 50021—2001)(2009 年版) 对湿陷系数的计算方法 (式 4.1)，计算得到毛乌素沙漠粉细砂室内原状样湿陷系数并对其湿陷性进行判别。判别标准依据表 4.2，得到毛乌素沙漠粉细砂室内原状样湿陷程度如表 4-4 所示。

表 4-4　不同试验点粉细砂室内原状样湿陷类型及等级

试 验 点	湿 陷 系 数	湿 陷 程 度
JSZH 1-1	0.0235	轻微
JSZH 1-2	0.025	轻微
JSZH 2-1	0.0225	轻微
JSZH 2-2	0.0225	轻微
JSZH 3-1	0.0215	轻微
JSZH 3-2	0.024	轻微
JSZH 4-1	0.0205	轻微
JSZH 4-2	0.01075	无
JSZH 5-1	0.022	轻微
JSZH 5-2	0.022	轻微
JSZH 5-3	0.021	轻微
JSZH 6-1	0.009	无
JSZH 6-2	0.0075	无
JSZH 6-3	0.0085	无
JSZH 6-4	0.0085	无

由表 4-4 可知 JSZH 1-1、JSZH 1-2、JSZH 2-1、JSZH 2-2、JSZH 3-1、JSZH 3-2、JSZH 4-1、JSZH 5-1、JSZH 5-2、JSZH 5-3 试验点粉细砂具有湿陷性,湿陷程度为轻微湿陷,JSZH 4-2、JSZH 6-1、JSZH 6-2、JSZH 6-3、JSZH 6-4 试验点粉细砂无湿陷性。

依据《岩土工程勘察规范》(GB 50021—2001)(2009 年版),将现场浸水载荷湿陷系数的试验结果除以 1.5 得到与室内湿陷试验相当的湿陷系数,并与表 4-4 的室内湿陷试验结果进行对比,得到结果如表 4-5 所示。

表 4-5　不同试验点现场浸水载荷湿陷试验及室内湿陷试验湿陷性评价表

试验点	室内湿陷试验湿陷系数	室内湿陷试验湿陷程度	浸水载荷试验湿陷系数 ÷1.5	浸水载荷试验湿陷程度
JSZH 1-1	0.0235	轻微	0.0329	中等
JSZH 1-2	0.0250	轻微	0.0199	轻微
JSZH 2-1	0.0225	轻微	0.0185	轻微
JSZH 2-2	0.0225	轻微	0.0184	轻微
JSZH 3-1	0.0215	轻微	0.0245	轻微
JSZH 3-2	0.0240	轻微	0.0258	轻微
JSZH 4-1	0.0205	轻微	0.0196	轻微
JSZH 4-2	0.0108	无	0.0038	无

试验点	室内湿陷试验湿陷系数	室内湿陷试验湿陷程度	浸水载荷试验湿陷系数 ÷1.5	浸水载荷试验湿陷程度
JSZH 5-1	0.0220	轻微	0.0175	轻微
JSZH 5-2	0.0220	轻微	0.0190	轻微
JSZH 5-3	0.0210	轻微	0.0172	轻微
JSZH 6-1	0.0090	无	0.0060	无
JSZH 6-2	0.0075	无	0.0064	无
JSZH 6-3	0.0085	无	0.0062	无
JSZH 6-4	0.0085	无	0.0129	无

由表 4-5 可知，浸水载荷湿陷试验系数除以 1.5 得到与室内湿陷试验相当的湿陷系数为 0.0062～0.0329，200 kPa 下室内原状样湿陷试验获得的湿陷系数变化范围为 0.0075～0.0250。对比现场浸水载荷湿陷试验和室内原状样湿陷试验测试结果，可以发现 200 kPa 下两者的湿陷系数略有差异，其中 JSZH 1-1、JSZH 3-1、JSZH 3-2、JSZH 6-4 试验点现场浸水载荷湿陷试验的湿陷系数大于室内原状样的湿陷系数，其他试验点则为室内原状样的湿陷系数大于现场浸水载荷湿陷试验的湿陷系数。但值得注意的是，两者的相差范围不大，最大湿陷系数差值为 JSZH 1-1 试验点的 0.009393，按照百分比计算其差值为 0.9393%，最大差值小于 1%，可认为基本相等。在湿陷性和湿陷程度方面，按照两种试验方法得到的不同试验点的毛乌素粉细砂湿陷性一致，但现场浸水载荷湿陷试验判别的 JSZH 1-1 试验点为中等湿陷，而室内原状样湿陷试验判别的 JSZH 1-1 试验点为轻微湿陷，其余浸水载荷湿陷试验点的湿陷程度两种方法判别均一致。考虑到室内原状样为直接在浸水载荷湿陷试验点试坑底部选取的原状样，且原状样取样后立即进行室内原状样湿陷试验，因此其含水率、干密度等物理指标与现场浸水载荷湿陷试验相同，产生此误差的原因可能是室内原状样湿陷试验和现场浸水载荷湿陷试样的受力状态、饱和程度存在较大差别所致。

4.2　室内重塑样湿陷试验

4.2.1　试验方案设计

室内重塑样湿陷试验同样采用双线法，试验加载压力等级分别为 25 kPa、50 kPa、100 kPa、150 kPa、200 kPa，湿陷稳定标准为连续 2 次每小时变形量不大于 0.01 mm。试验时，如何保证重塑样与原状样相同至关重要。为保证重塑样与原状样相同且试验合理有效，所有重塑样基本指标控制均以原状样基本物理力学指标为依据，试样制备流程如图 4-4 所示。

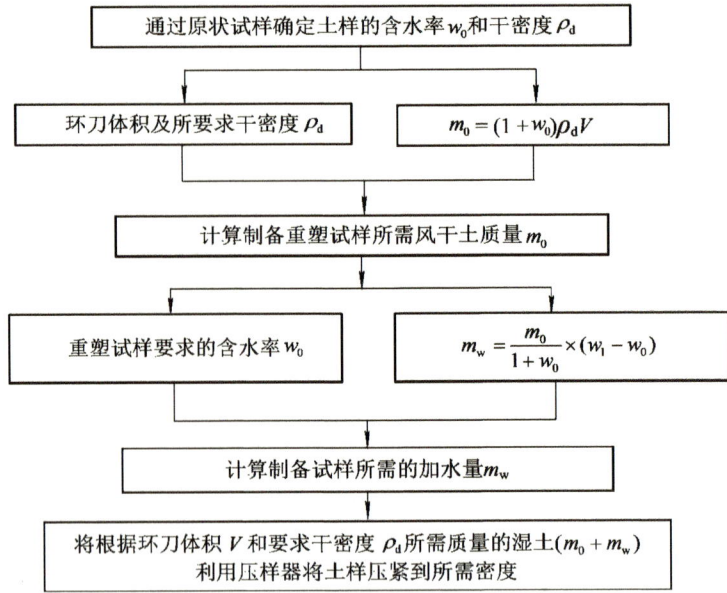

图 4-4　重塑样制备流程图

　　按照重塑样的制备流程进行重塑样试验方案的设计。根据原状样含水率试验结果，含水率处于 3.3%～5.4%，因此取含水率 3%、4%、5%、6% 进行重塑样的制样。6 个试验场地 15 个试验点进行 2 组原状粉细砂湿陷特性平行试验，每个试验点中每组平行试验包含 2 个原状环刀试样，共计 240 组原状土湿陷特性试验，试验方案如表 4-6 所示。

表 4-6　毛乌素沙漠不同试验点原状粉细砂室内湿陷试验方案

试验点	湿陷试验组数 / 个	湿陷稳定标准	加载压力 / kPa	含水率 /%
JSZH 1-1	4(2 组平行试验，双线法)			
JSZH 1-2	4(2 组平行试验，双线法)			
JSZH 2-1	4(2 组平行试验，双线法)			
JSZH 2-2	4(2 组平行试验，双线法)			
JSZH 3-1	4(2 组平行试验，双线法)			
JSZH 3-2	4(2 组平行试验，双线法)		25	
JSZH 4-1	4(2 组平行试验，双线法)	连续 2 次每小时变形量不大于 0.01 mm	50 75	3 4
JSZH 4-2	4(2 组平行试验，双线法)		100	5
JSZH 5-1	4(2 组平行试验，双线法)		150	6
JSZH 5-2	4(2 组平行试验，双线法)		200	
JSZH 5-3	4(2 组平行试验，双线法)			
JSZH 6-1	4(2 组平行试验，双线法)			
JSZH 6-2	4(2 组平行试验，双线法)			
JSZH 6-3	4(2 组平行试验，双线法)			
JSZH 6-4	4(2 组平行试验，双线法)			

室内重塑样湿陷试验所用仪器与原状样湿陷试验相同 (图 4-1)，试样所用环刀尺寸为 61.8 mm × 20 mm。通过对比重塑样湿陷试验与原状样湿陷试验结果，验证重塑样制样过程的合理性。室内重塑样制样过程如图 4-5 所示。

图 4-5　重塑样制样过程

4.2.2　湿陷变形特性

通过毛乌素沙漠重塑粉细砂湿陷特性平行试验 (2 组湿陷试验结果的平均值)，得到 6 个试验场地 15 个试验点压力随湿陷沉降变形关系曲线 (p—s 关系曲线) 如图 4-6 所示。

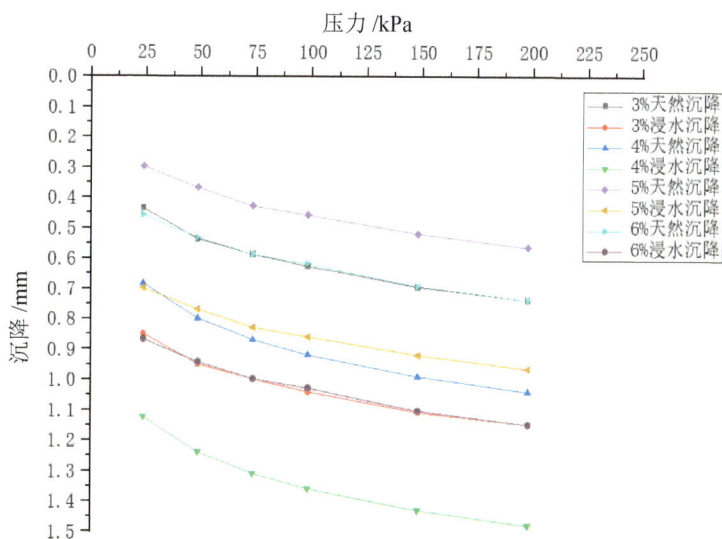

(a) JSZH 1-1

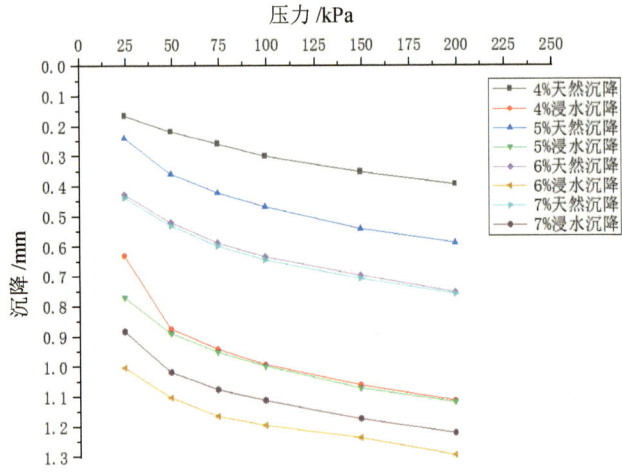

(b) JSZH 1-2

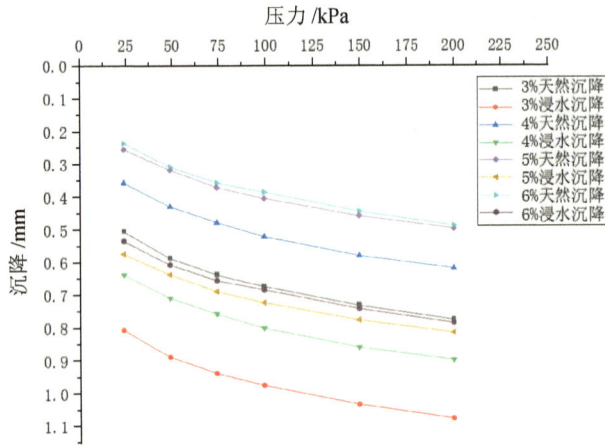

(c)　JSZH 2-1

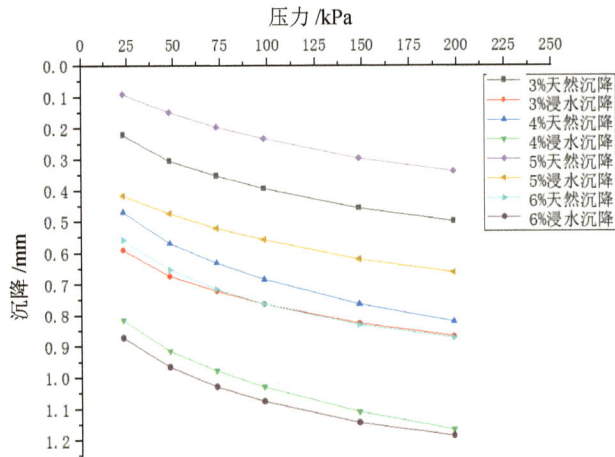

(d)　JSZH 2-2

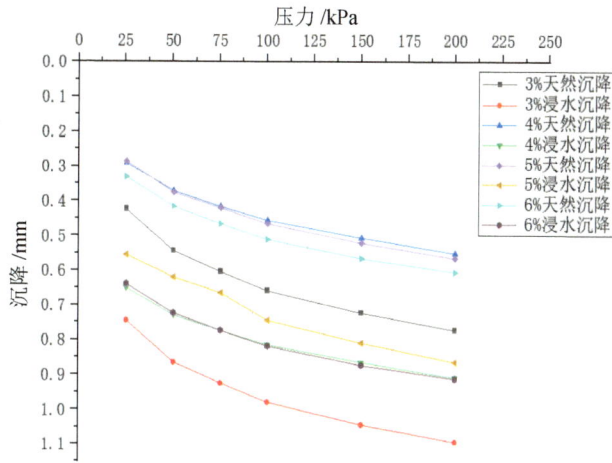

(e) JSZH 3-1

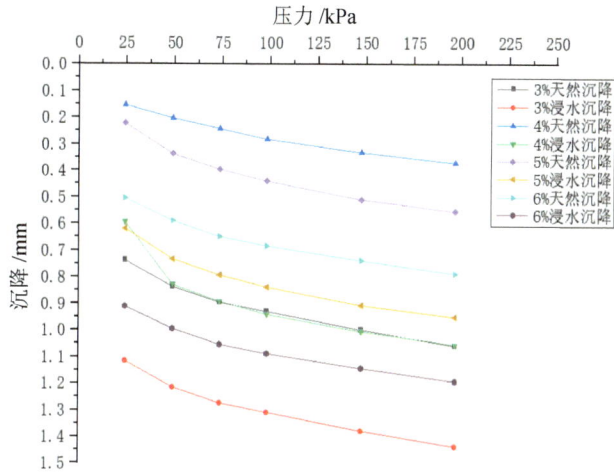

(f) JSZH 3-2

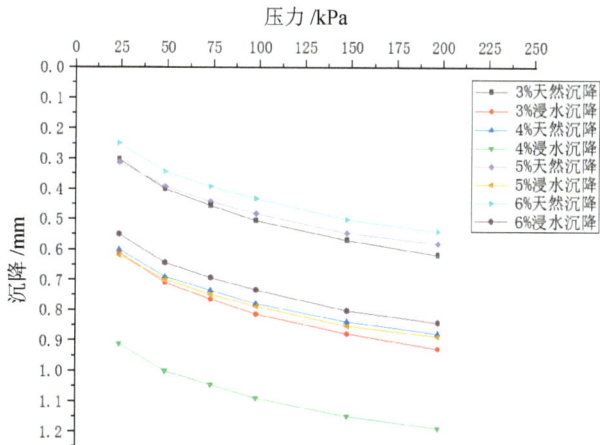

(g) JSZH 4-1

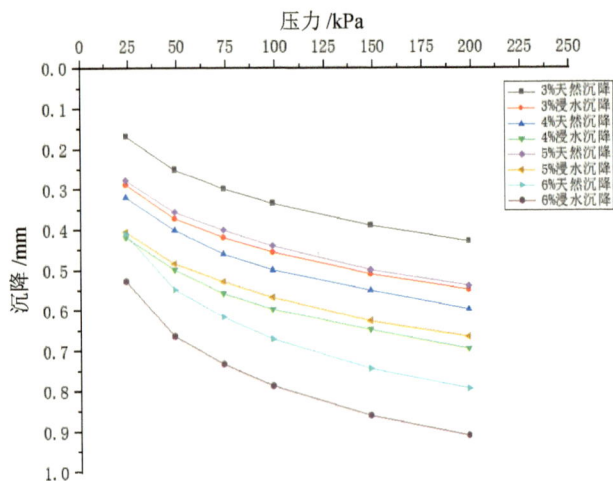

(h)　JSZH 4-2

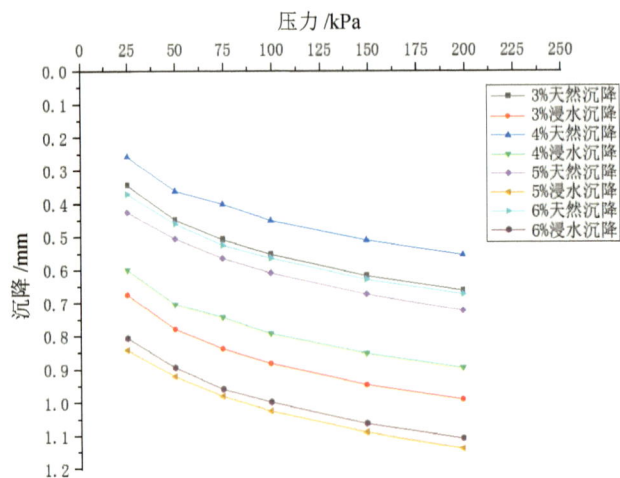

(i)　JSZH 5-1

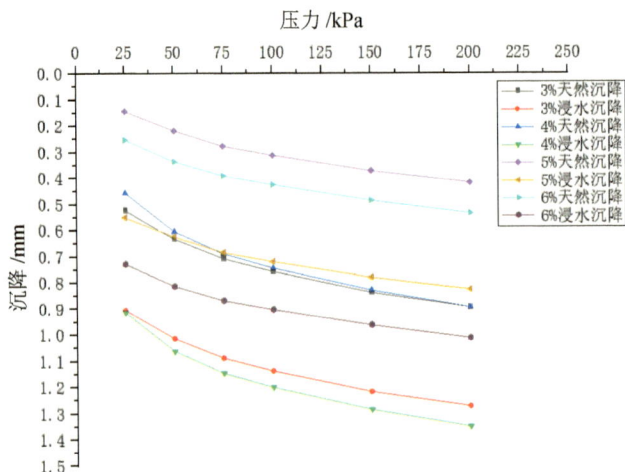

(j)　JSZH 5-2

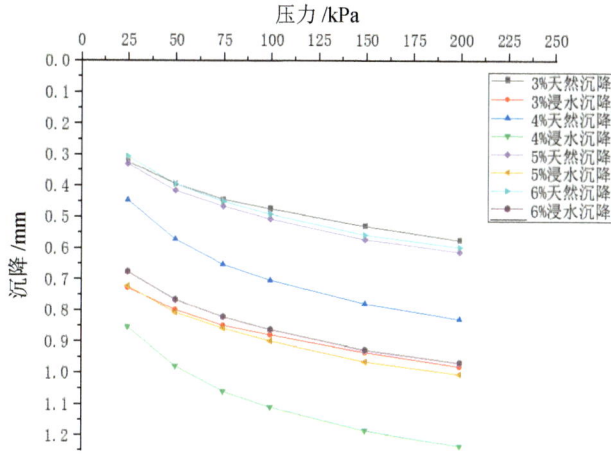

(k)　JSZH 5-3

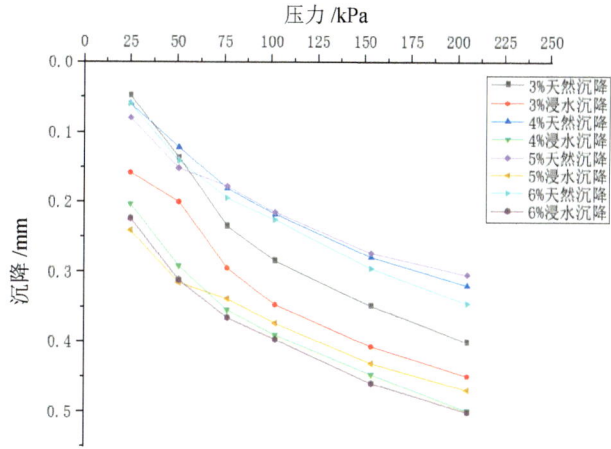

(l)　JSZH 6-1

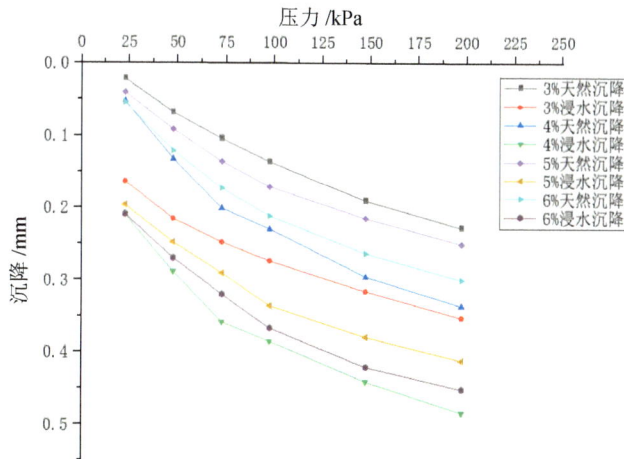

(m)　JSZH 6-2

压力 /kPa

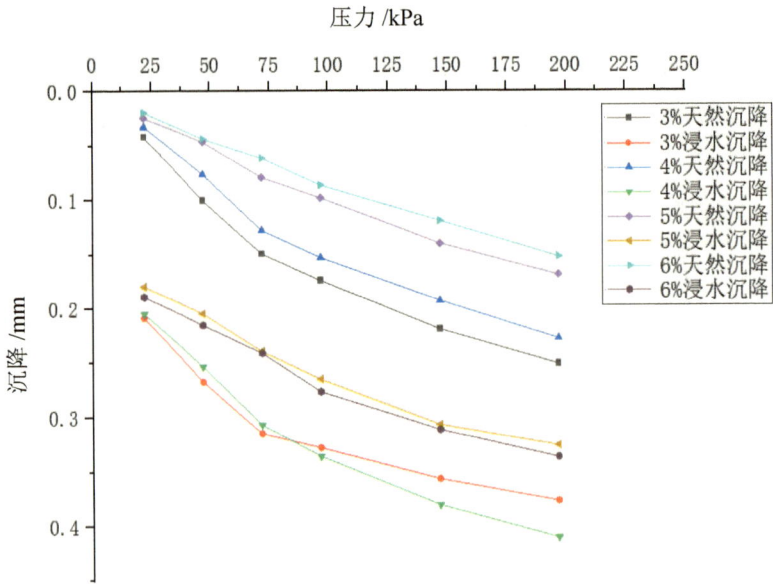

(n) JSZH 6-3

压力 /kPa

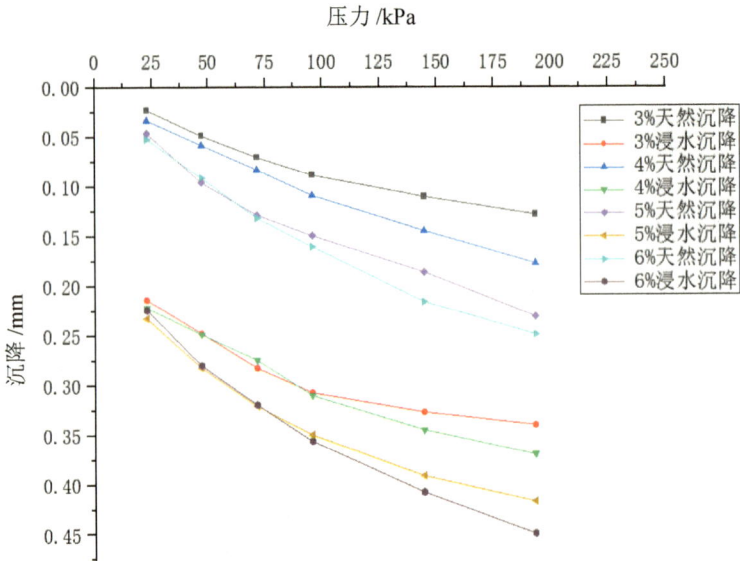

(o) JSZH 6-4

图4-6 毛乌素沙漠重塑粉细砂 p—s 关系曲线

由图 4-6 可知，不同含水率条件下 6 个试验场地 15 个试验点的固结沉降变形（天然沉降）和湿陷沉降变形（浸水沉降）均随着加载压力的增加而逐渐增加，p—s 曲线呈现下凹形，曲率较小，p—s 曲线近似直线。固结沉降变形和湿陷沉降变形随含水率无明显变化规律，且增加的幅度非常小。不同浸水载荷湿陷试验点固结沉降变形和湿陷沉降变形统计如表 4-7 所示。

表 4-7　不同含水率条件下不同试验点重塑样固结沉降变形和湿陷沉降变形统计表

试验点	不同含水率固结沉降变形量 / mm				不同含水率湿陷沉降变形量 / mm			
	3%	4%	5%	6%	3%	4%	5%	6%
JSZH 1-1	0.73	1.03	0.555	0.73	0.41	0.44	0.4	0.41
JSZH 1-2	0.38	0.565	0.725	0.73	0.445	0.51	0.52	0.445
JSZH 2-1	0.815	0.65	0.525	0.515	0.31	0.29	0.33	0.31
JSZH 2-2	0.555	0.86	0.4	0.91	0.35	0.33	0.31	0.3
JSZH 3-1	0.77	0.545	0.56	0.6	0.32	0.36	0.3	0.31
JSZH 3-2	1.075	0.38	0.565	0.8	0.38	0.69	0.4	0.41
JSZH 4-1	0.64	0.9	0.6	0.56	0.31	0.315	0.31	0.305
JSZH 4-2	0.44	0.61	0.55	0.81	0.12	0.1	0.13	0.12
JSZH 5-1	0.67	0.56	0.73	0.68	0.33	0.345	0.42	0.44
JSZH 5-2	0.92	0.92	0.44	0.56	0.38	0.46	0.41	0.48
JSZH 5-3	0.56	0.81	0.595	0.58	0.4	0.405	0.39	0.37
JSZH 6-1	0.402	0.32	0.305	0.346	0.047	0.179	0.164	0.155
JSZH 6-2	0.228	0.336	0.25	0.3	0.124	0.148	0.162	0.152
JSZH 6-3	0.251	0.227	0.168	0.151	0.126	0.184	0.158	0.186
JSZH 6-4	0.124	0.173	0.227	0.245	0.213	0.194	0.188	0.203

　　由表 4-7 可知，同一含水率条件下，不同试验点的固结沉降变形具有一定的差异性，3% 含水率的固结沉降变形范围在 0.124 mm ～ 1.075 mm，4% 含水率的固结沉降变形范围在 0.173 mm ～ 1.03 mm，5% 含水率的固结沉降变形范围在 0.168 mm ～ 0.73 mm，6% 含水率的固结沉降变形范围在 0.151 mm ～ 0.91 mm。同一含水率条件下，不同试验点的湿陷沉降变形具有一定的差异性，3% 含水率的湿陷沉降变形范围在 0.12 mm ～ 0.445 mm，4% 含水率的湿陷沉降变形范围在 0.1 mm ～ 0.69 mm，5% 含水率的湿陷沉降变形范围在 0.158 mm ～ 0.52 mm，6% 含水率的湿陷沉降变形范围在 0.12 mm ～ 0.48 mm。

4.2.3　湿陷系数变化

　　为进一步分析重塑粉细砂的湿陷性，绘制了不同含水率条件下不同试验点室内重塑湿陷试验的湿陷系数随加载压力变化曲线如图 4-7 所示。由图可知，重塑样湿陷试验其湿陷系数随压力的增大呈先增大后减小的趋势，最大湿陷系数是试验压力为 150 kPa 时的湿陷系数值，这与原状样湿陷试验结论相同。

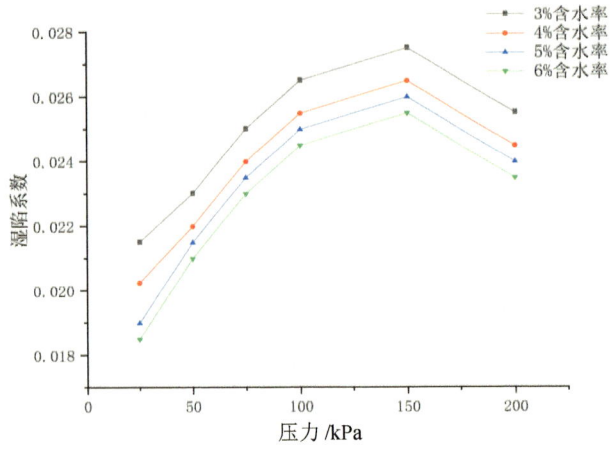

(a)　JSZH 1-1

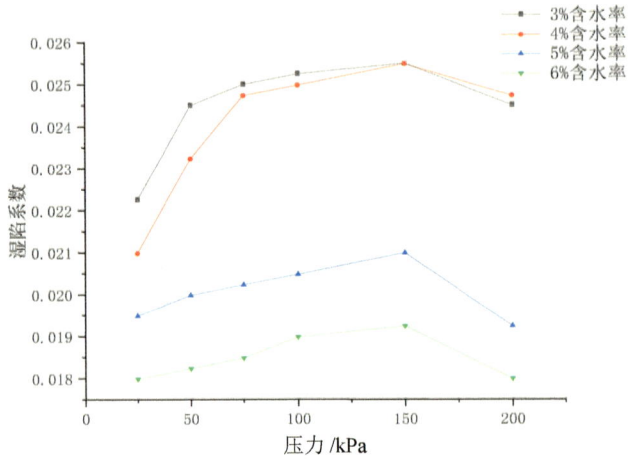

(b)　JSZH 1-2

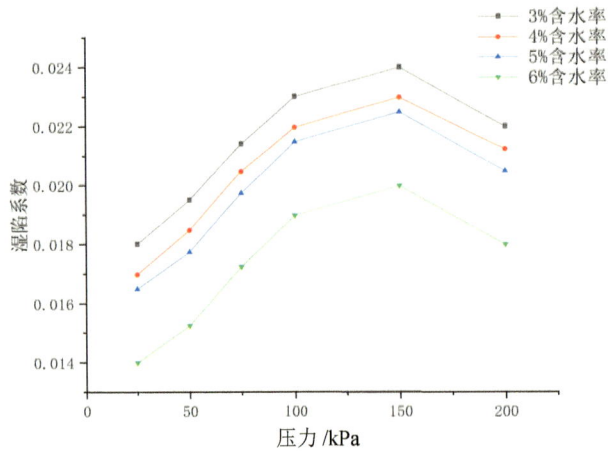

(c)　JSZH 2-1

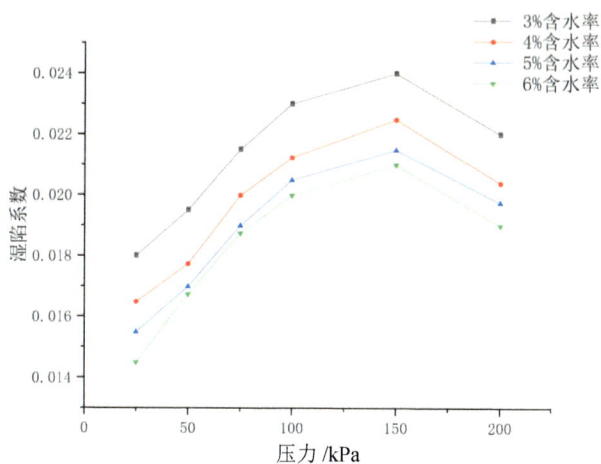

(d)　JSZH 2-2

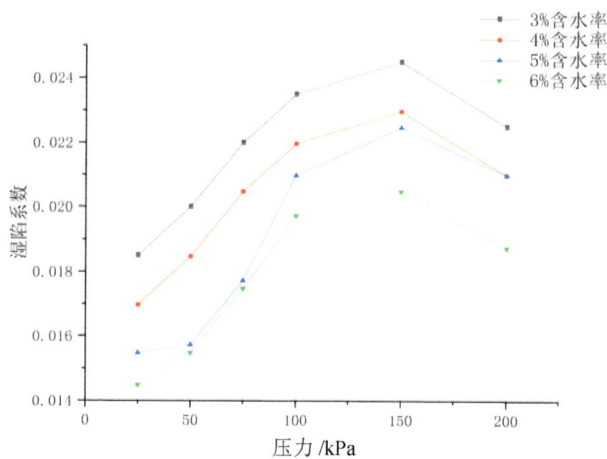

(e)　JSZH 3-1

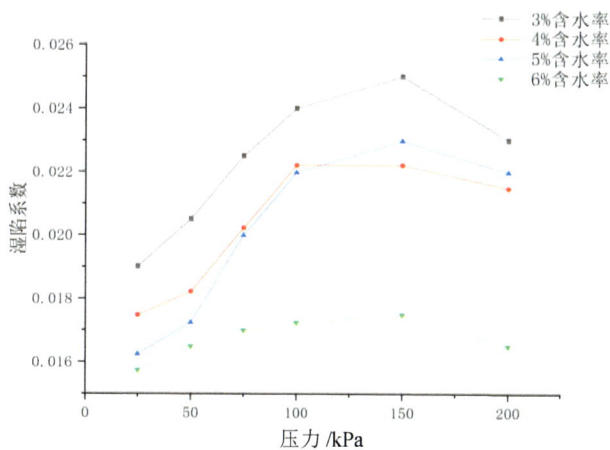

(f)　JSZH 3-2

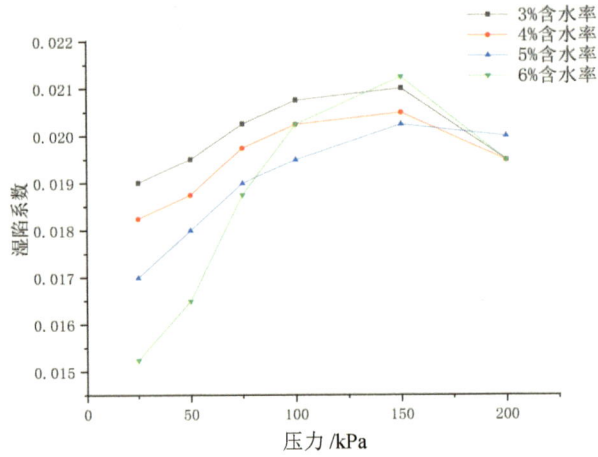

(g) JSZH 4-1

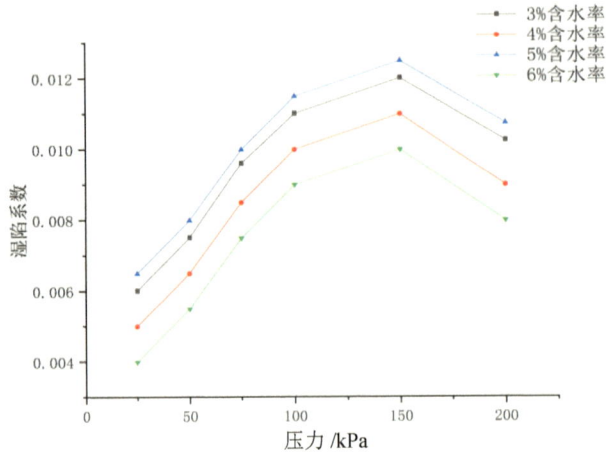

(h) JSZH 4-2

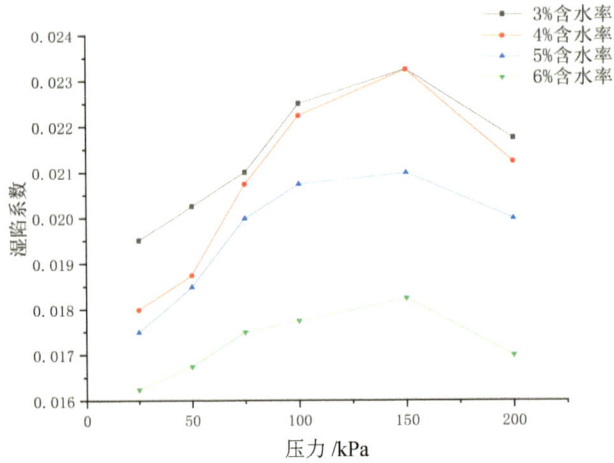

(i) JSZH 5-1

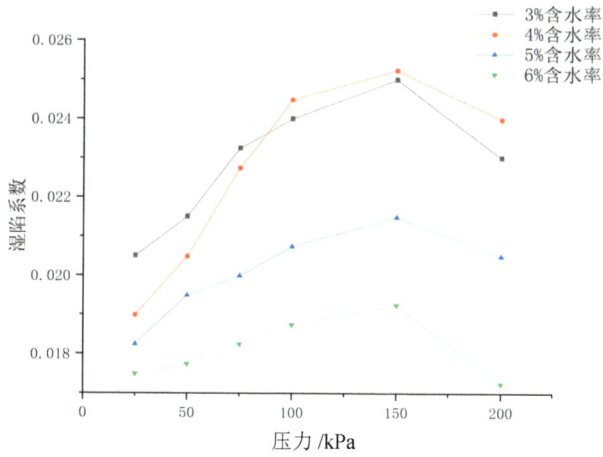

(j)　JSZH 5-2

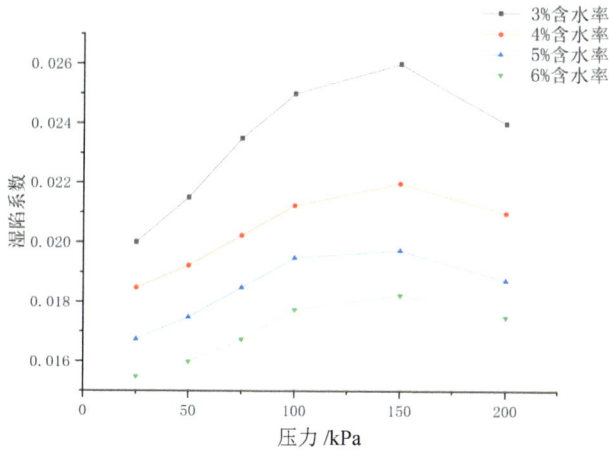

(k)　JSZH 5-3

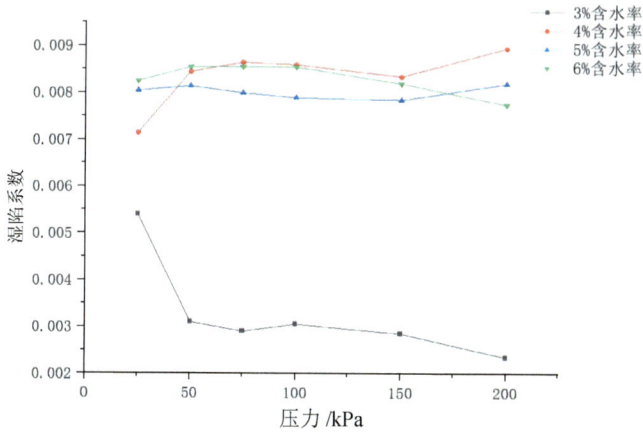

(l)　JSZH 6-1

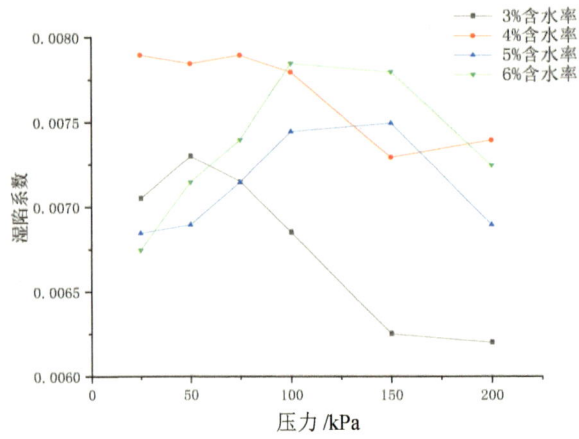

(m) JSZH 6-2

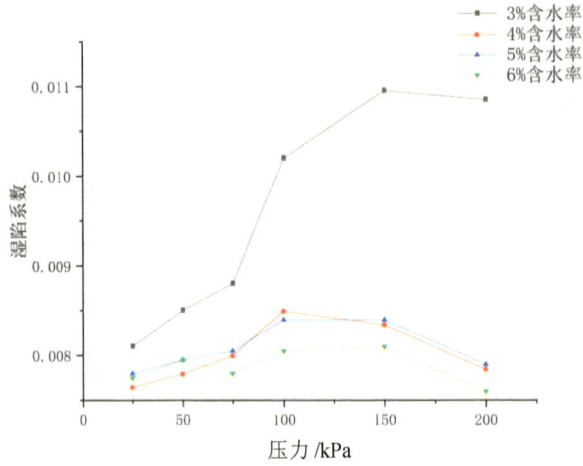

(n) JSZH 6-3

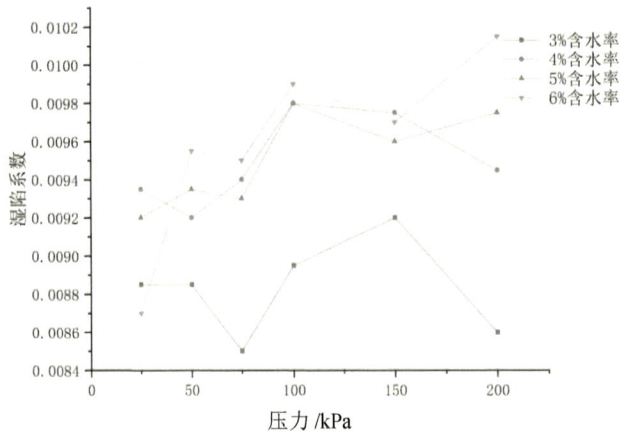

(o) JSZH 6-4

图 4-7　不同试验点重塑粉细砂湿陷系数随压力变化曲线

图 4-7 表明，JSZH 1-1、JSZH 1-2、JSZH 2-1、JSZH 2-2、JSZH 3-1、JSZH 3-2、JSZH 4-1、JSZH 5-1、JSZH 5-2、JSZH 5-3 试验点的重塑样湿陷系数随含水率的增大而减小，含水率为 3% 时湿陷系数最大。其中 JSZH 3-2 试验点 4% 含水率时的湿陷系数在压力大于 100 kPa 后小于 5% 含水率的湿陷系数，JSZH 4-1 试验点 6% 含水率时的湿陷系数在压力大于 75 kPa 后显著增加，JSZH 4-2 最大湿陷系数是含水率为 5% 时的系数值，JSZH 6-1 ～ JSZH 6-4 试验点的湿陷系数与含水率没有明显关系。绘制 200 kPa 压力下不同试验点湿陷系数随含水率变化曲线如图 4-8 所示。

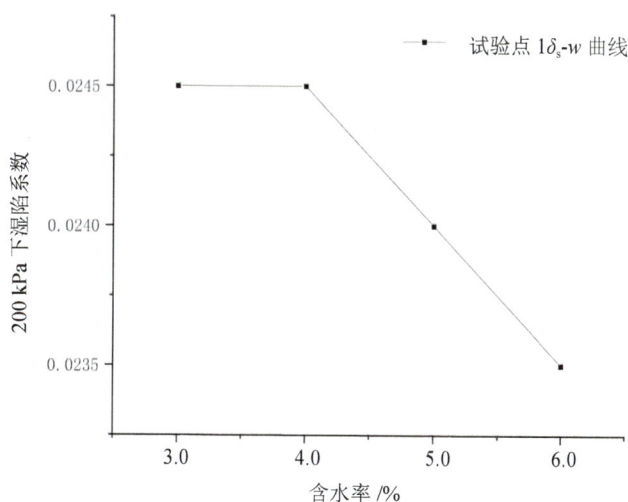

(a) JSZH 1-1

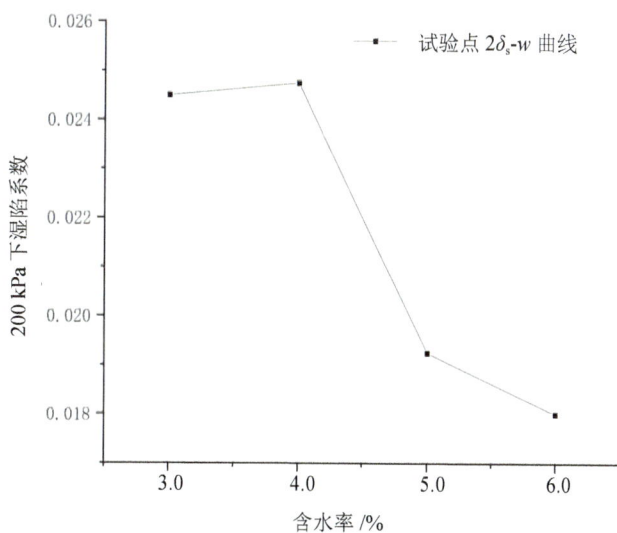

(b) JSZH 1-2

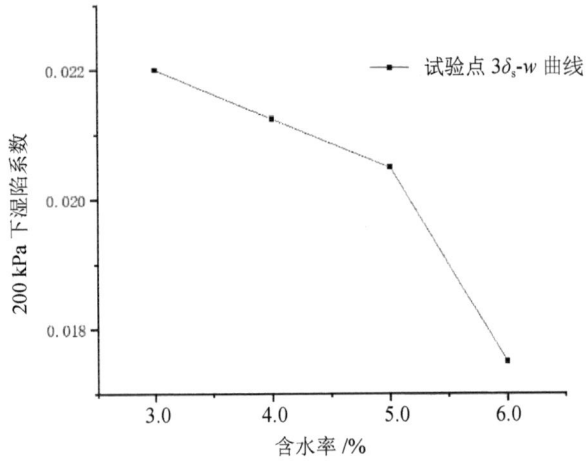

(c)　JSZH 2-1

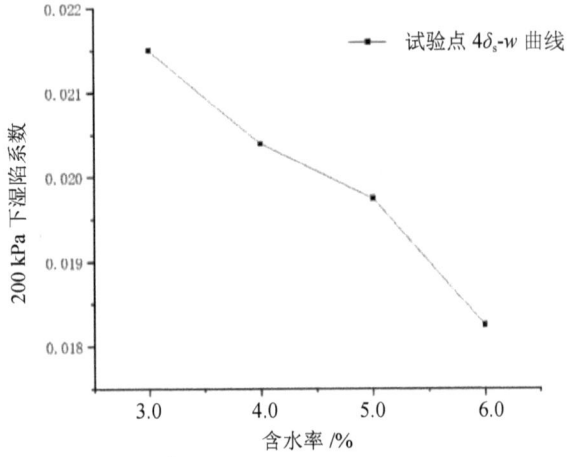

(d)　JSZH 2-2

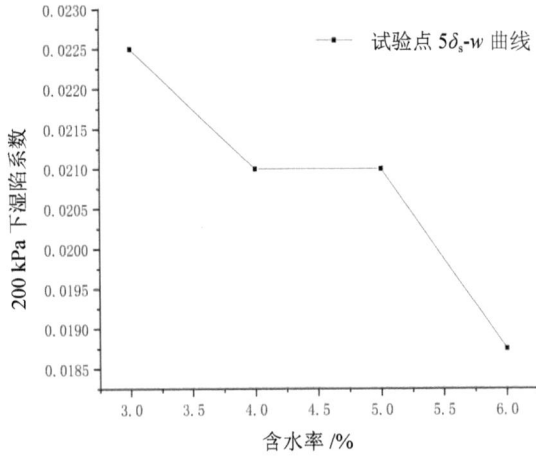

(e)　JSZH 3-1

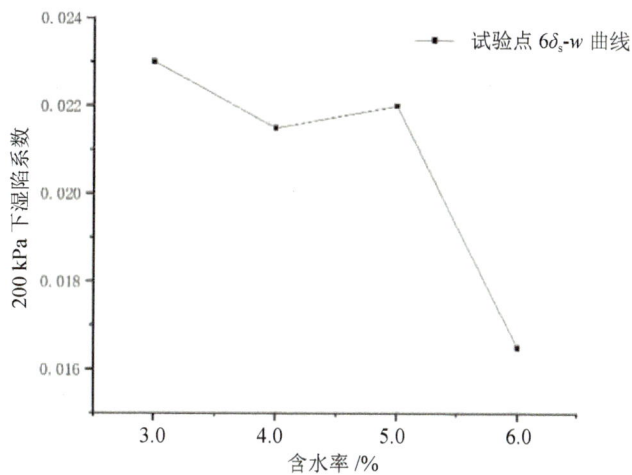

(f) JSZH 3-2

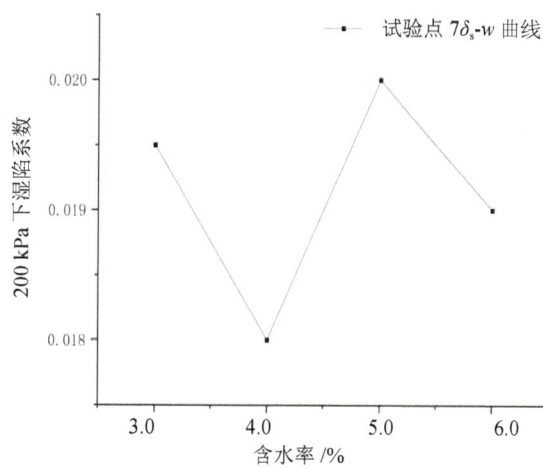

(g) JSZH 4-1

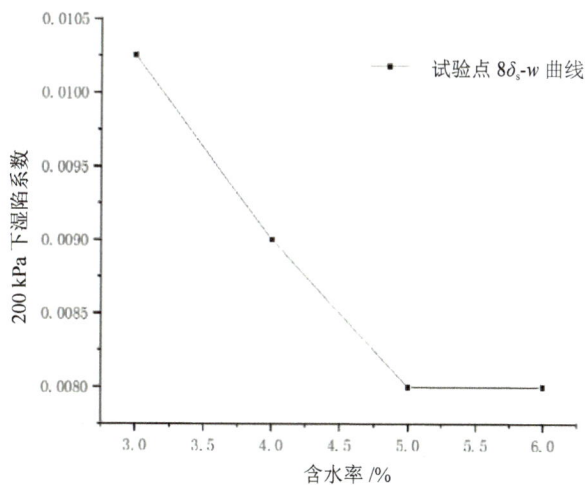

(h) JSZH 4-2

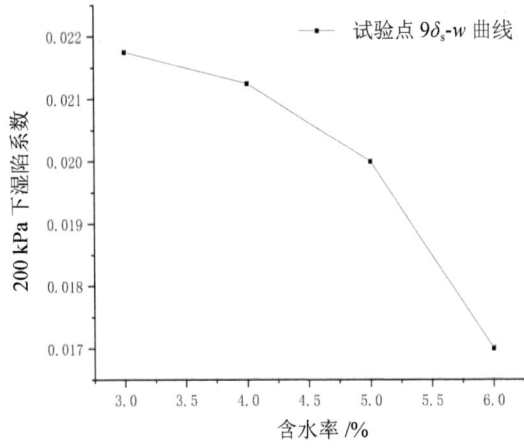

(i) JSZH 5-1

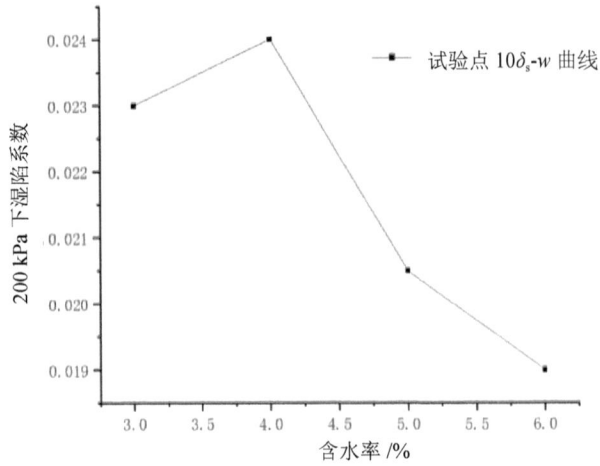

(j) JSZH 5-2

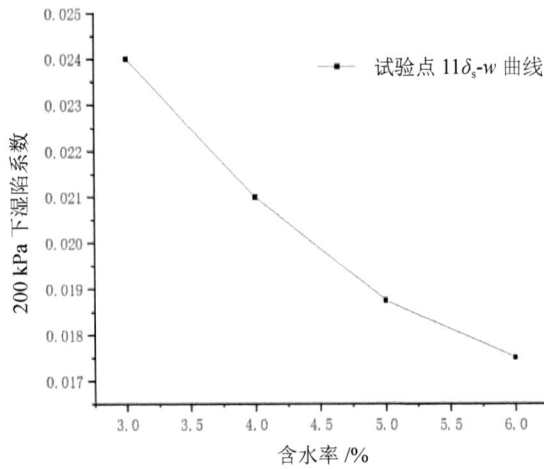

(k) JSZH 5-3

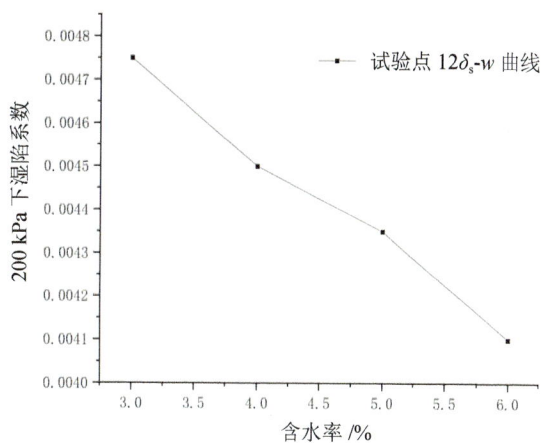

(l)　JSZH 6-1

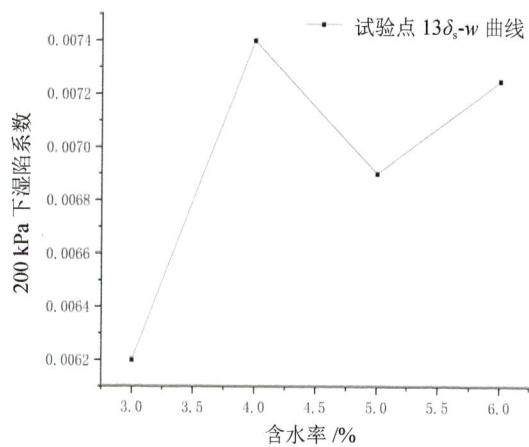

(m)　JSZH 6-2

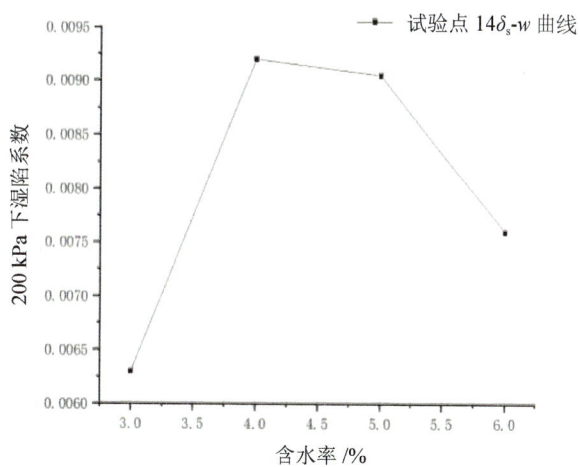

(n)　JSZH 6-3

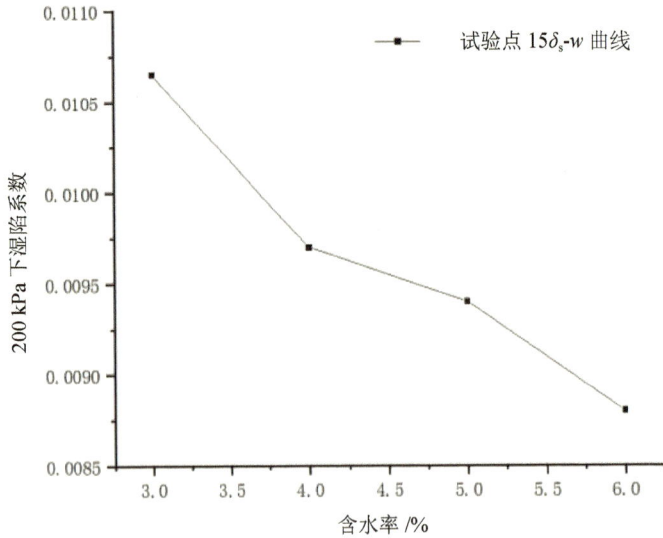

(o) JSZH 6-4

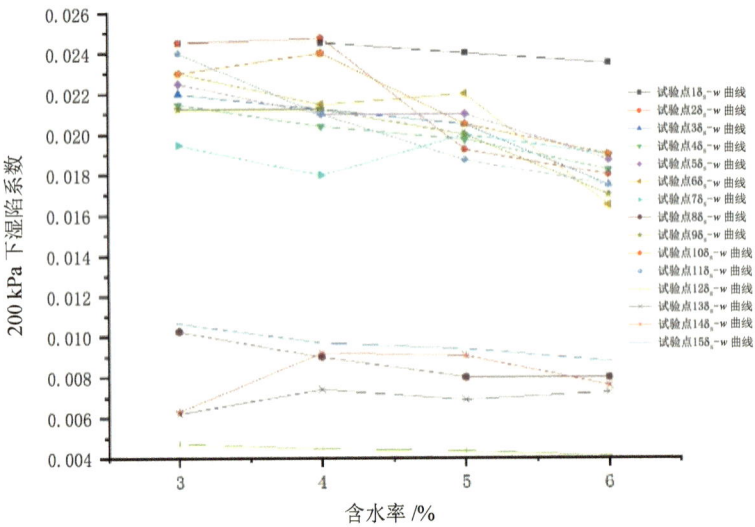

(p) 15个试验点

图 4-8   不同试验点重塑样湿陷系数随含水率变化曲线

由图 4-8 可知，JSZH 1-1、JSZH 1-2、JSZH 2-1、JSZH 2-2、JSZH 3-1、JSZH 3-2、JSZH 4-1、JSZH 5-1、JSZH 5-2、JSZH 5-3 试验点重塑样湿陷系数在 25 kPa 和 150 kPa 随着含水率的增加总体呈减小的趋势，JSZH 6-1 ~ JSZH 6-4 试验点的湿陷系数与含水率没有明显关系。

在不同试验点重塑样室内湿陷试验的基础上，对不同试验点重塑样湿陷试验结果与原状样湿陷试验结果进行对比分析，进一步验证重塑样湿陷试验结果的可靠性，进而确定室内重塑样湿陷试验中制样方法的准确性。

4.3 原状样与重塑样湿陷试验对比

4.3.1　湿陷系数对比

绘制不同试验点原状样和重塑样 (3% ～ 6% 含水率条件下) 湿陷系数随压力变化曲线如图 4-9 所示。

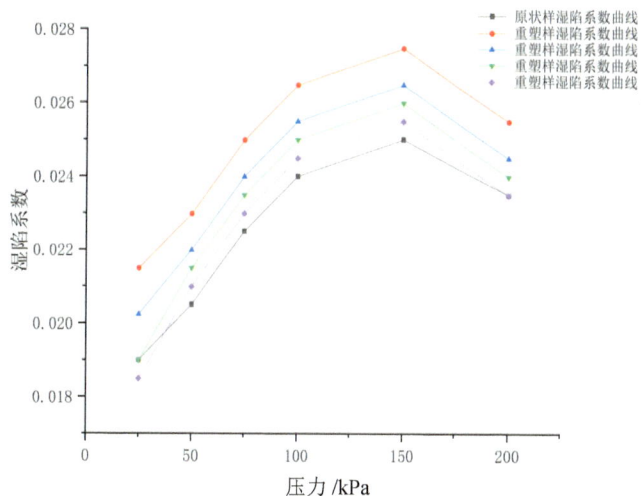

(a) JSZH 1-1

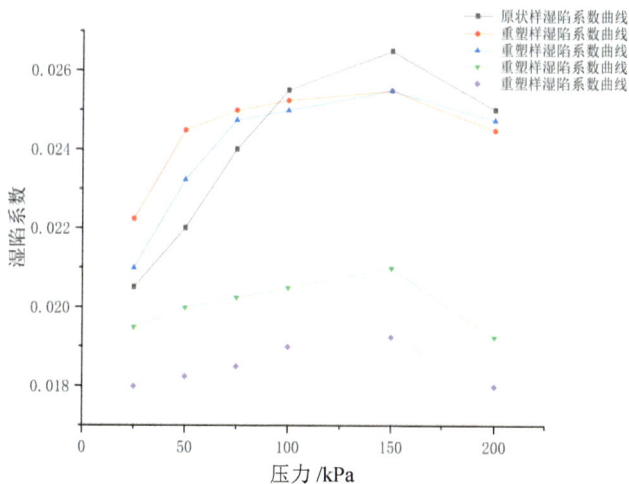

(b) JSZH 1-2

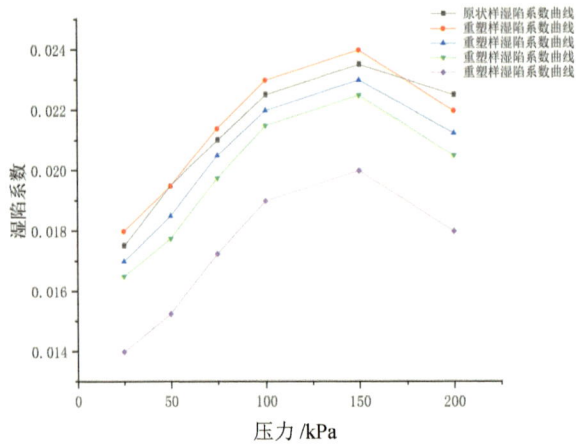

(c) JSZH 2-1

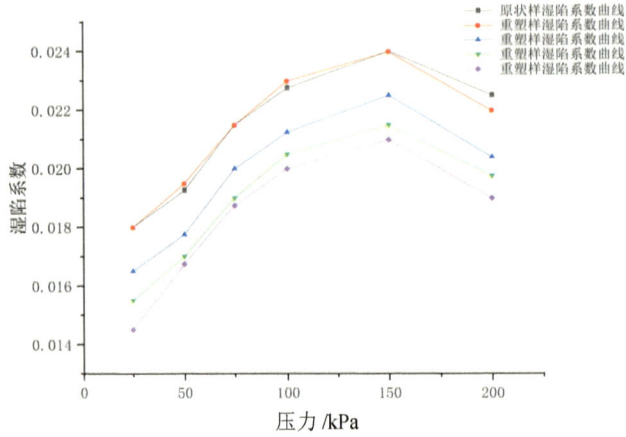

(d) JSZH 2-2

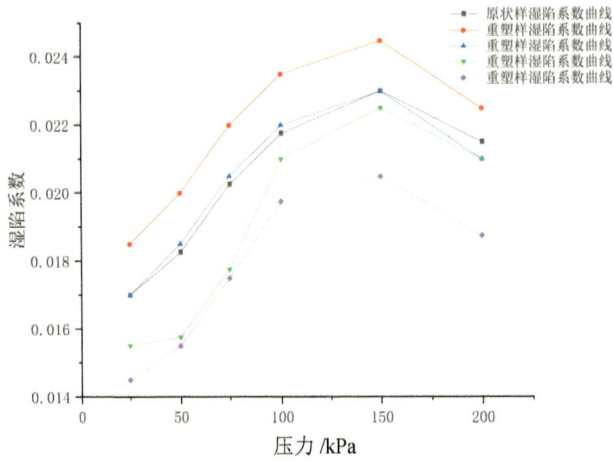

(e) JSZH 3-1

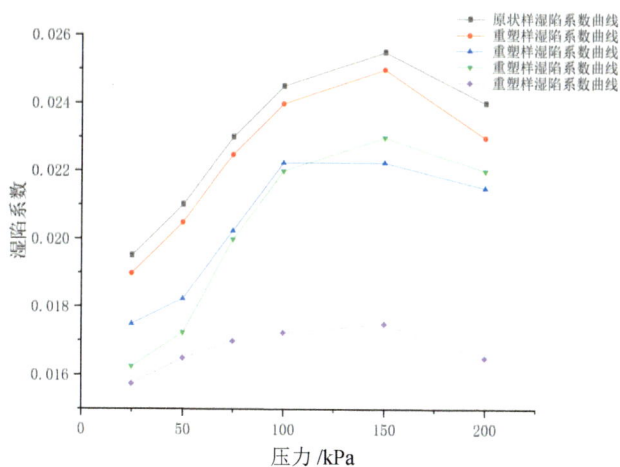

(f) JSZH 3-2

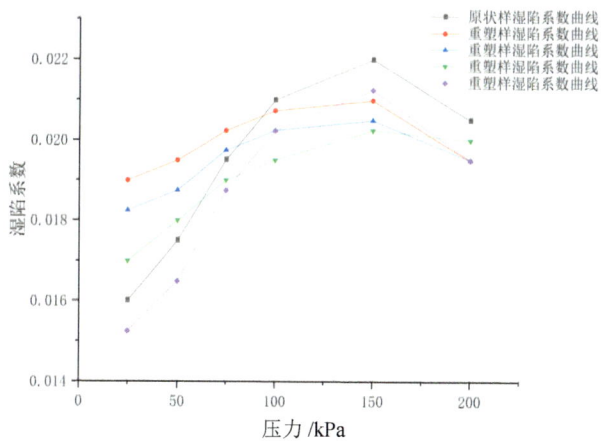

(g) JSZH 4-1

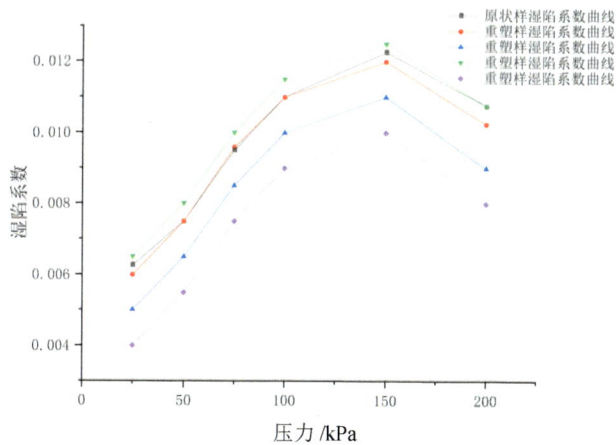

(h) JSZH 4-2

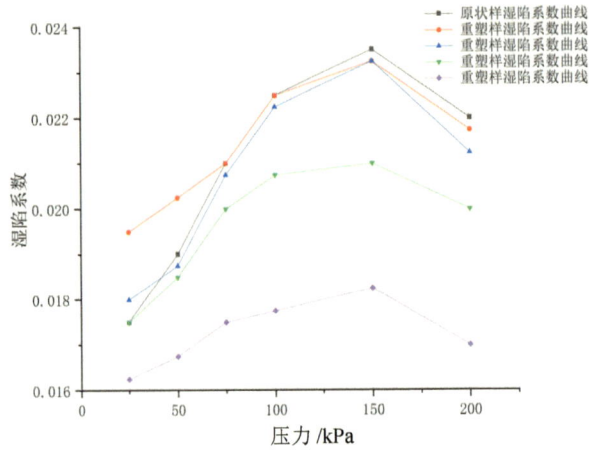

(i) JSZH 5-1

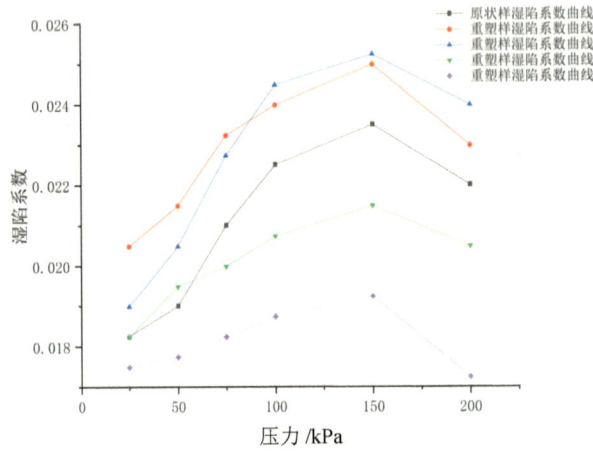

(j) JSZH 5-2

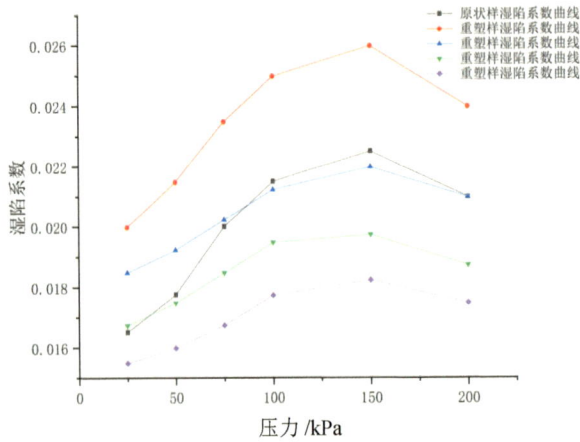

(k) JSZH 5-3

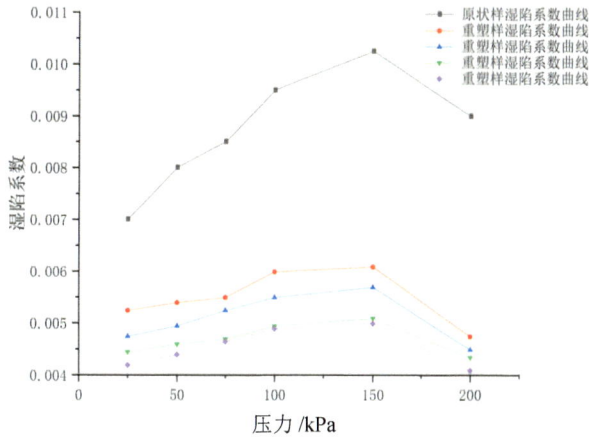

(l)　JSZH 6-1

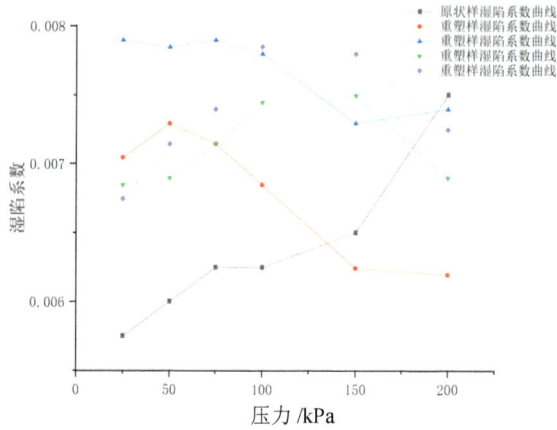

(m)　JSZH 6-2

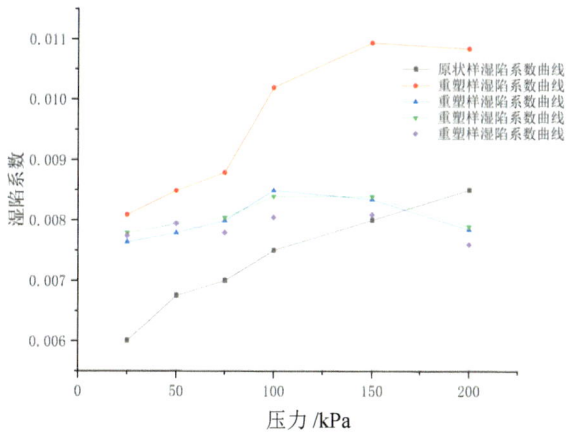

(n)　JSZH 6-3

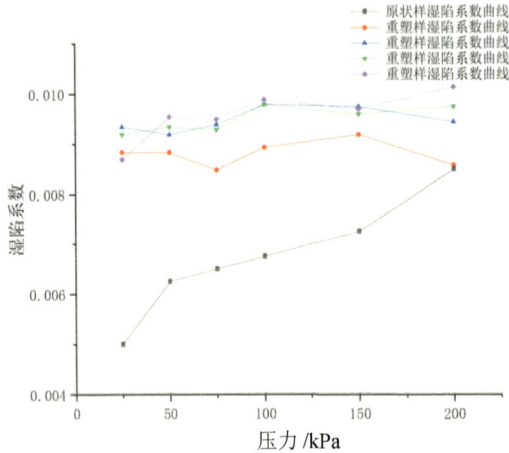

(o) JSZH 6-4

图 4-9   不同试验点原状样与重塑样湿陷系数随压力变化曲线

由图 4-9 可知，同一试验点原状样和重塑样湿陷系数随压力变化曲线形态基本相似，其中 JSZH 1-1、JSZH 1-2、JSZH 2-1、JSZH 2-2、JSZH 3-1、JSZH 3-2、JSZH 4-1、JSZH 4-2、JSZH 5-1、JSZH 5-2、JSZH 5-3、JSZH 6-1 试验点相似性非常明显；JSZH 6-2、JSZH 6-3、JSZH 6-4 试验点曲线形态的相似性较差，但湿陷系数的差值较小，基本在 0.001 ～ 0.005 范围。

4.3.2   湿陷等级对比

依据《岩土工程勘察规范》(GB 50021—2001)(2009 年版) 第 6.1.5 节的规定，对不同试验点原状样 (5 组湿陷平行试验结果的平均值) 与重塑样 (3% ～ 6% 含水率条件下，2 组湿陷平行试验结果的平均值) 湿陷试验结果进行计算，得到试验点原状样与重塑样的湿陷等级，15 个试验点共计 75 组对比结果如表 4-8 所示。

由表 4-8 可知，不同试验点原状样与重塑样的湿陷系数差值均小于 1%，最大差值为 JSZH 1-2 试验点的 0.55%，最小差值为 JSZH 6-3 试验点的 0.05%，即差值范围为 0.05% ～ 0.55%。在湿陷程度方面,不同试验点原状样与重塑样的湿陷等级相同 (JSZH 1-1、JSZH 1-2、JSZH 2-1、JSZH 2-2、JSZH 3-1、JSZH 3-2、JSZH 4-1、JSZH 5-1、JSZH 5-2、JSZH 5-3 试验点为轻微湿陷，JSZH 4-2、JSZH 6-1、JSZH 6-2、JSZH 6-3、JSZH 6-4 试验点为无湿陷)。

通过对 75 组原状样与重塑样湿陷试验的湿陷系数和湿陷等级进行对比分析，验证了本次重塑样湿陷试验结果的可靠性，进而确定了本次室内重塑样湿陷试验中制样方法的合理性，即通过该试验方法制备的重塑样可代表原状样试样的湿陷特性。

表 4-8　原状样与重塑样试验对比

| 试验点 | 样品类型 | 含水率/% | 干密度/(g/cm³) | 湿陷系数 | | | | | | 200 kPa 压力下原状与重塑湿陷系数差值 | 湿陷性评价 |
				25 kPa	50 kPa	75 kPa	100 kPa	150 kPa	200 kPa		
JSZH 1-1	原状	3.4	1.515	0.019	0.0205	0.0225	0.024	0.025	0.0235	—	轻微湿陷
JSZH 1-1	重塑	3	1.515	0.0215	0.023	0.025	0.0265	0.0275	0.0255	0.002	轻微湿陷
JSZH 1-1	重塑	4	1.515	0.02025	0.022	0.024	0.0255	0.0265	0.0245	0.001	轻微湿陷
JSZH 1-1	重塑	5	1.515	0.019	0.0215	0.0235	0.025	0.026	0.024	0.0005	轻微湿陷
JSZH 1-1	重塑	6	1.515	0.0185	0.021	0.023	0.0245	0.0255	0.0235	0.0005	轻微湿陷
JSZH 1-2	原状	4	1.512	0.0205	0.022	0.024	0.0255	0.0265	0.025	—	轻微湿陷
JSZH 1-2	重塑	3	1.512	0.02225	0.0245	0.025	0.02525	0.0255	0.0245	0.0005	轻微湿陷
JSZH 1-2	重塑	4	1.512	0.021	0.02325	0.02475	0.025	0.0255	0.02475	0.00025	轻微湿陷
JSZH 1-2	重塑	5	1.512	0.0195	0.02	0.02025	0.0205	0.021	0.01925	0.0055	轻微湿陷
JSZH 1-2	重塑	6	1.512	0.018	0.01825	0.0185	0.019	0.01925	0.018	0.00125	轻微湿陷
JSZH 2-1	原状	4.2	1.566	0.0175	0.0195	0.021	0.0225	0.0235	0.0225	—	轻微湿陷
JSZH 2-1	重塑	3	1.566	0.018	0.0195	0.0214	0.023	0.024	0.022	0.0005	轻微湿陷
JSZH 2-1	重塑	4	1.566	0.017	0.0185	0.0205	0.022	0.023	0.02125	0.00075	轻微湿陷
JSZH 2-1	重塑	5	1.566	0.0165	0.01775	0.01975	0.0215	0.0225	0.0205	0.00075	轻微湿陷
JSZH 2-1	重塑	6	1.566	0.014	0.01525	0.01725	0.019	0.02	0.018	0.0025	轻微湿陷
JSZH 2-2	原状	4	1.552	0.018	0.01925	0.0215	0.02275	0.024	0.0225	—	轻微湿陷
JSZH 2-2	重塑	3	1.552	0.018	0.0195	0.0215	0.023	0.024	0.022	0.0005	轻微湿陷
JSZH 2-2	重塑	4	1.552	0.0165	0.01775	0.02	0.02125	0.0225	0.0204	0.0016	轻微湿陷

续表一

试验点	样品类型	含水率/%	干密度/(g/cm³)	湿陷系数 25 kPa	50 kPa	75 kPa	100 kPa	150 kPa	200 kPa	200 kPa压力下原状与重塑湿陷系数差值	湿陷性评价
JSZH 2-2	重塑	5	1.552	0.0155	0.017	0.019	0.0205	0.0215	0.01975	0.00065	轻微湿陷
JSZH 2-2	重塑	6	1.552	0.0145	0.01675	0.01875	0.02	0.021	0.019	0.00075	轻微湿陷
JSZH 3-1	原状	3.4	1.568	0.017	0.01825	0.02025	0.02175	0.023	0.0215	—	轻微湿陷
JSZH 3-1	重塑	3	1.568	0.0185	0.02	0.022	0.0235	0.0245	0.0225	0.001	轻微湿陷
JSZH 3-1	重塑	4	1.568	0.017	0.0185	0.0205	0.022	0.023	0.021	0.0015	轻微湿陷
JSZH 3-1	重塑	5	1.568	0.0155	0.01575	0.01775	0.021	0.0225	0.021	0	轻微湿陷
JSZH 3-1	重塑	6	1.568	0.0145	0.0155	0.0175	0.01975	0.0205	0.01875	0.00225	轻微湿陷
JSZH 3-2	原状	3.3	1.567	0.0195	0.021	0.023	0.0245	0.0255	0.024	—	轻微湿陷
JSZH 3-2	重塑	3	1.567	0.019	0.0205	0.0225	0.024	0.025	0.023	0.001	轻微湿陷
JSZH 3-2	重塑	4	1.567	0.0175	0.01825	0.02025	0.02225	0.02225	0.0215	0.0015	轻微湿陷
JSZH 3-2	重塑	5	1.567	0.01625	0.01725	0.02	0.022	0.023	0.022	0.0005	轻微湿陷
JSZH 3-2	重塑	6	1.567	0.01575	0.0165	0.017	0.01725	0.0175	0.0165	0.0055	轻微湿陷
JSZH 4-1	原状	4.5	1.519	0.016	0.0175	0.0195	0.021	0.022	0.0205	—	轻微湿陷
JSZH 4-1	重塑	3	1.519	0.019	0.0195	0.02025	0.02075	0.021	0.0195	0.001	轻微湿陷
JSZH 4-1	重塑	4	1.519	0.01825	0.01875	0.01975	0.02025	0.0205	0.0195	0	轻微湿陷
JSZH 4-1	重塑	5	1.519	0.017	0.018	0.019	0.0195	0.02025	0.02	0.0005	轻微湿陷
JSZH 4-1	重塑	6	1.519	0.01525	0.0165	0.01875	0.02025	0.02125	0.0195	0.0005	轻微湿陷
JSZH 4-2	原状	4.4	1.52	0.00625	0.0075	0.0095	0.011	0.01225	0.01075	—	无湿陷
JSZH 4-2	重塑	3	1.52	0.006	0.0075	0.0096	0.011	0.012	0.01025	0.0005	无湿陷

续表二

试验点	样品类型	含水率/%	干密度/(g/cm³)	湿陷系数						200 kPa压力下原状与重塑湿陷系数差值	湿陷性评价
				25 kPa	50 kPa	75 kPa	100 kPa	150 kPa	200 kPa		
JSZH 4-2	重塑	4	1.52	0.005	0.0065	0.0085	0.01	0.011	0.009	0.00125	无湿陷
JSZH 4-2	重塑	5	1.52	0.0065	0.008	0.01	0.0115	0.0125	0.01075	0.00175	无湿陷
JSZH 4-2	重塑	6	1.52	0.004	0.0055	0.0075	0.009	0.01	0.008	0.00275	无湿陷
JSZH 5-1	原状	4.3	1.523	0.0175	0.019	0.021	0.0225	0.0235	0.022	—	无湿陷
JSZH 5-1	重塑	3	1.523	0.0195	0.02025	0.021	0.0225	0.02325	0.02175	0.00025	轻微湿陷
JSZH 5-1	重塑	4	1.523	0.018	0.01875	0.02075	0.02225	0.02325	0.02125	0.0005	轻微湿陷
JSZH 5-1	重塑	5	1.523	0.0175	0.0185	0.02	0.02075	0.021	0.02	0.00125	轻微湿陷
JSZH 5-1	重塑	6	1.523	0.01625	0.01675	0.0175	0.01775	0.01825	0.017	0.003	轻微湿陷
JSZH 5-2	原状	4.2	1.536	0.01825	0.019	0.021	0.0225	0.0235	0.022	—	轻微湿陷
JSZH 5-2	重塑	3	1.536	0.0205	0.0215	0.02325	0.024	0.025	0.023	0.001	轻微湿陷
JSZH 5-2	重塑	4	1.536	0.019	0.0205	0.02275	0.0245	0.02525	0.024	0.001	轻微湿陷
JSZH 5-2	重塑	5	1.536	0.01825	0.0195	0.02	0.02075	0.0215	0.0205	0.0035	轻微湿陷
JSZH 5-2	重塑	6	1.536	0.0175	0.01775	0.01825	0.01875	0.01925	0.01725	0.00325	轻微湿陷
JSZH 5-3	原状	4.4	1.58	0.0165	0.01775	0.02	0.0215	0.0225	0.021	—	轻微湿陷
JSZH 5-3	重塑	3	1.58	0.02	0.0215	0.0235	0.025	0.026	0.024	0.003	轻微湿陷
JSZH 5-3	重塑	4	1.58	0.0185	0.01925	0.02025	0.02125	0.022	0.021	0.003	轻微湿陷
JSZH 5-3	重塑	5	1.58	0.01675	0.0175	0.0185	0.0195	0.01975	0.01875	0.00225	轻微湿陷
JSZH 5-3	重塑	6	1.58	0.0155	0.016	0.01675	0.01775	0.01825	0.0175	0.00125	轻微湿陷
JSZH 6-1	原状	5.4	1.575	0.007	0.008	0.0085	0.0095	0.01025	0.009	—	无湿陷

续表三

试验点	样品类型	含水率/%	干密度/(g/cm³)	湿陷系数						200 kPa压力下原状与重塑湿陷系数差值	湿陷性评价
				25 kPa	50 kPa	75 kPa	100 kPa	150 kPa	200 kPa		
JSZH 6-1	重塑	3	1.575	0.00525	0.0054	0.0055	0.006	0.0061	0.00475	0.00425	无湿陷
JSZH 6-1	重塑	4	1.575	0.00475	0.00495	0.00525	0.0055	0.0057	0.0045	0.00025	无湿陷
JSZH 6-1	重塑	5	1.575	0.00445	0.0046	0.0047	0.00495	0.0051	0.00435	0.00015	无湿陷
JSZH 6-1	重塑	6	1.575	0.0042	0.0044	0.00465	0.0049	0.005	0.0041	0.00025	无湿陷
JSZH 6-2	原状	5.3	1.576	0.00575	0.006	0.00625	0.00625	0.0065	0.0075	—	无湿陷
JSZH 6-2	重塑	3	1.576	0.00705	0.0073	0.00715	0.00685	0.00625	0.0062	0.0013	无湿陷
JSZH 6-2	重塑	4	1.576	0.0079	0.00785	0.0079	0.0078	0.0073	0.0074	0.0012	无湿陷
JSZH 6-2	重塑	5	1.576	0.00685	0.0069	0.00715	0.00745	0.0075	0.0069	0.0005	无湿陷
JSZH 6-2	重塑	6	1.576	0.00675	0.00715	0.0074	0.00785	0.0078	0.00725	0.00035	无湿陷
JSZH 6-3	原状	5.3	1.586	0.006	0.00675	0.007	0.0075	0.008	0.0085	—	无湿陷
JSZH 6-3	重塑	3	1.586	0.0081	0.0085	0.0088	0.0102	0.01095	0.01085	0.00235	无湿陷
JSZH 6-3	重塑	4	1.586	0.00765	0.0078	0.008	0.0085	0.00835	0.00785	0.003	无湿陷
JSZH 6-3	重塑	5	1.586	0.0078	0.00795	0.00805	0.0084	0.0084	0.0079	0.00005	无湿陷
JSZH 6-3	重塑	6	1.586	0.00775	0.00795	0.0078	0.00805	0.0081	0.0076	0.0003	无湿陷
JSZH 6-4	原状	5.1	1.589	0.005	0.00625	0.0065	0.00675	0.00725	0.0085	—	无湿陷
JSZH 6-4	重塑	3	1.589	0.00885	0.00885	0.0085	0.00895	0.0092	0.0086	0.0001	无湿陷
JSZH 6-4	重塑	4	1.589	0.00935	0.0092	0.0094	0.0098	0.00975	0.00945	0.00085	无湿陷
JSZH 6-4	重塑	5	1.589	0.0092	0.00935	0.0093	0.0098	0.0096	0.00975	0.0003	无湿陷
JSZH 6-4	重塑	6	1.589	0.0087	0.00955	0.0095	0.0099	0.0097	0.01015	0.0004	无湿陷

4.4　室内湿陷试验影响因素

在揭示毛乌素沙漠粉细砂湿陷性的基础上，研究发现颗粒间的相互作用、密实程度和孔隙结构是影响粉细砂湿陷性的关键因素，这些因素的量化指标分别为含水率、干密度、相对密实度、压力和粒径级配。因此，应通过单一变量法，考虑干密度、含水率、粒径级配、压力 4 种影响因素，分析不同因素影响下粉细砂湿陷性的变化规律，具体的试验方案如表 4-9 所示。试验共考虑 1.4、1.45、1.5、1.55 四种干密度，2%、8%、10% 三种含水率，0.25 mm ～ 0.5 mm、0.075 mm ～ 0.25 mm 两种粒径级配，25 kPa、50 kPa、100 kPa、150 kPa、200 kPa 五级压力，每个试验点 120 种工况，15 个试验点共计 1800 种工况，每种工况均采取双线法，共计 3600 组试验。

表 4-9　毛乌素沙漠粉细砂室内湿陷性影响因素试验方案

影响因素	水平 1	水平 2	水平 3	水平 4	水平 5
压力 / kPa	25	50	100	150	200
含水率 /%	2	8	10	—	—
干密度 /(g/cm^3)	1.4	1.45	1.5	1.55	—
粒径级配 / mm	0.25 ～ 0.5	0.075 ～ 0.25	—	—	—

4.4.1　压力影响及其规律

考虑压力对粉细砂湿陷性影响，采取单一变量法，在干密度 1.4 g/cm^3，含水率 2%，粒径级配 0.25 mm ～ 0.5 mm 的试验条件下，绘制不同试验点湿陷系数随压力变化关系曲线如图 4-10 所示。

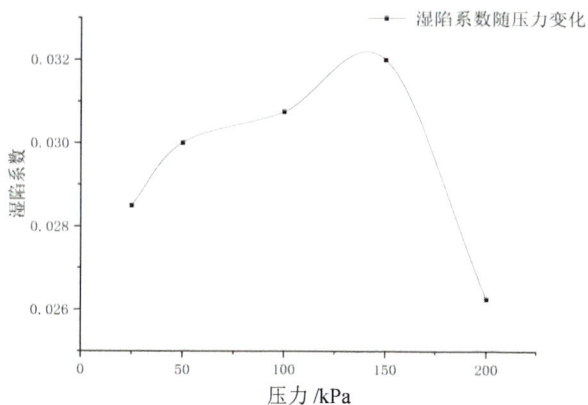

(a) JSZH 1-1

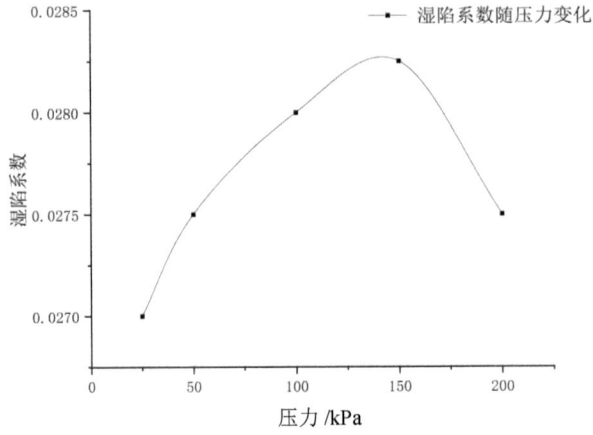

(b) JSZH 1-2

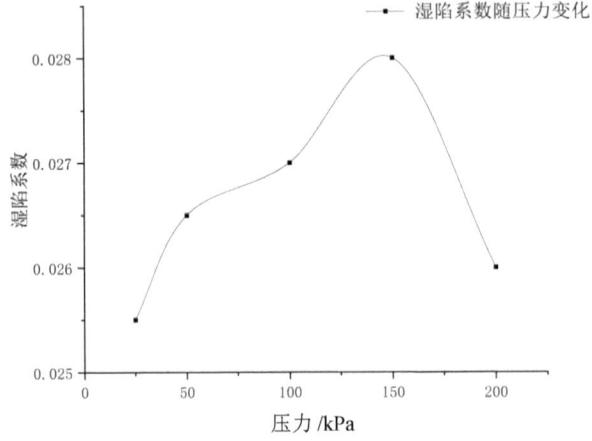

(c) JSZH 2-1

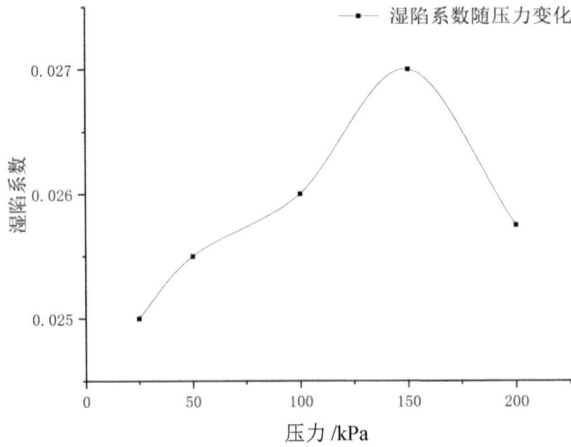

(d) JSZH 2-2

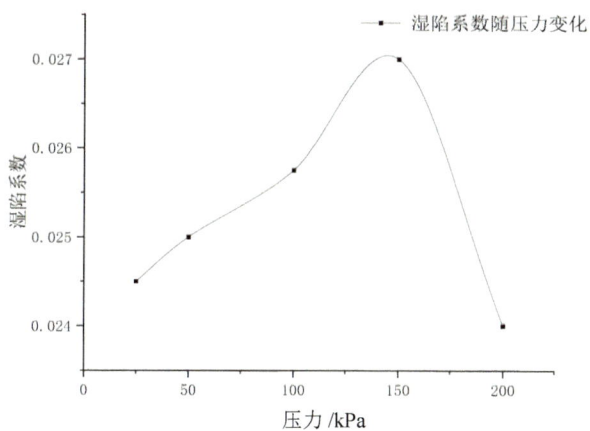

(e) JSZH 3-1

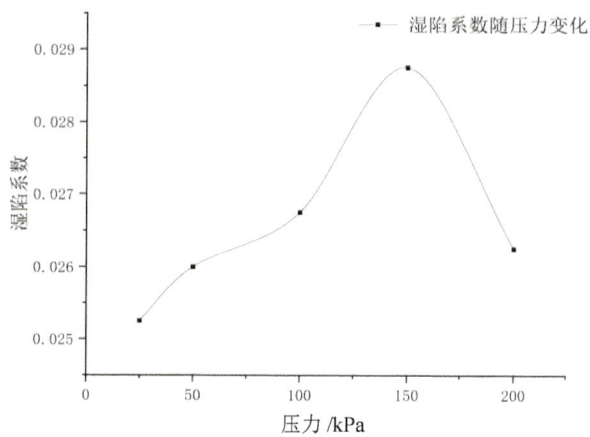

(f) JSZH 3-2

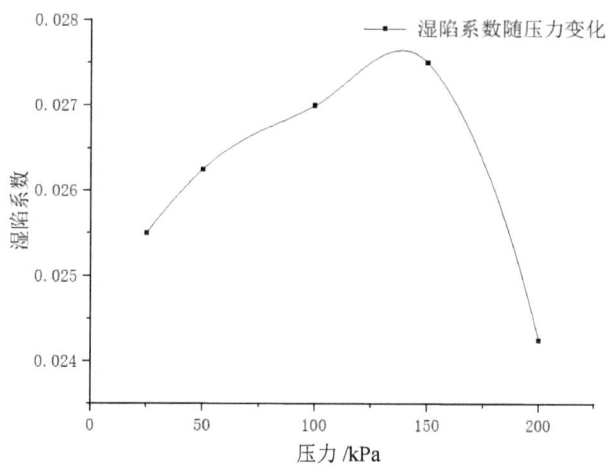

(g) JSZH 4-1

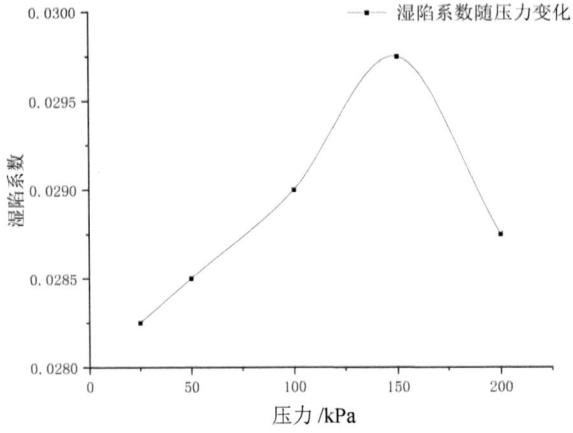

(h) JSZH 4-2

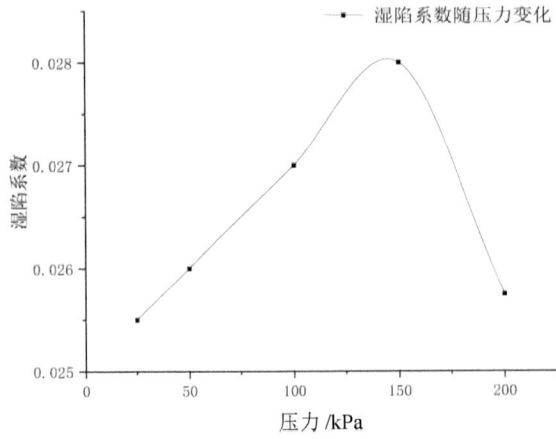

(i) JSZH 5-1

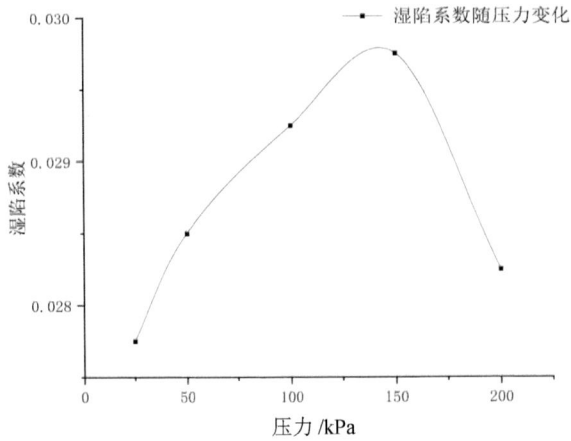

(j) JSZH 5-2

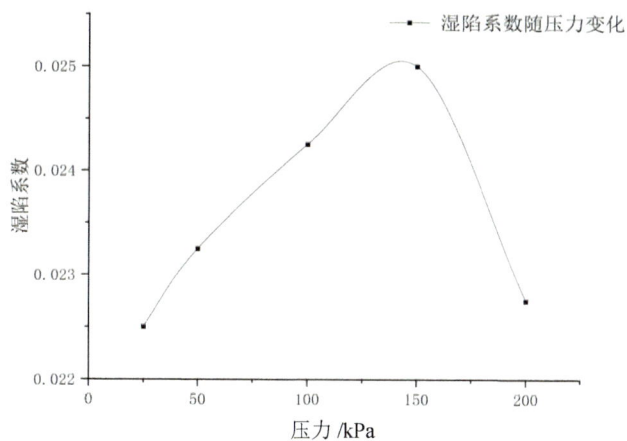

(k) JSZH 5-3

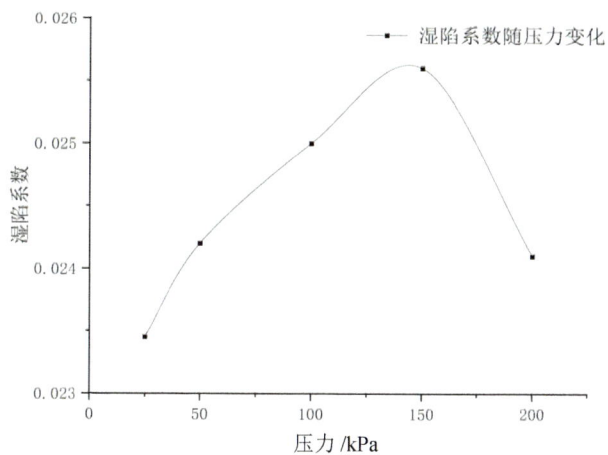

(l) JSZH 6-1

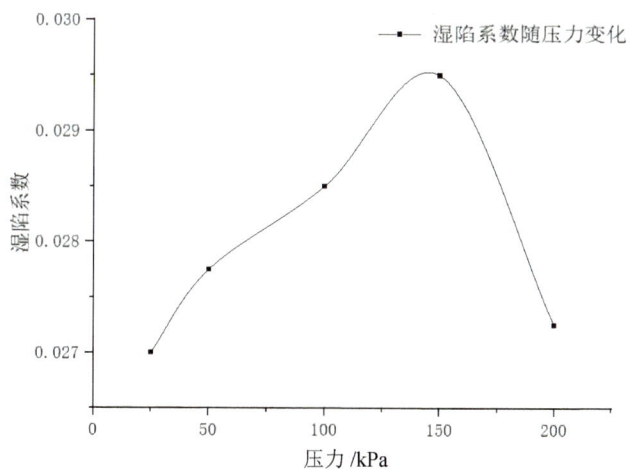

(m) JSZH 6-2

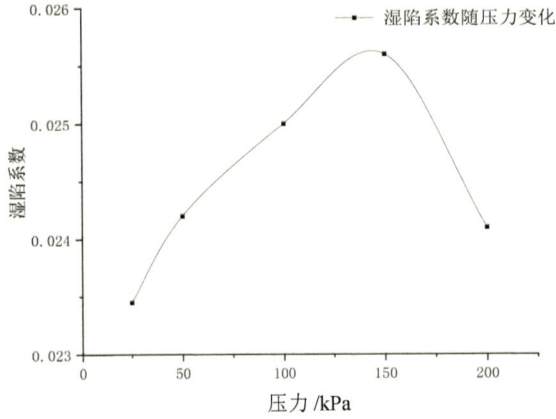

(n) JSZH 6-3

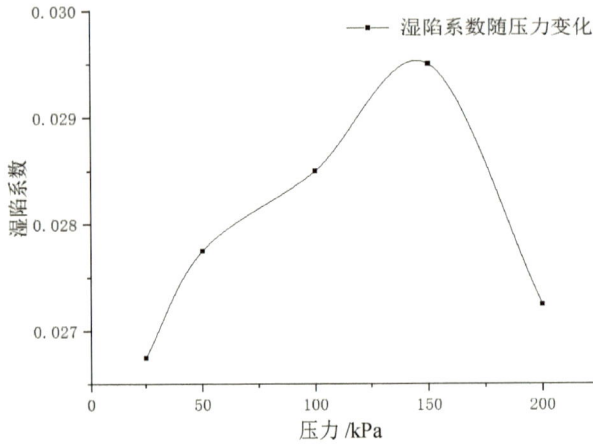

(o) JSZH 6-4

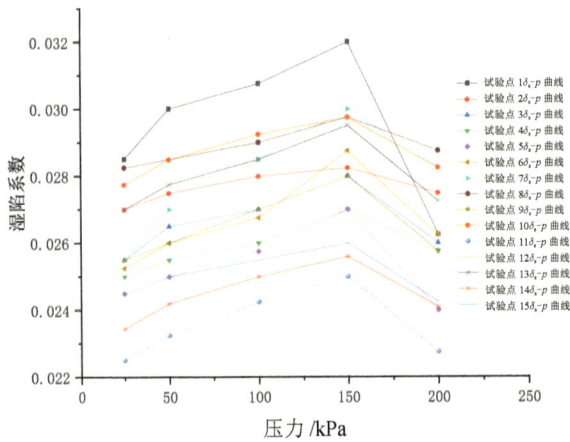

(p) 15个试验点

图 4-10　不同试验点湿陷系数随压力变化曲线

由图 4-10 和表 4-10 可知,在干密度 1.4 g/cm³,含水率 2%,粒径级配 0.25 mm ～ 0.5 mm 的试验条件下,不同试验点粉细砂湿陷系数随压力的增大呈先增大后减小的趋势,最大湿陷系数出现在试验压力约为 150 kPa 时,不同试验点粉细砂压力由 25 kPa 增加至 150 kPa 时,湿陷系数增幅范围为 5.3% ～ 13.9%,压力由 150 kPa 增加至 200 kPa 时,湿陷系数降幅范围为 3.4% ～ 18.0%,不同试验点不同压力下粉细砂湿陷系数均大于 0.015。在干密度 1.4 g/cm³,含水率 2%,粒径级配 0.25 mm ～ 0.5 mm 的试验条件下,压力的增加不会使粉细砂由轻微湿陷转变为无湿陷。

表 4-10　不同试验点不同压力粉细砂湿陷系数及其变化幅值

试验点	加载压力 25 kPa 时的湿陷系数	加载压力 150 kPa 时的湿陷系数	增幅 /%	加载压力 200 kPa 时的湿陷系数	降幅 /%
JSZH 1-1	0.0285	0.032	12.3	0.02625	18.0
JSZH 1-2	0.027	0.0285	5.6	0.0275	3.5
JSZH 2-1	0.0255	0.028	9.8	0.026	7.1
JSZH 2-2	0.025	0.027	8.0	0.02575	4.6
JSZH 3-1	0.0245	0.027	10.2	0.024	11.1
JSZH 3-2	0.02525	0.02875	13.9	0.02625	8.7
JSZH 4-1	0.0255	0.0275	7.8	0.02425	11.8
JSZH 4-2	0.02825	0.02975	5.3	0.02875	3.4
JSZH 5-1	0.0255	0.028	9.8	0.02575	8.0
JSZH 5-2	0.02775	0.02975	7.2	0.02825	5.0
JSZH 5-3	0.0225	0.025	11.1	0.02275	9.0
JSZH 6-1	0.02345	0.0256	9.2	0.0241	5.9
JSZH 6-2	0.027	0.0295	9.3	0.02725	7.6
JSZH 6-3	0.02345	0.0256	9.2	0.0241	5.9
JSZH 6-4	0.02675	0.0295	10.3	0.02725	7.6

4.4.2　含水率影响及其规律

考虑含水率对粉细砂湿陷性影响,采取单一变量法,在压力 200 kPa,干密度 1.4 g/cm³,粒径级配 0.25 mm ～ 0.5 mm 的试验条件下,绘制不同试验点湿陷系数与含水率变化关系曲线如图 4-11 所示。由图可知,不同试验点粉细砂湿陷系数随含水率的增大呈减小的趋势,其变化曲线呈上凸形且斜率有一定差异,这表明不同试验点含水率的降幅具有差异性。

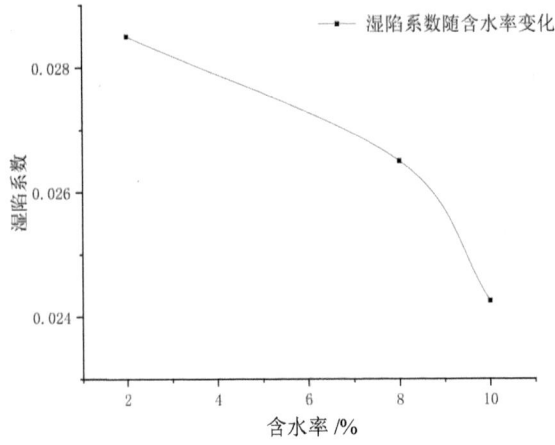

(a) JSZH 1-1

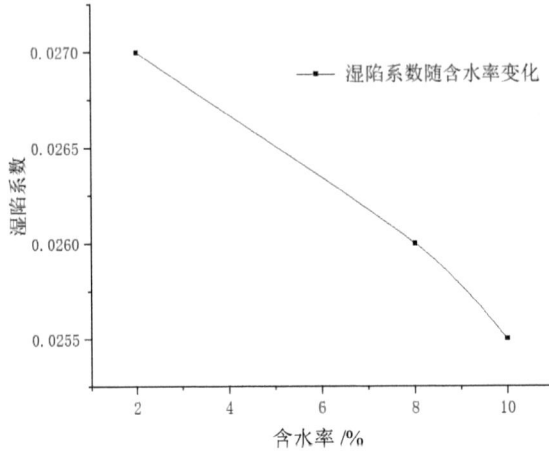

(b) JSZH 1-2

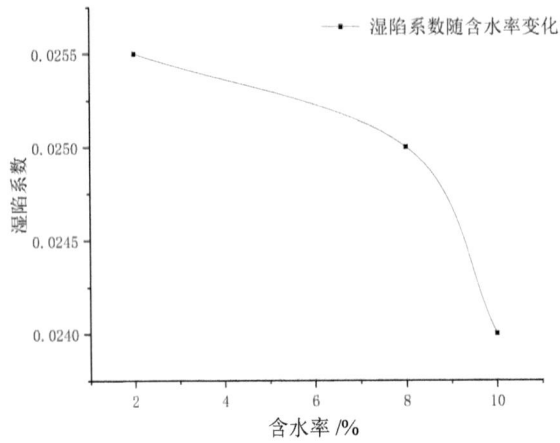

(c) JSZH 2-1

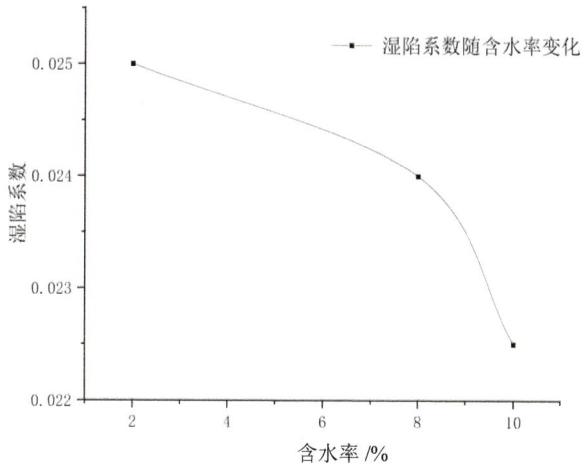

(d) JSZH 2-2

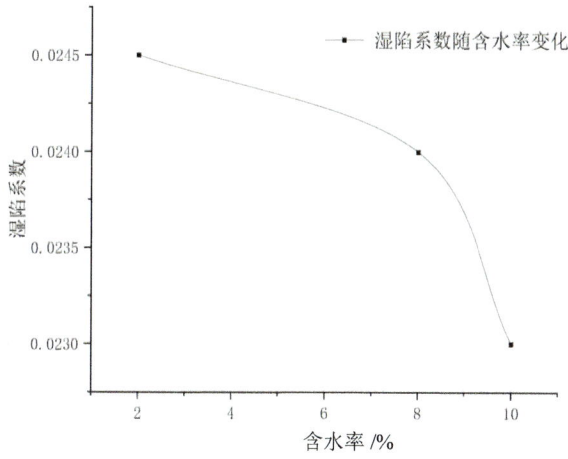

(e) JSZH 3-1

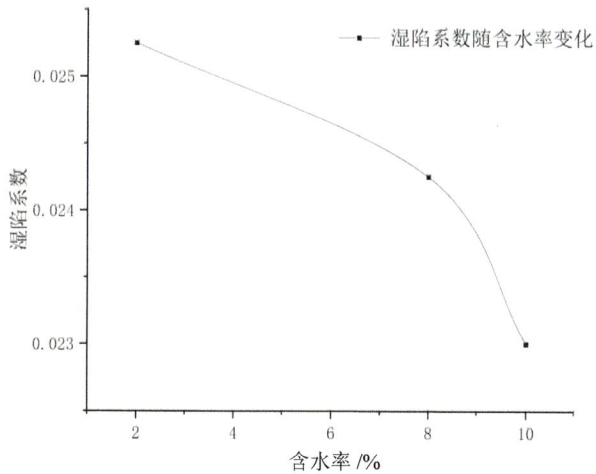

(f) JSZH 3-2

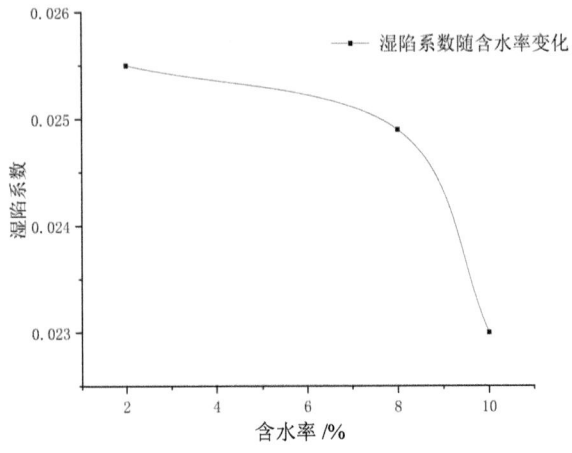

(g) JSZH 4-1

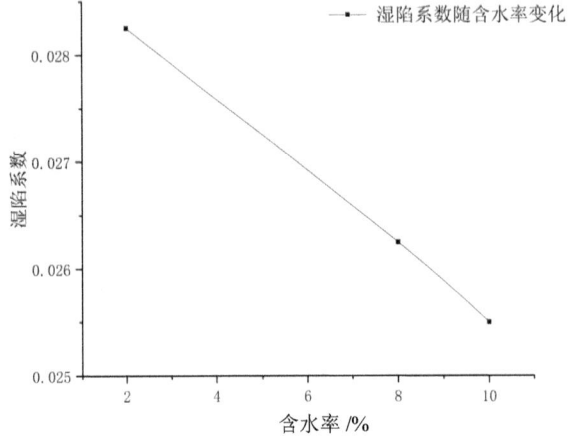

(h) JSZH 4-2

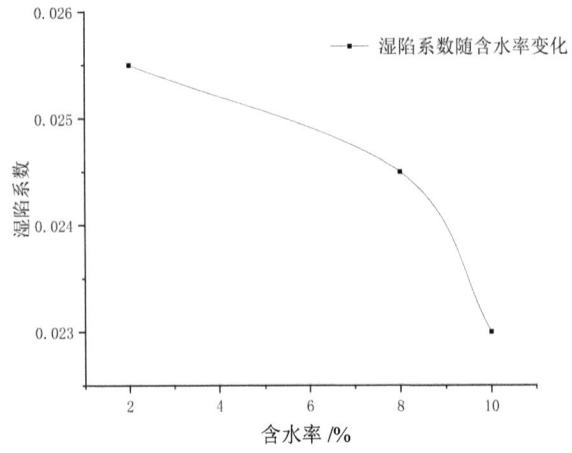

(i) JSZH 5-1

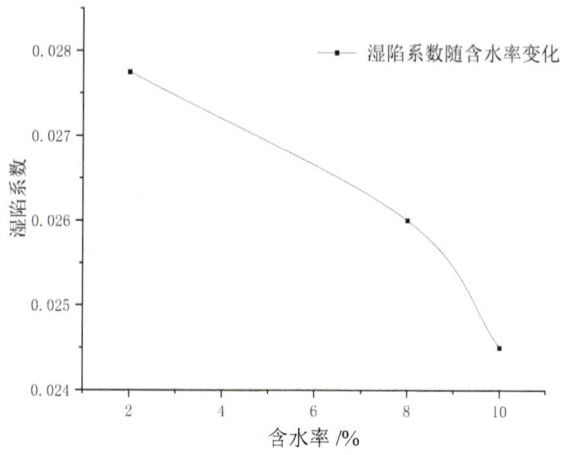

(j) JSZH 5-2

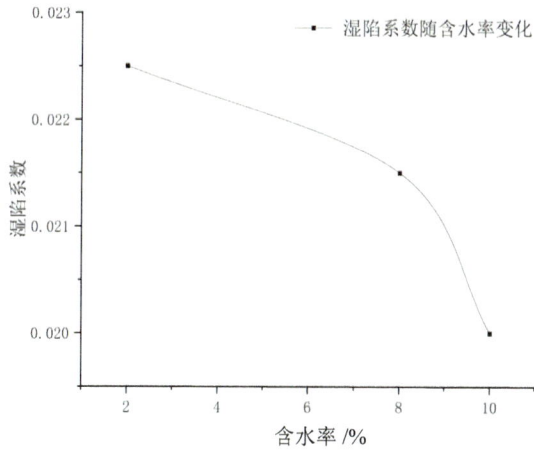

(k) JSZH 5-3

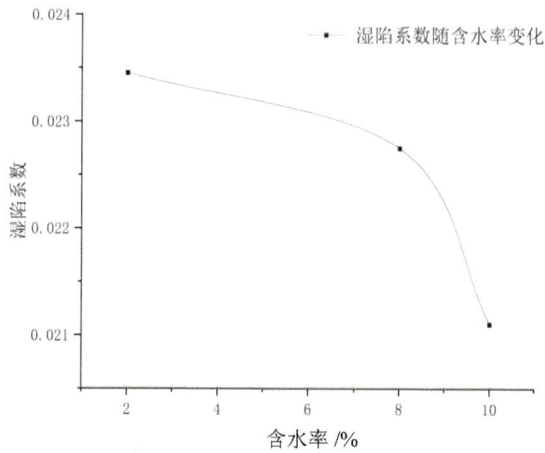

(l) JSZH 6-1

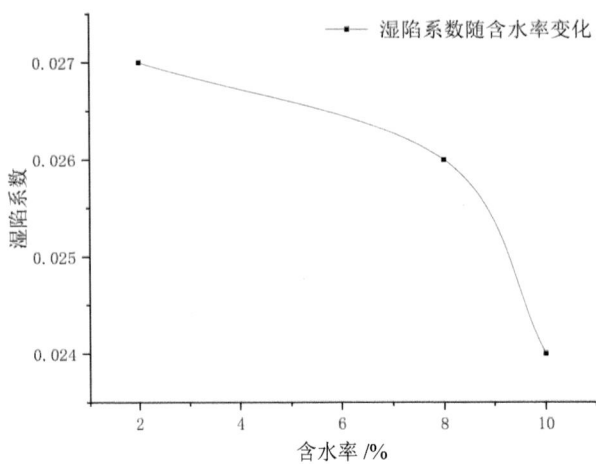

(m) JSZH 6-2

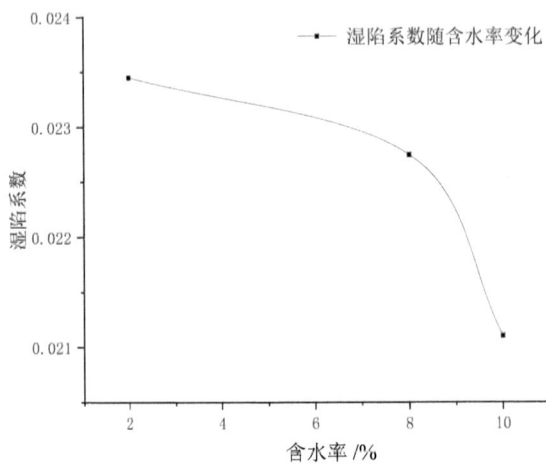

(n) JSZH 6-3

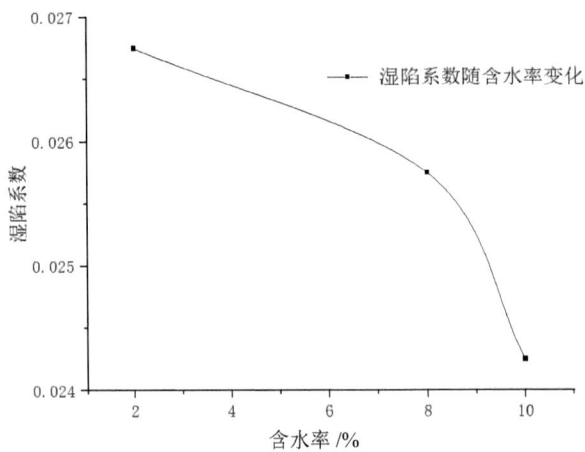

(o) JSZH 6-4

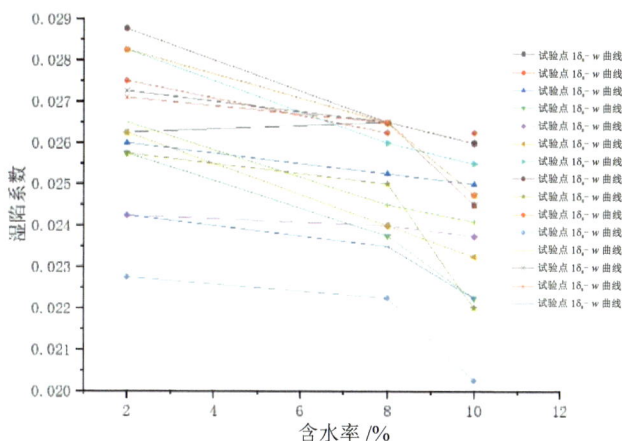

(p) JSZH 6-5

图 4-11　不同试验点湿陷系数随含水率变化曲线

统计不同试验点不同含水率粉细砂湿陷系数如表 4-11 所示。由表 4-11 可知，含水率对粉细砂的湿陷性有影响但相对较小。含水率由 2% 增加到 10% 时，不同试验点粉细砂湿陷系数随含水率减小的降幅不同，湿陷系数最小降幅为 JSZH 2-1 试验点的 3.8%，最大降幅为 JSZH 5-1 试验点的 14.6%，即湿陷系数降幅范围为 3.8% ～ 14.6%，不同试验点不同含水率粉细砂湿陷系数均大于 0.015。在压力 2000 kPa，干密度 1.4 g/cm³，粒径级配 0.25 mm ～ 0.5 mm 的试验条件下，含水率的增加不会使粉细砂由轻微湿陷转变为无湿陷。

表 4-11　不同试验点不同含水率粉细砂湿陷系数及其变化幅值

试验点	含水率 2% 时的湿陷系数	含水率 8% 时的湿陷系数	含水率 10% 时的湿陷系数	2% ～ 10% 时湿陷系数的降幅 /%
JSZH 1-1	0.02625	0.0265	0.0245	6.7
JSZH 1-2	0.0275	0.02625	0.02625	4.5
JSZH 2-1	0.026	0.02525	0.025	3.8
JSZH 2-2	0.02575	0.02375	0.02225	13.6
JSZH 3-1	0.02425	0.024	0.02375	2.1
JSZH 3-2	0.02625	0.024	0.02325	11.4
JSZH 4-1	0.02825	0.026	0.0255	9.7
JSZH 4-2	0.02875	0.0265	0.026	9.6
JSZH 5-1	0.02575	0.025	0.022	14.6
JSZH 5-2	0.02825	0.0265	0.02475	12.4
JSZH 5-3	0.02275	0.02225	0.02025	11.0
JSZH 6-1	0.0265	0.0245	0.0241	9.1
JSZH 6-2	0.02725	0.0265	0.0245	10.1
JSZH 6-3	0.0271	0.0265	0.0245	9.6
JSZH 6-4	0.02425	0.0235	0.02225	8.2

4.4.3 干密度影响及其规律

考虑干密度对粉细砂湿陷性影响，采取单一变量法，在压力 200 kPa，含水率 2%，粒径级配 0.25 mm ～ 0.5 mm 的试验条件下，绘制不同试验点湿陷系数与干密度变化关系曲线如图 4-12 所示。由图可知，不同试验点粉细砂湿陷系数随干密度的增大呈减小的趋势，其变化曲线呈上凸形且斜率有一定差异，这表明不同试验点干密度的降幅具有差异性。

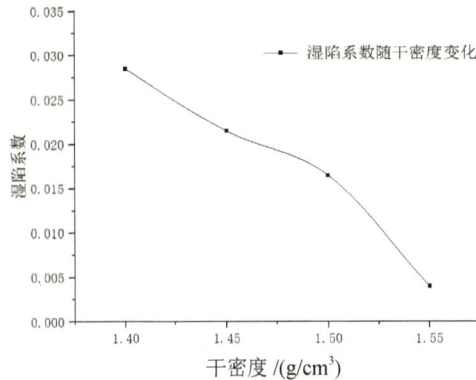

(a) JSZH 1-1

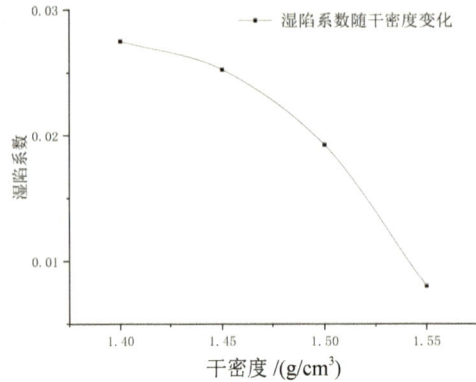

(b) JSZH 1-2

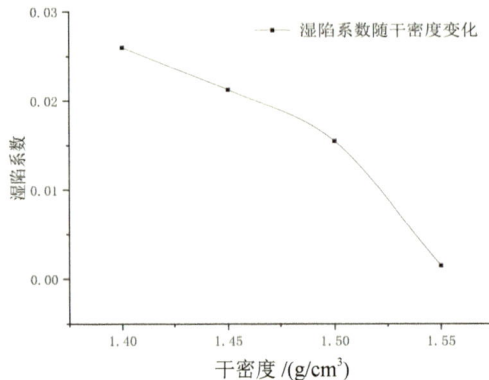

(c) JSZH 2-1

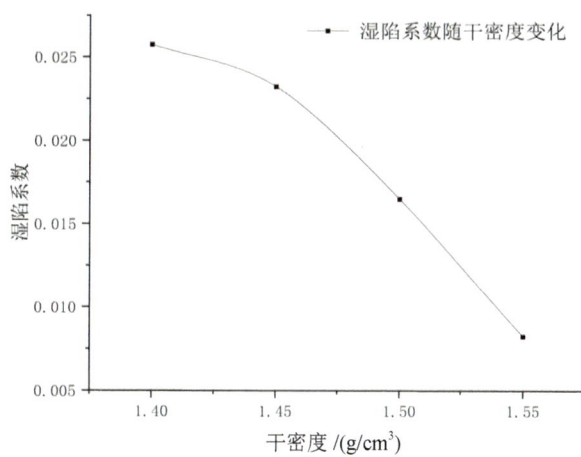

(d) JSZH 2-2

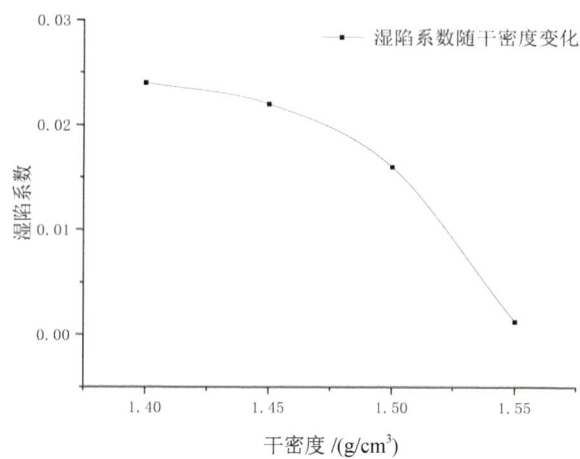

(e) JSZH 3-1

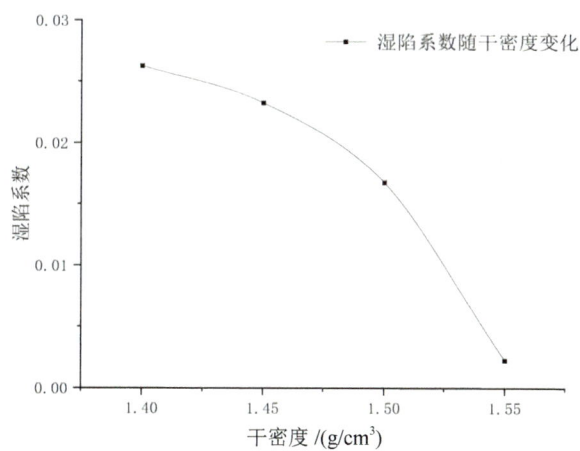

(f) JSZH 3-2

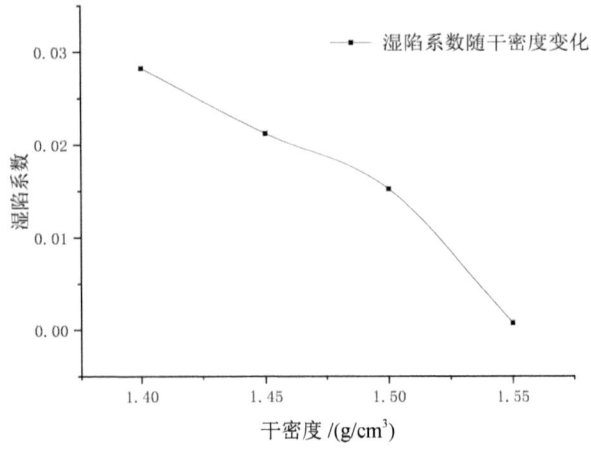

(g) JSZH 4-1

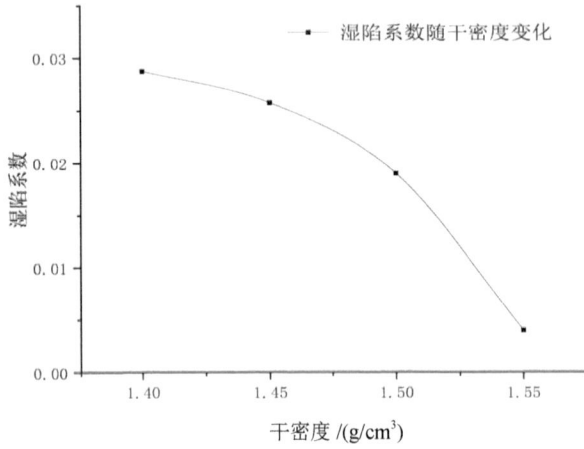

(h) JSZH 4-2

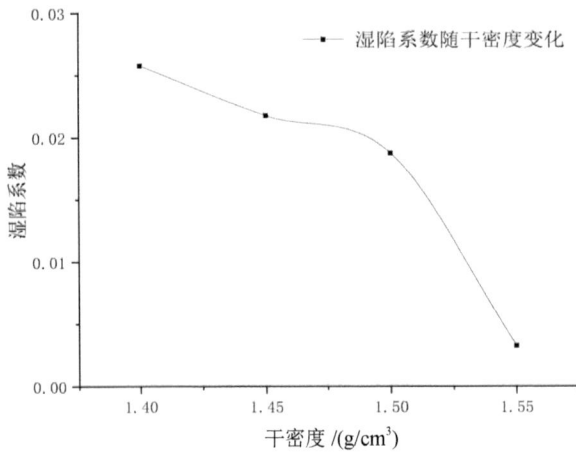

(i) JSZH 5-1

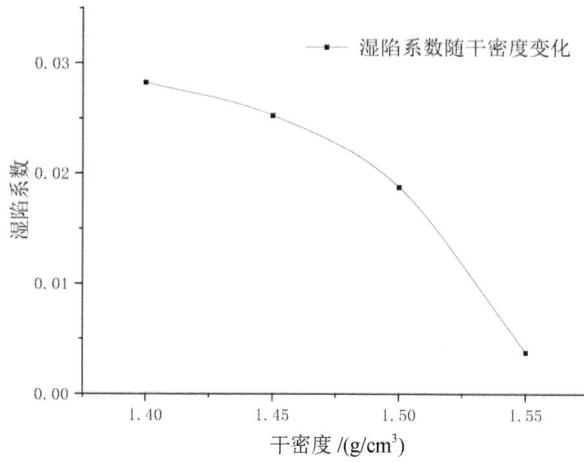

(j) JSZH 5-2

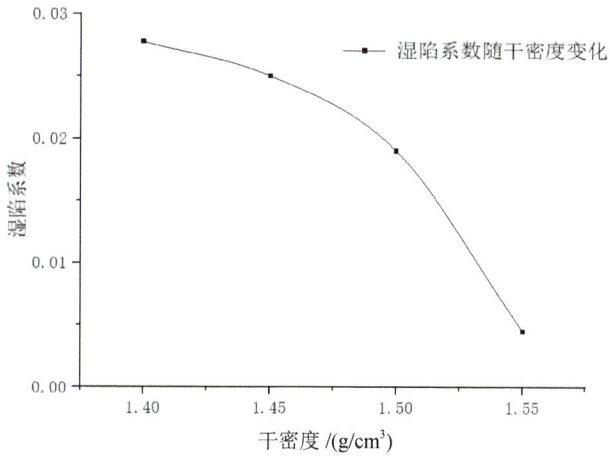

(k) JSZH 5-3

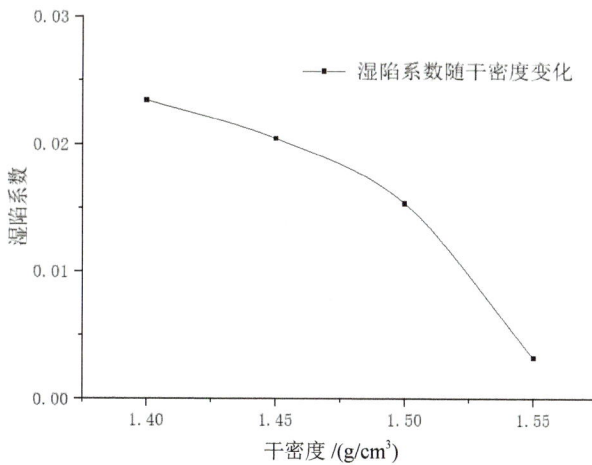

(l) JSZH 6-1

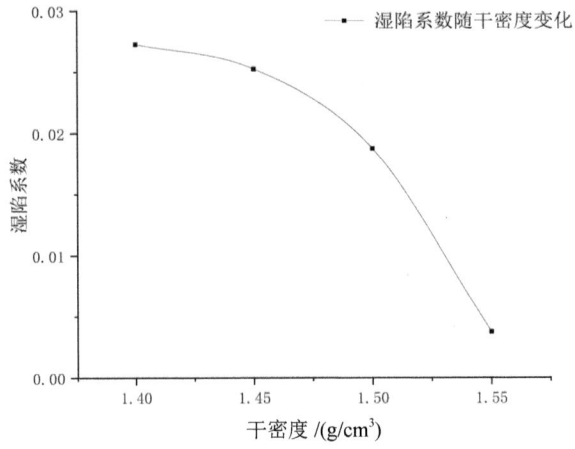

(m) JSZH 6-2

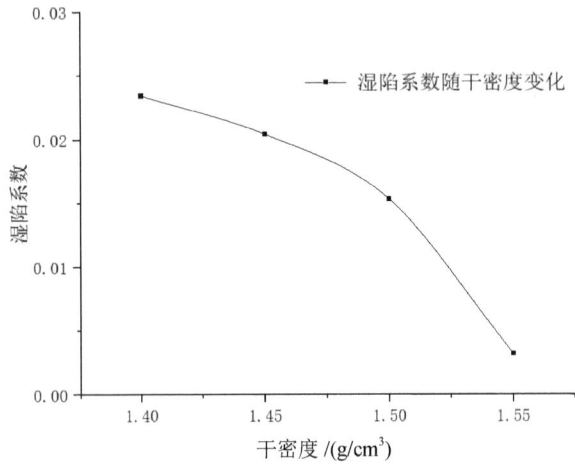

(n) JSZH 6-3

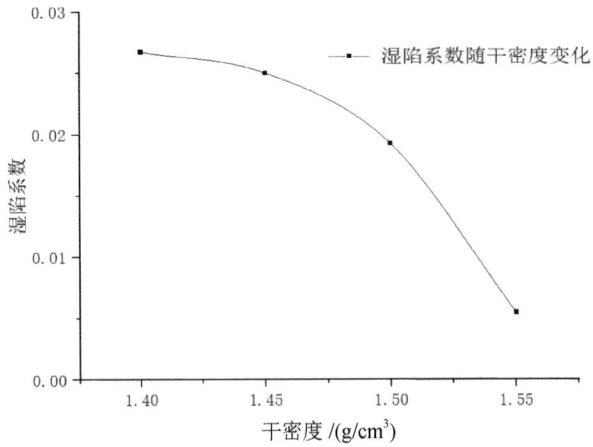

(o) JSZH 6-4

图 4-12   不同试验点湿陷系数随干密度变化曲线

统计不同试验点不同干密度下粉细砂湿陷系数如表 4-12 所示。由表 4-12 可知，在压力 200 kPa，含水率 2%，粒径级配 0.25 mm ～ 0.5 mm 的试验条件下，干密度由 1.4 g/cm³ 增加到 1.55 g/cm³ 时，不同试验点粉细砂湿陷系数降幅范围为 68.0% ～ 97.3%。当干密度为 1.4 g/cm³ 时，不同试验点粉细砂试样均具有湿陷性，湿陷系数在 0.02275 ～ 0.02875；当干密度为 1.55 g/cm³ 时，所有试验点粉细砂的湿陷系数均小于 0.015，不同试验点粉细砂试样均无湿陷性。因此可以认为干密度为 1.55 g/cm³ 是上述试验粉细砂湿陷的临界值。

表 4-12　不同试验点不同干密度粉细砂湿陷系数及其变化幅值

试验点	不同干密度的湿陷系数				降幅 /%
	1.4/(g/cm³)	1.45/(g/cm³)	1.5/(g/cm³)	1.55/(g/cm³)	
JSZH 1-1	0.02625	0.02175	0.01775	0.006	77.1
JSZH 1-2	0.0275	0.02525	0.01925	0.008	70.9
JSZH 2-1	0.026	0.02125	0.0155	0.0015	94.2
JSZH 2-2	0.02575	0.02325	0.0165	0.00825	68.0
JSZH 3-1	0.02425	0.022	0.016	0.00125	94.8
JSZH 3-2	0.02625	0.02325	0.01675	0.00225	91.4
JSZH 4-1	0.02825	0.02125	0.01525	0.00075	97.3
JSZH 4-2	0.02875	0.02575	0.019	0.004	86.1
JSZH 5-1	0.02575	0.02175	0.01875	0.00325	87.4
JSZH 5-2	0.02825	0.02525	0.01875	0.00375	86.7
JSZH 5-3	0.02275	0.02075	0.0155	0.002	91.2
JSZH 6-1	0.0265	0.02145	0.01635	0.0081	69.4
JSZH 6-2	0.02725	0.02525	0.01875	0.00375	86.2
JSZH 6-3	0.0271	0.02345	0.01835	0.007	74.2
JSZH 6-4	0.02425	0.023	0.019	0.0045	81.4

4.4.4　粒径级配影响及其规律

考虑粒径级配对粉细砂湿陷性影响，采取单一变量法，在干密度 1.4 g/cm³，含水率 2% 的试验条件下，绘制不同试验点不同粒径级配湿陷系数与压力变化关系曲线如图 4-13 所示。由图可知，不同试验点粉细砂湿陷系数随粒径的增大呈减小的趋势，减小的幅值相对较小。

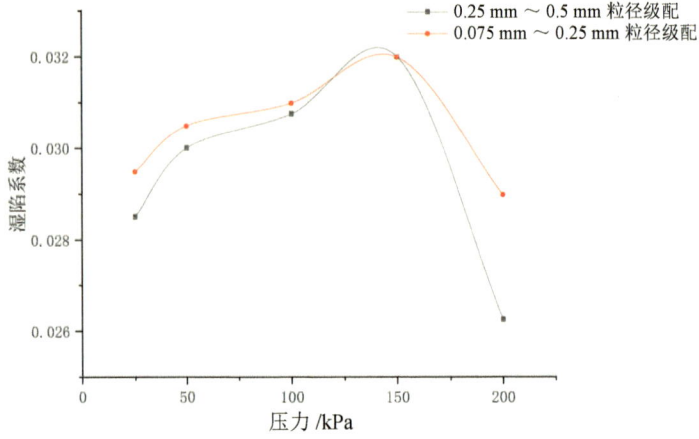

(a) JSZH 1-1

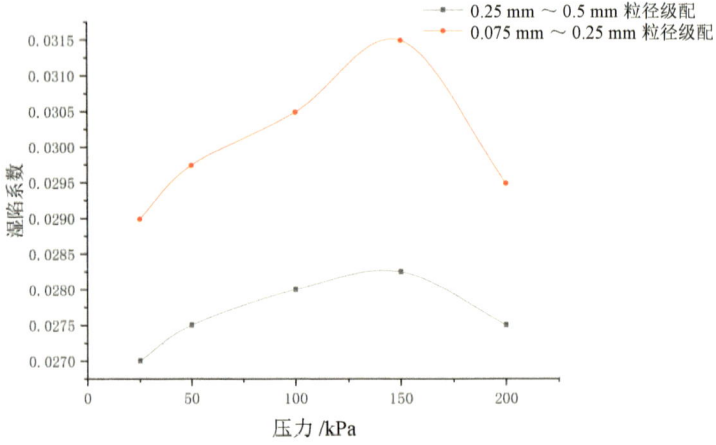

(b) JSZH 1-2

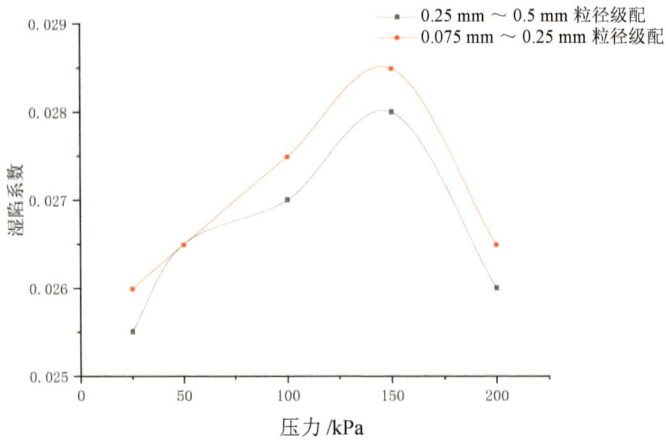

(c) JSZH 2-1

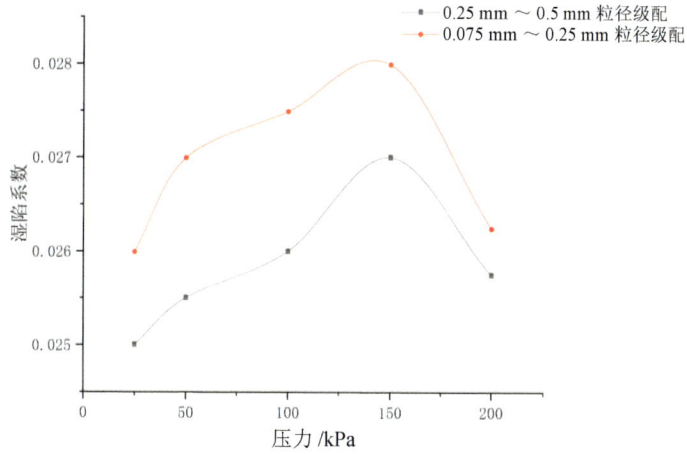

(d)　JSZH 2-2

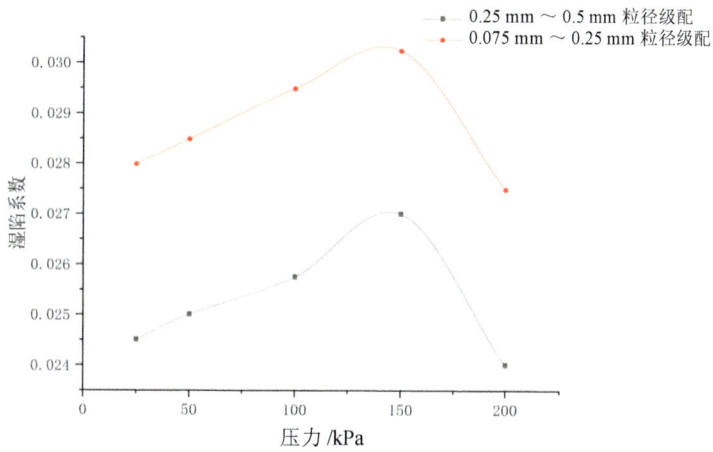

(e)　JSZH 3-1

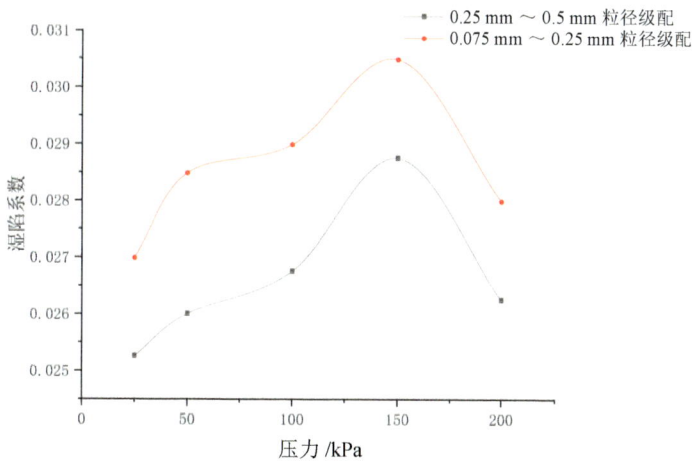

(f)　JSZH 3-2

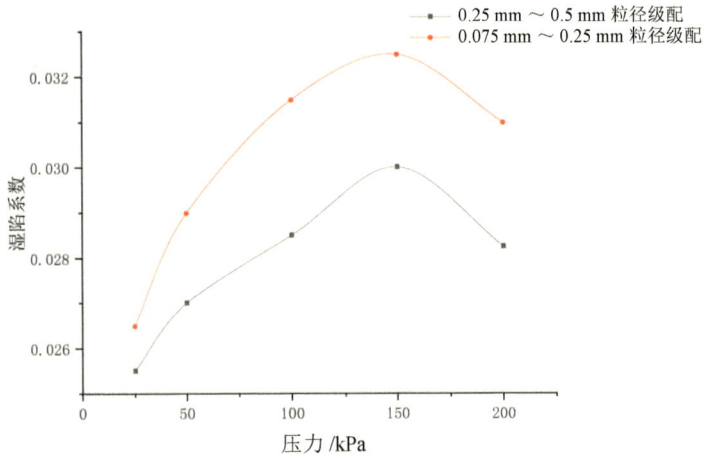

(g) JSZH 4-1

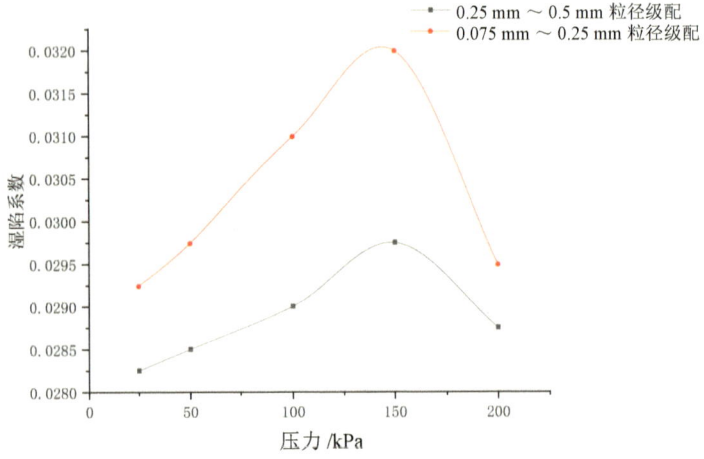

(h) JSZH 4-2

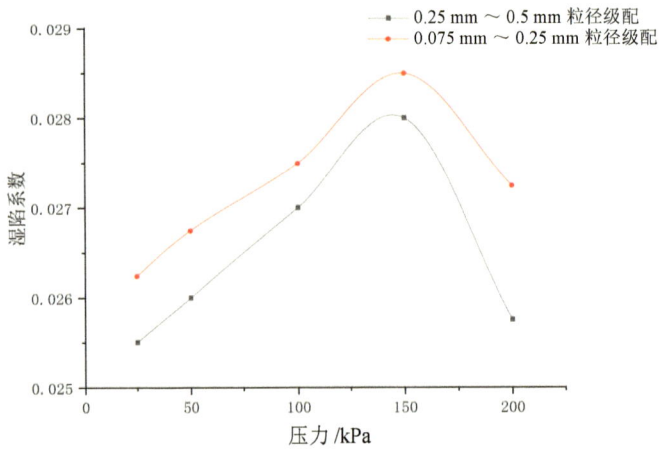

(i) JSZH 5-1

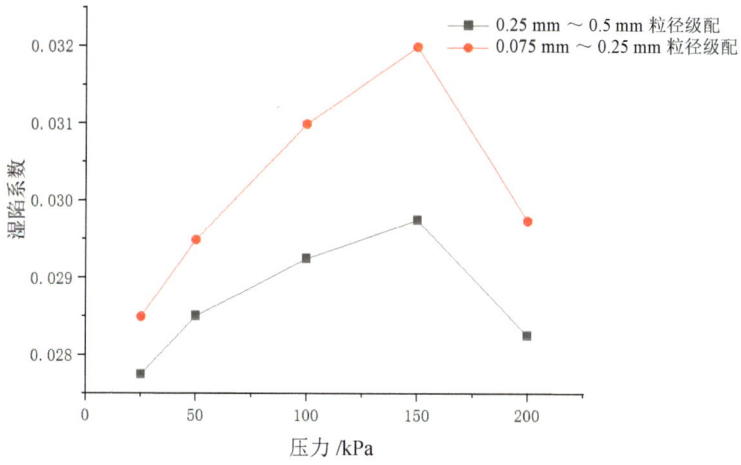

(j)　JSZH 5-2

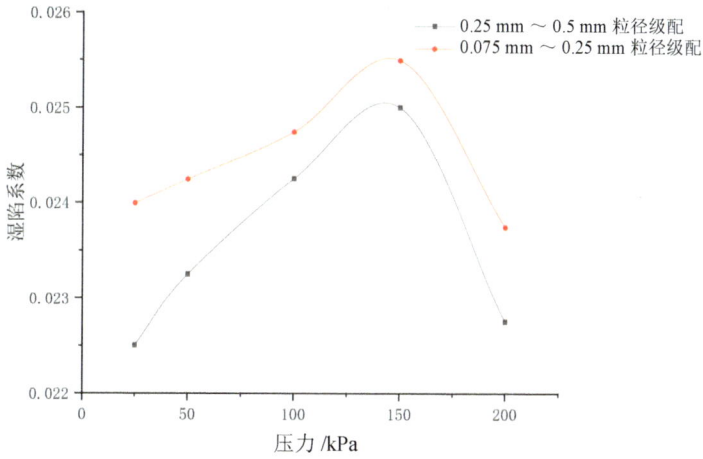

(k)　JSZH 5-3

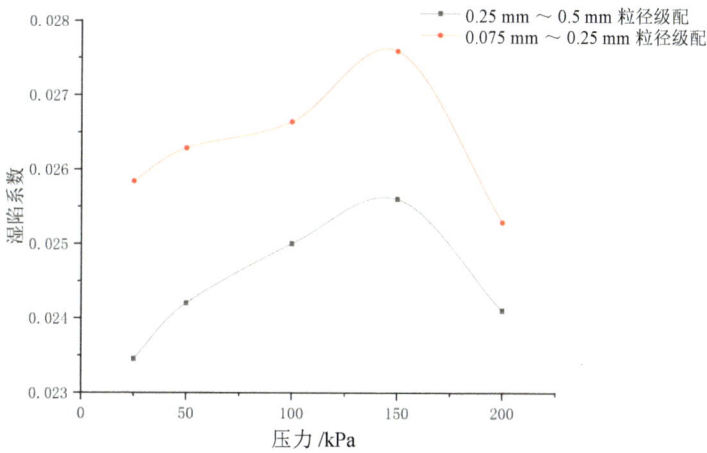

(l)　JSZH 6-1

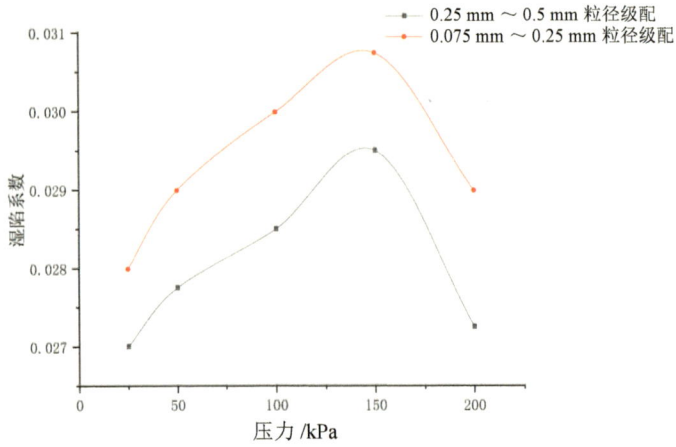

(m) JSZH 6-2

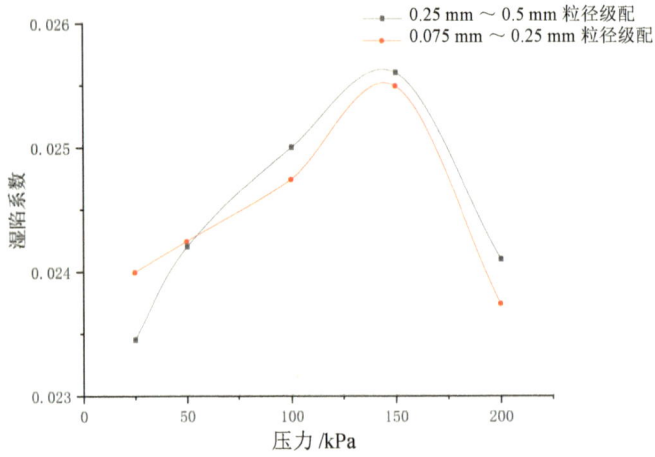

(n) JSZH 6-3

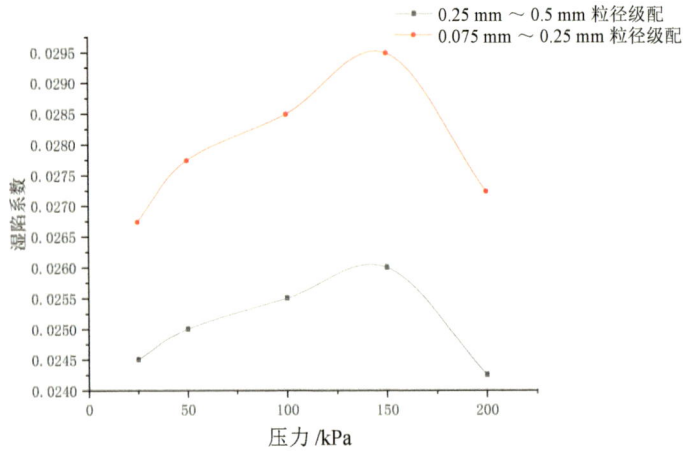

(o) JSZH 6-4

图 4-13　不同试验点湿陷系数随粒径级配变化曲线

统计不同试验点不同粒径级配粉细砂湿陷系数如表 4-13 所示。由表 4-13 可知，在干密度 1.4 g/cm³，含水率 2% 条件下，粒径级配由 0.075 mm ～ 0.25 mm 增加到 0.25 mm ～ 0.5 mm 时，不同试验点粉细砂湿陷系数降幅范围为 1.9% ～ 11.8%。最大降幅为 JSZH 3-1 试验点，最小降幅为 JSZH 2-1、JSZH 2-2 试验点，不同试验点不同粒径级配粉细砂湿陷系数均大于 0.015。在干密度 1.4 g/cm³，含水率 2% 的试验条件下，粒径级配的增加不会使粉细砂由湿陷转变为无湿陷。

表 4-13　不同试验点不同粒径级配粉细砂湿陷系数及其变化幅值

试验点	粒径级配 0.25 mm ～ 0.5 mm 的湿陷系数	粒径级配 0.075 mm ～ 0.25 mm 的湿陷系数	降幅 /%
JSZH 1-1	0.029	0.02625	9.5
JSZH 1-2	0.0295	0.0275	6.8
JSZH 2-1	0.0265	0.026	1.9
JSZH 2-2	0.02625	0.02575	1.9
JSZH 3-1	0.0275	0.02425	11.8
JSZH 3-2	0.028	0.02625	6.3
JSZH 4-1	0.031	0.02825	8.9
JSZH 4-2	0.0295	0.02875	2.5
JSZH 5-1	0.02725	0.02575	5.5
JSZH 5-2	0.02975	0.02825	5.0
JSZH 5-3	0.02375	0.02275	4.2
JSZH 6-1	0.0273	0.0265	2.9
JSZH 6-2	0.029	0.02725	6.0
JSZH 6-3	0.028	0.0271	3.2
JSZH 6-4	0.02725	0.02425	11.0

4.4.5　相对密实度影响及其规律

考虑相对密实度对粉细砂湿陷性影响，采取单一变量法，在含水率 2%，粒径级配 0.25 mm ～ 0.5 mm 的试验条件下，绘制不同试验点不同压力下湿陷系数与相对密实度变化关系曲线如图 4-14 所示。由图可知，不同试验点粉细砂湿陷系数随相对密实度的增大迅速减小，减小的幅度较明显，这与湿陷系数随干实度的变化规律相似。

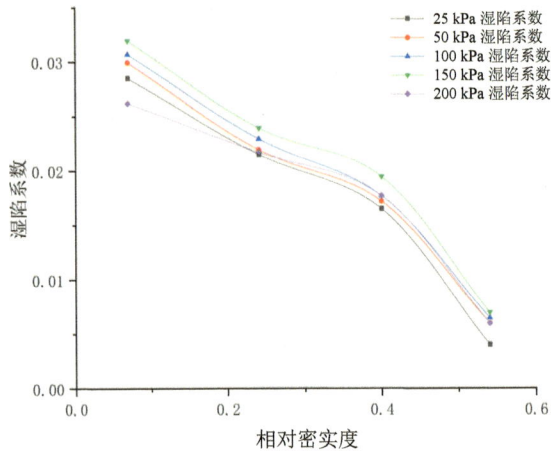

(a) JSZH 1-1

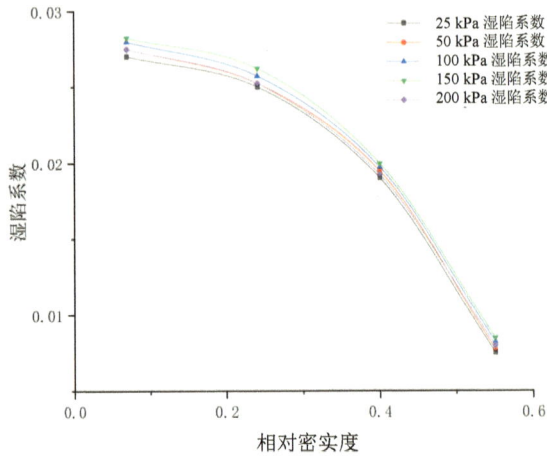

(b) JSZH 1-2

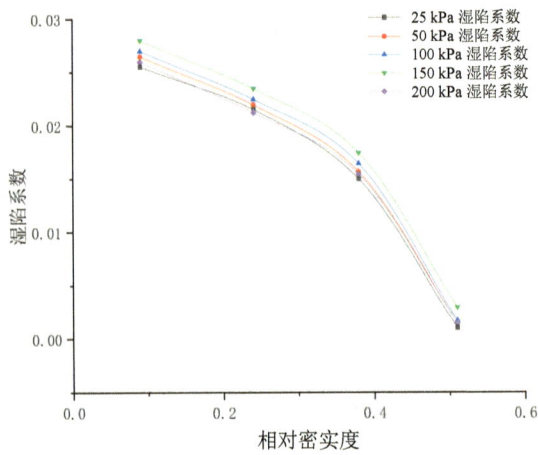

(c) JSZH 2-1

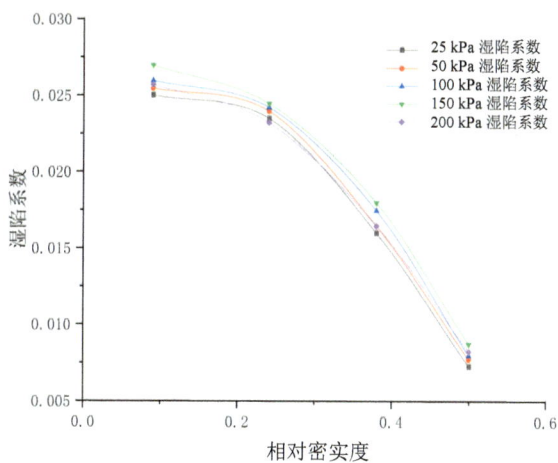

(d)　JSZH 2-2

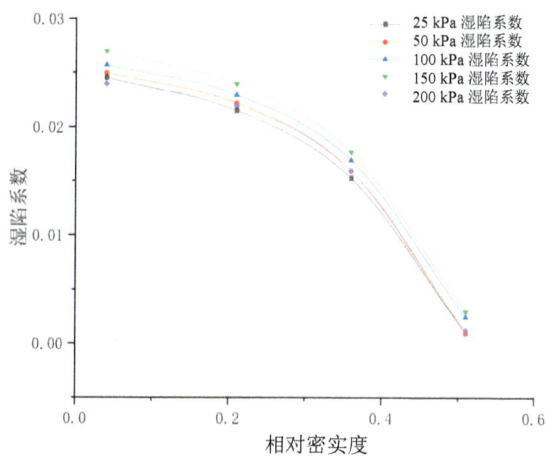

(e)　JSZH 3-1

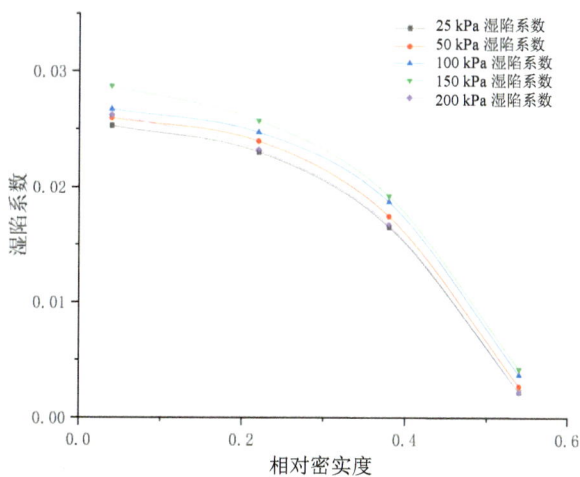

(f)　JSZH 3-2

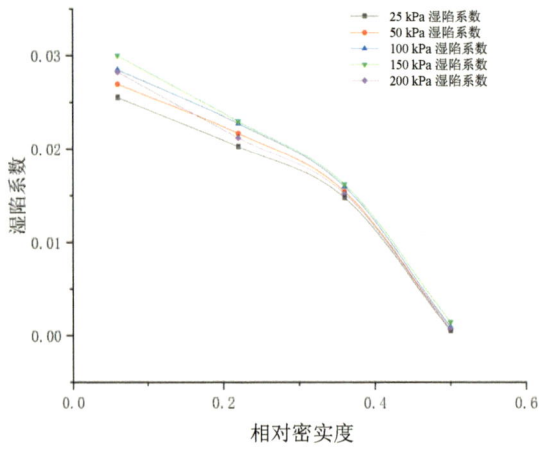

(g) JSZH 4-1

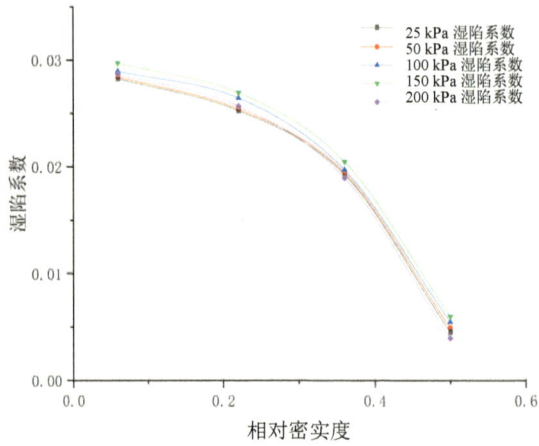

(h) JSZH 4-2

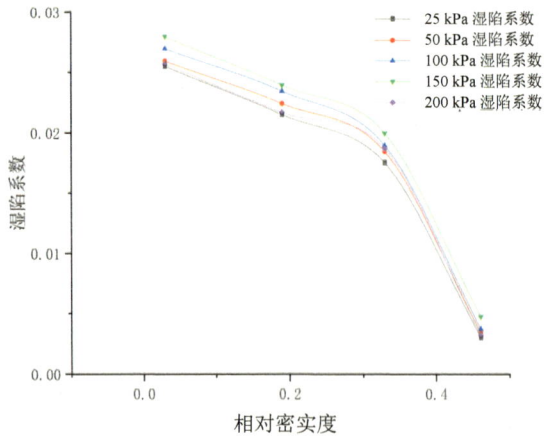

(i) JSZH 5-1

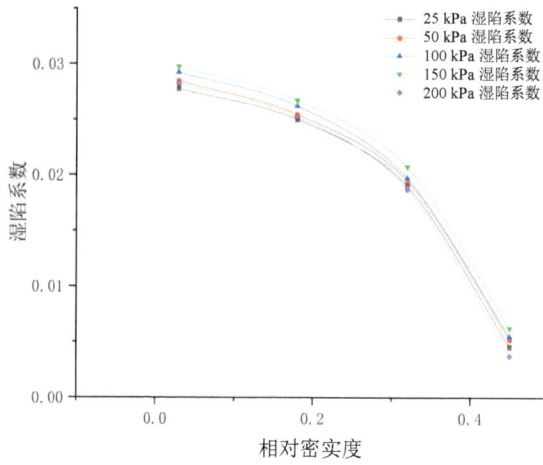

(j) JSZH 5-2

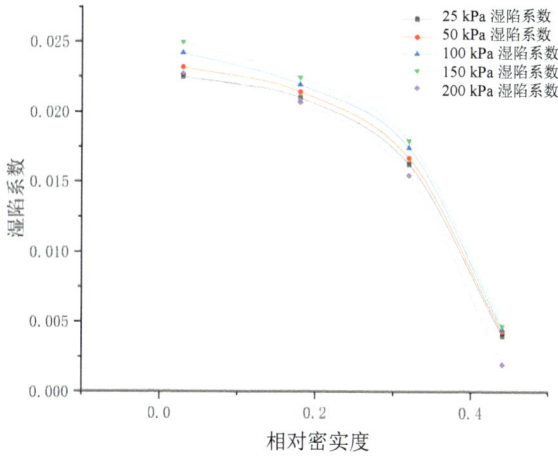

(k) JSZH 5-3

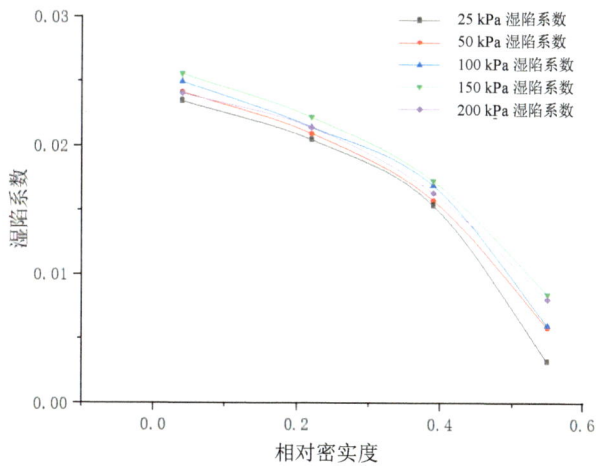

(l) JSZH 6-1

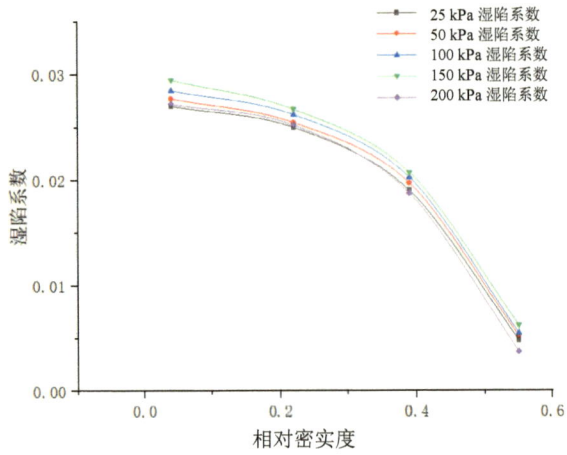

(m) JSZH 6-2

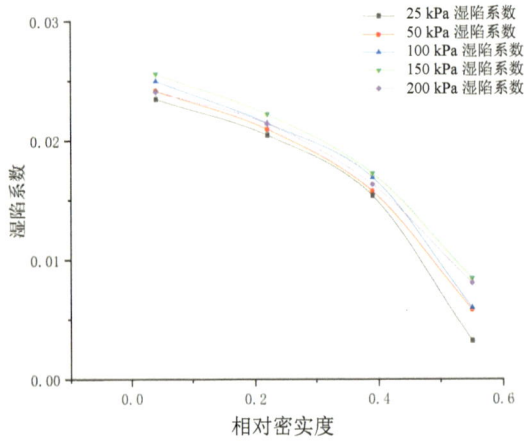

(n) JSZH 6-3

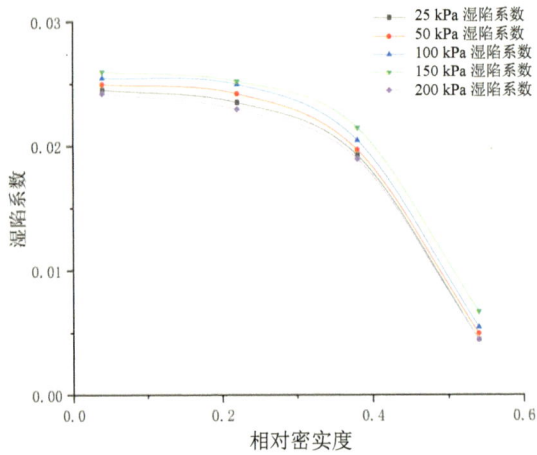

(o) JSZH 6-4

图 4-14　不同试验点湿陷系数随相对密实度变化曲线

在上述条件下，不同试验点湿陷系数随相对密实度变化规律具有一定差异性：JSZH 1-1 试验点相对密实度大于 54%，JSZH 1-2 试验点相对密实度大于 55%，JSZH 2-1 试验点相对密实度大于 51%，JSZH 2-2 试验点相对密实度大于 50%，JSZH 3-1 试验点相对密实度大于 51%，JSZH 3-2 试验点相对密实度大于 54%，JSZH 4-1 试验点相对密实度大于 50%，JSZH 4-2 试验点相对密实度大于 50%，JSZH 5-1 试验点相对密实度大于 46%、JSZH 5-2 试验点相对密实度大于 45%、JSZH 5-3 试验点相对密实度大于 44%，JSZH 6-1 试验点相对密实度大于 55%，JSZH 6-2 试验点相对密实度大于 55%，JSZH 6-3 试验点相对密实度大于 55% 大于 55%，JSZH 6-4 试验点相对密实度大于 54%，由此可知相对密实度是影响粉细砂湿陷性的主要因素之一。

本 章 小 结

本章通过在 6 个试验场地 15 个试验点进行 3990 组原状样湿陷试验、重塑样室内湿陷试验，研究了毛乌素沙漠粉细砂湿陷特性，并将原状样湿陷试验结果与现场浸水载荷湿陷试验结果进行了对比，将重塑样湿陷试验结果与原状样湿陷试验结果进行了对比，验证了毛乌素沙漠粉细砂湿陷性及重塑粉细砂湿陷试验方法的合理性。在此基础上采用单一变量法，揭示了影响粉细砂湿陷性的因素及其规律，提出了影响毛乌素粉细砂湿陷性因素的阈值，试验可为毛乌素沙漠粉细砂数值模拟提供数据基础。室内湿陷试验研究表明：

(1) 不同试验点室内原状样湿陷试验与现场浸水载荷湿陷试验的湿陷系数基本一致，最大差值小于 1%，两种试验方法得到的不同试验点的湿陷性一致；现场浸水载荷湿陷试验 JSZH 1-1 试验点为中等湿陷，室内原状样湿陷试验 JSZH 1-1 试验点为轻微湿陷，其余浸水载荷湿陷试验点的湿陷程度均一致。

(2) 除 JSZH 6-2、JSZH 6-3、JSZH 6-4 试验点室内原状样的湿陷系数随试验压力增大而增大，其余试验点的湿陷系数随压力的增大呈现先增大后减小的趋势，加载压力为 150 kPa 时湿陷系数最大。

(3) 不同试验点原状样与重塑样粉细砂的湿陷等级相同，湿陷系数差值均小于 1%，差值范围为 0.05% ~ 0.55%，通过重塑样制样方法制备的重塑样可代表原状样试样的湿陷特性。

(4) 不同试验点粉细砂湿陷系数随压力的增大呈现先增大后减小的趋势，不同试验点粉细砂压力由 25 kPa 增加至 150 kPa 时，湿陷系数增幅范围为 5.3% ~ 13.9%，压力由 150 kPa 增加至 200 kPa 时，湿陷系数降幅范围为 3.4% ~ 18.0%。

(5) 不同试验点粉细砂湿陷系数随含水率的增大呈现减小的趋势，含水率由 2% 增加到 10% 时，湿陷系数降幅范围为 3.8% ~ 14.6%。

(6) 不同试验点粉细砂湿陷系数随干密度的增大呈现减小的趋势，干密度由 1.4 g/cm³ 增加到 1.55 g/cm³ 时，不同试验点粉细砂湿陷系数降幅范围为 68.0% ~ 97.3%，干密度为

1.55 g/cm³ 时所有试验点粉细砂均无湿陷性 (湿陷系数均小于 0.015)，干密度为 1.55 g/cm³ 是粉细砂有无湿陷的临界值。

(7) 不同试验点粉细砂湿陷系数随粒径级配的增大呈现出减小的趋势，粒径级配由 0.075 mm ～ 0.25 mm 增加到 0.25 mm ～ 0.5 mm 时，不同试验点粉细砂湿陷系数降幅范围 为 1.9% ～ 11.8%。

(8) 不同试验点粉细砂湿陷系数随相对密实度的增大迅速减小，减小的幅值较明显，与湿陷系数随干实度的变化规律相似。

第5章 毛乌素沙漠粉细砂湿陷性数值模拟

　　室内湿陷试验和现场浸水载荷湿陷试验可对毛乌素沙漠粉细砂湿陷性进行较为系统的研究，但现场浸水载荷湿陷试验成本较高，室内湿陷试验对试样有一定程度的扰动。基于颗粒流数值模拟方法进行粉细砂湿陷试验模拟，可有效避免上述问题，进而对粉细砂湿陷性有更深层次的认识。在进行粉细砂湿陷试验数值模拟之前，首先需确定与粉细砂宏观参数相对应的细观参数体系，建立适用于毛乌素沙漠粉细砂湿陷性的数值模型。

　　本章在第3章现场浸水载荷湿陷试验和第4章室内湿陷试验研究的基础上，采用三维颗粒流软件 (PFC3D)，以现场浸水载荷湿陷及原状样和重塑样粉细砂室内湿陷试验结果为依据，构建粉细砂宏观物理力学参数与细观参数的关系，建立适用于毛乌素沙漠粉细砂湿陷性的数值模拟模型，通过颗粒流数值模拟试验揭示影响粉细砂湿陷性的因素及规律，研究结果可为毛乌素沙漠粉细砂湿陷性的研究提供新的思路，为粉细砂湿陷性的判别提供依据。

5.1　数值模拟概况

　　Cundall 和 Hart(1992) 定义 PFC(Particle Flow Code) 作为离散单元的一种数值模拟方法，允许在相互离散的实体间发生有限的位移和旋转 (包括彼此完全的分离)，并且能在计算过程中重新构成新的接触。相比于一般的离散单元方法 (DEM，处理不规则形状颗粒的方法)，PFC 数值模拟方法被称为简化的离散单元方法，其计算单元为圆形刚性颗粒或球体，基本思想是采用介质中最基本的单元颗粒，以及介质中最基本的力学关系——牛顿第二定律来描述介质的复杂力学行为。岩土工程中研究的大部分散体介质，比如岩石、砂土和粉土等，其变形主要是由于内部介质发生相对的滑动、滚动或者由于软弱界面的张开或闭合产生的，而不是由自身的变形导致的。因此，采用 PFC 数值模拟方法在模拟粉细砂数值的过程中作了如下假设：

(1) 颗粒单元为刚性体，本身不会破坏；

(2) 接触发生在很小的范围内，即点接触；

(3) 接触特性为柔性接触，接触处允许有一定的"重叠"量；

(4) "重叠"量的大小与接触力大小有关，与颗粒大小相比，"重叠"量很小；

(5) 接触处可以有黏结强度；

(6) 所有的颗粒是圆形 (PFC2D) 或球体 (PFC3D)，也可以用簇逻辑机理生成任意形状的超级颗粒。每一个簇单元可作为由一系列颗粒重叠而成的边界可以变形的刚体。

PFC 数值模拟方法中，颗粒间的相互作用被处理成随模型内颗粒接触力之间平衡状态而发展的一种动态过程。通过跟踪颗粒组合体内各个颗粒的运动来确定颗粒的接触力和位移。颗粒的运动采用时间步骤算法实现，在每一计算时间步骤里，速度和加速度是常量。求解时采用显式差分法，基本思路是选择足够小的时间步骤，以至于在每一时间步骤内颗粒间的扰动只影响到与其相邻的颗粒单元或者墙体单元。颗粒流理论在整个计算循环过程中，交替应用力—位移定律和牛顿运动定律。通过力—位移定律更新接触部分的接触力，通过牛顿运动定律，更新颗粒—颗粒与颗粒—边界的位置，达到新的平衡状态。PFC 数值模拟的具体计算流程如图 5-1 所示。

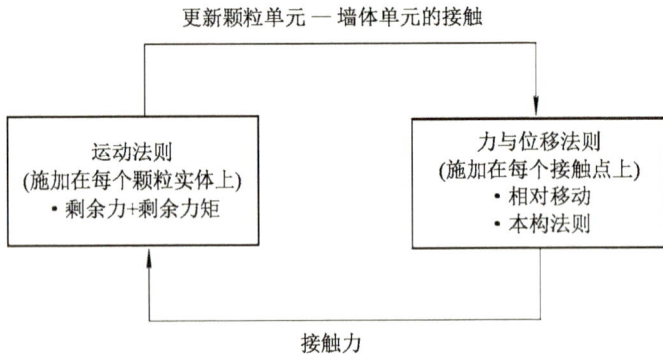

图 5-1 PFC 数值模拟计算流程

5.2 数值模拟原理

5.2.1 力与位移的相互关系

颗粒流理论中，颗粒与颗粒之间的接触会产生力的作用。将此力 F_i 分为法向力 F_i^n 和切向力 F_i^s，表示为

$$F_i = F_i^n + F_i^s \tag{5.1}$$

式中，$\boldsymbol{F}_i^{\mathrm{n}}$ 为法向作用力，可表示为

$$\boldsymbol{F}_i^{\mathrm{n}} = \boldsymbol{K}^{\mathrm{n}} \boldsymbol{U}^{\mathrm{n}} \boldsymbol{n}_i \tag{5.2}$$

式中，$\boldsymbol{K}^{\mathrm{n}}$ 为接触点处的法向刚度，属于割线模量，与总位移和力对应；$\boldsymbol{U}^{\mathrm{n}}$ 为法向位移量，在颗粒—颗粒接触时为 $R^{[A]} + R^{[A]} - d$，颗粒—墙体接触时为 $R^{[b]} - d$，描述如下

$$U^n = \begin{cases} R^{[A]} + R^{[A]} - d \\ R^{[b]} - d \end{cases} \tag{5.3}$$

式中，$R^{[\psi]}$ 为颗粒实体 ψ 的半径；$\boldsymbol{n}_i$ 为颗粒—颗粒接触面上的单位法向向量，如图 5-2(a) 所示，可以写为

$$n_i = \frac{x_i^{[B]} + x_i^{[A]}}{d} \tag{5.4}$$

式中，$\boldsymbol{x}_i^{[A]}$、$\boldsymbol{x}_i^{[B]}$ 分别是颗粒实体 A、B 的中心位置向量；d 为颗粒—颗粒接触时两颗粒实体的中心距离。d 可表示为

$$d = \left| \boldsymbol{x}_i^{[B]} - \boldsymbol{x}_i^{[A]} \right| = \sqrt{\left(x_i^{[B]} - x_i^{[A]} \right)\left(x_i^{[B]} - x_i^{[A]} \right)} \tag{5.5}$$

接触点的位置表述为

$$\boldsymbol{x}_i^{[C]} = \begin{cases} \boldsymbol{x}_i^{[B]} + \left(R^{[A]} - \dfrac{1}{2} U^{\mathrm{n}} \right) \boldsymbol{n}_i \\[2ex] \boldsymbol{x}_i^{[b]} + \left(R^{[b]} - \dfrac{1}{2} U^{\mathrm{n}} \right) \boldsymbol{n}_i \end{cases} \tag{5.6}$$

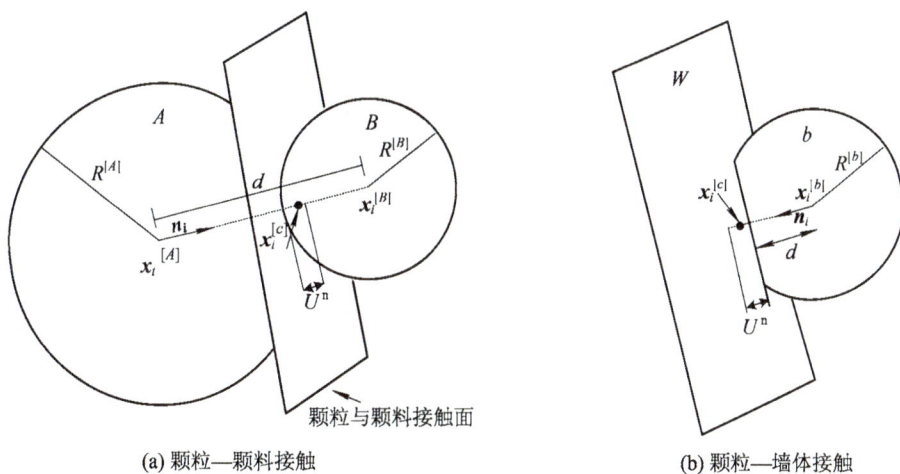

(a) 颗粒—颗料接触　　　　　　　　　　(b) 颗粒—墙体接触

图 5-2　PFC 数值计算接触模型

对于颗粒—墙体接触情况，n_i 是沿着颗粒中心到墙的最短距离 d 的方向 (图 5-2b) 矢量，其范围是通过映射颗粒的中心到墙体所构成的区域，具体示例如图 5-3 所示。

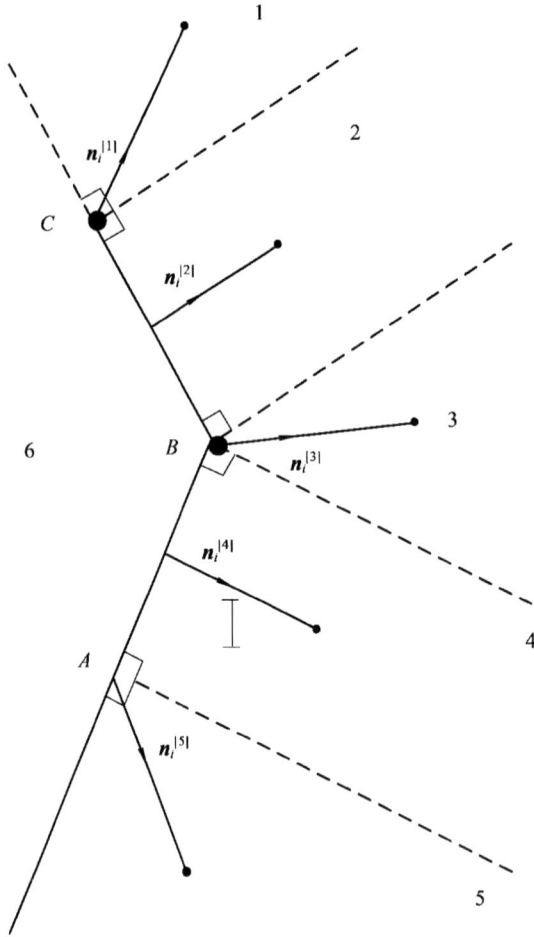

图 5-3　PFC 数值计算接触模型示例

接触位置的变化是在每一时步计算新的 n_i 和 $x_i^{[C]}$，因为切向作用力 F_i^s 是作为全局坐标里的一个向量，随着接触位置的变动而不断变化的，F_i^s 分为以下两种情况：

(1) 新老接触平面共有的交界线，F_i^s 可表示为

$$\left\{F_i^s\right\}_{\text{rot.1}} = F_j^s\left(\delta_{ij} - e_{ijk}e_{kmn}n_m^{[老]}n_n^{[新]}\right) \tag{5.7}$$

式中，F_j^s 是 F^s 在 j 方向的分量；δ_{ij} 是克罗内克函数，该函数一般用于角标置换操作；e_{ijk}、e_{kmn} 分别为老接触平面、新接触平面的三阶张量；$n_m^{[老]}$ 是上一时步接触面的单位法线向量；$n_n^{[新]}$ 是新接触面的单位法线向量。

(2) 新的法线方向，F_i^s 可表示为

$$\left\{\boldsymbol{F}_i^{\mathrm{s}}\right\}_{\mathrm{rot.2}}=\left\{\boldsymbol{F}_i^{\mathrm{s}}\right\}_{\mathrm{rot.1}}\left(\delta_{ij}-e_{ijk}\left\{\omega_k\right\}\Delta t\right) \tag{5.8}$$

式中，Δt 为计算时步，ω_k 为两个接触实体在新的法线方向的平均角速度。

两个接触实体在新的法线方向的平均角速度可表示为

$$\langle\omega_k\rangle=\frac{1}{2}\left(\omega_j^{\left[\psi^1\right]}+\omega_i^{\left[\psi^2\right]}\right)n_j n_i \tag{5.9}$$

式中，$\omega_j^{\left[\psi^1\right]}$ 为实体 ψ^1 的转动速度在 j 方向的分量，$\omega_i^{\left[\psi^2\right]}$ 为实体 ψ^2 的旋转速度在 i 方向的分量，n_i、n_j 分别为新法线方向在 i、j 方向的分量。

两接触实体可表示为

$$\left\{\psi^1,\psi^2\right\}=\begin{cases}\{A,B\},\left(\text{对颗粒}-\text{颗粒}\right)\\\{b,w\},\left(\text{对颗粒}-\text{墙体}\right)\end{cases} \tag{5.10}$$

实体 A 相对实体 B 在接触点处的速度和实体 b 相对墙体 w 的速度表达为

$$\begin{aligned}V_i&=\left(\boldsymbol{x}_i^{[C]}\right)_{\psi^2}-\left(\boldsymbol{x}_i^{[C]}\right)_{\psi^1}\\&=\left(\boldsymbol{x}_i^{\left[\psi^2\right]}+e_{ijk}\omega_j^{\left[\psi^2\right]}\left(\boldsymbol{x}_k^{[C]}-\boldsymbol{x}_k^{\left[\psi^2\right]}\right)\right)-\left(\boldsymbol{x}_i^{\left[\psi^1\right]}+e_{ijk}\omega_j^{\left[\psi^1\right]}\left(\boldsymbol{x}_k^{[C]}-\boldsymbol{x}_k^{\left[\psi^1\right]}\right)\right)\end{aligned} \tag{5.11}$$

式中，$\left(\boldsymbol{x}_i^{[C]}\right)_{\psi^2}$ 为接触点在实体 ψ^2 上的位置；$\left(\boldsymbol{x}_i^{[C]}\right)_{\psi^1}$ 为接触点在实体 ψ^1 上的位置；$\boldsymbol{x}_i^{\left[\psi^2\right]}$ 为实体 ψ^2 平动速度在 i 方向的分量；$\omega_j^{\left[\psi^2\right]}$ 为实体 ψ^2 转动速度在 j 方向的分量；$\boldsymbol{x}_k^{[C]}$ 为接触点位置在 k 方向的分量；$\boldsymbol{x}_k^{\left[\psi^2\right]}$ 为实体 ψ^2 平动速度在 k 方向的分量；$\boldsymbol{x}_i^{\left[\psi^1\right]}$ 为实体 ψ^1 平动速度在 i 方向的分量；$\boldsymbol{x}_k^{\left[\psi^1\right]}$ 为实体 ψ^1 平动速度在 k 方向的分量。

接触速度 V_i 在接触平面内可以分解为法向速度和切向速度，分别用 V_i^{n} 和 V_i^{s} 表示，其中 V_i^{s} 的表达式为

$$V_i^{\mathrm{s}}=V_i-V_i^{\mathrm{n}}=V_i-V_j^{\mathrm{n}}n_j n_i \tag{5.12}$$

切向作用力与位移的代数关系可写为

$$\Delta\boldsymbol{F}_i^{\mathrm{s}}=-k^{\mathrm{s}}\Delta\boldsymbol{U}_i^{\mathrm{s}} \tag{5.13}$$

式中，k^{s} 为切向刚度，属于切线模量，与位移和力的增量对应；$\Delta\boldsymbol{U}_i^{\mathrm{s}}$ 为切向位移增量。

切向位移增量可以写为

$$\Delta\boldsymbol{U}_i^{\mathrm{s}}=V_i^{\mathrm{s}}\Delta t \tag{5.14}$$

式中，V_i^{s} 为切向接触速度，Δt 为计算时步。

切向作用力可表示为

$$F_i^s = \left\{ F_i^{s[老]} \right\}_{rot.2} + \Delta F_i^s \tag{5.15}$$

式中，$F_i^{s[老]}$ 为上一时步的切向作用力，ΔF_i^s 为切向作用力增量。

因此，在每一计算时步结束，有

$$\begin{cases} F_i^{[\psi^1]} \leftarrow F_i^{[\psi^1]} - F_i \\ F_i^{[\psi^2]} \leftarrow F_i^{[\psi^2]} + F_i \\ M_i^{[\psi^1]} \leftarrow M_i^{[\psi^1]} - e_{ijk} \left(x_j^{[C]} - x_j^{[\psi^1]} \right) F_k \\ M_i^{[\psi^2]} \leftarrow M_i^{[\psi^2]} + e_{ijk} \left(x_j^{[C]} - x_j^{[\psi^2]} \right) F_k \end{cases} \tag{5.16}$$

式中，$F_i^{[\psi^1]}$ 为实体 ψ^1 的力在 i 方向的分量，F_i 为接触力在 i 方向的分量，$F_i^{[\psi^2]}$ 为实体 ψ^2 的力在 i 方向的分量，$M_i^{[\psi^1]}$ 为实体 ψ^1 的弯矩在 i 方向的分量，$x_j^{[C]}$ 为接触点位置在 j 方向的分量，$x_j^{[\psi^1]}$ 为实体 ψ^1 平动速度在 j 方向的分量，F_k 为接触力在 k 方向的分量，$M_i^{[\psi^2]}$ 为实体 ψ^2 的弯矩在 i 方向的分量，$x_j^{[\psi^2]}$ 为实体 ψ^2 平动速度在 j 方向的分量。

5.2.2　模型颗粒的运动法则

每一个颗粒的运动是由不平衡力与不平衡力矩决定的，颗粒的运动可以用颗粒内一点的线速度与颗粒的角速度来描述。运动方程由两组向量方程表示，一组是不平衡力与平动的关系，表达式为

$$F_i = m(\ddot{x}_i + g_i) \tag{5.17}$$

式中，F_i 为不平衡力（剩余力或合力）；m 为实体总质量；$\ddot{x}_i$ 为颗粒内一点的平动速度的二阶导数，即颗粒内一点的加速度；g_i 为体积力加速度（如重力加速度等）。

另一组表示不平衡力矩与旋转运动的关系，表达式为

$$M_i = \dot{H}_i \tag{5.18}$$

式中，M_i 为不平衡力矩；$\dot{H}_i$ 为角动量 H_i 的一阶导数。

在局部坐标系，式 (5.18) 用欧拉方程可以写为

$$\begin{cases} M_1 = I_2 \omega_1 + (I_3 - I_2) \omega_3 \omega_2 \\ M_2 = I_2 \omega_2 + (I_1 - I_3) \omega_3 \omega_1 \\ M_3 = I_3 \omega_3 + (I_2 - I_1) \omega_1 \omega_2 \end{cases} \tag{5.19}$$

式中，I_1、I_2 和 I_3 分别是颗粒实体三个方向的主惯性矩；$\dot{\omega}_1$、$\dot{\omega}_2$ 和 $\dot{\omega}_3$ 为主轴角加速度；ω_1、ω_2 和 ω_3 为主轴角速度；M_1、M_2 和 M_3 为主轴不平衡力矩。

对于三维球颗粒，因为其中心对称的特性，所以三个主轴不平衡力都是相等的，这样式 (5.19) 可以简写为

$$M_i = I\omega_i = \left(\beta m R^2 \right) \omega_i \tag{5.20}$$

式中，I 为颗粒实体的主惯性矩；ω_i 为颗粒实体的角速度；β 为因子，当数值模型是二维情况时，取 $\frac{1}{2}$；当数值模型是三维情况时，取 $\frac{2}{5}$；m 为颗粒质量；R 为颗粒半径。

求解运动方程 (5.17) 和 (5.20)，通过中心有限差分方程在时步 Δt 内积分。其中，变量 $\dot{x}_i$ 和 ω_1 通过在每一个中间时步 $t \pm \frac{n\Delta t}{2}$ 得到。同时，变量 x_i、$\ddot{x}_i$、$\dot{\omega}_i$、F_i 和 M_i 在每一个时步 $t \pm n\Delta t$ 处计算得到。如计算 $\ddot{x}_i$ 和 $\dot{\omega}_i$ 如下

$$\begin{cases} \ddot{x}_i^{(t)} = \dfrac{1}{\Delta t} \left(\dot{x}_i^{(t+\Delta t/2)} - \dot{x}_i^{(t-\Delta t/2)} \right) \\ \dot{\omega}_i^{(t)} = \dfrac{1}{\Delta t} \left(\omega_i^{(t+\Delta t/2)} - \omega_i^{(t-\Delta t/2)} \right) \end{cases} \tag{5.21}$$

将上式代入式 (5.17) 和式 (5.20) 计算在时间 $t \pm \dfrac{\Delta t}{2}$ 处的速度，为

$$\begin{cases} \dot{x}_i^{(t+\Delta t/2)} = \dot{x}_i^{(t-\Delta t/2)} + \left(\dfrac{F_i^{(t)}}{m} + g_i \right) \Delta t \\ \omega_i^{(t+\Delta t/2)} = \omega_i^{(t-\Delta t/2)} + \left(\dfrac{M_i^{(t)}}{I} \right) \Delta t \end{cases} \tag{5.22}$$

最后，求解得到的速度用来计算颗粒中心的新位置

$$x_i^{(t+\Delta t)} = x_i^{(t)} + \dot{x}_i^{(t+\Delta t)} \Delta t \tag{5.23}$$

将新的位置坐标代入作用力—位移法则，求解 $F_i^{(t+\Delta t)}$ 和 $M_i^{(t+\Delta t)}$。

5.2.3　初始边界条件的设置

在具体的数值计算模型中，必须要设置初始边界和初始条件。每个墙体单元由三个参数确定：平动速度 $\dot{x}_i^{[w]}$、转动速度 $\omega_i^{[w]}$ 和转动中心 $x_i^{[w]}$，它们是被直接赋予的数值。墙体上点 P 的运动位置更新如式 (5.23) 一样，点 P 的位置确定如下

$$\dot{x}_i^{[P]} = \dot{x}_i^{[W]} + e_{ijk} \omega_j^{[W]} \left(x_k^{[P]} - x_k^{[W]} \right) \tag{5.24}$$

式中，$\dot{x}_i^{[P]}$ 为点 P 的平动速度；$\dot{x}_i^{[W]}$ 为墙体单元的平动速度；$\omega_j^{[W]}$ 为墙体单元的转动速度在 j 方向的分量；$x_k^{[P]}$ 为点 P 的位置在 k 方向的分量；$x_k^{[W]}$ 为墙体单元转动中心的位置在 k 方向的分量。

对于颗粒实体，在质心施加作用力或力矩和初始速度（平动或转动）是通过初始化过程完成的。施加的初始作用力或力矩保持不变，在积分计算之前计入实体的合力和合力矩。

5.2.4 临界计算时步的确定

运动方程 (5.21) 和 (5.22) 的积分是通过中心有限差分法实现的。这些方程积分求解的过程，只有运行时步不超过临界时步时才是稳定的。因此必须采用一种简化方法在每一循环开始时确定临界时步。

1. 质点—弹簧系统计算稳定时步

首先，考虑一维质点—弹簧系统，如图 5-4 所示，质点质量为 m，弹簧刚度为 k。质点运动控制方程为

$$-kx = m\ddot{x} \tag{5.25}$$

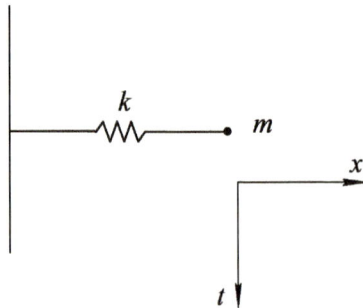

图 5-4 一维质点—弹簧系统

该系统的临界时步由二阶有限差分方式给出

$$t_{\text{crit}} = \frac{T}{\pi}; \quad T = 2\pi\sqrt{\frac{m}{k}} \tag{5.26}$$

式中，T 为系统周期。

对于无限系列的质点—弹簧系统（图 5-5），当系统内质点同步相对运行时，将产生最小的周期，此时弹簧中心不产生运动。无限系列的质点—弹簧系统里的一个质点运动能够被两个等价系统描述，如图 5-5(b) 和 5-5(c) 所示。这个系统的临界时步为

$$t_{\text{crit}} = 2\sqrt{\frac{m}{4k}} = \sqrt{\frac{m}{k}} \tag{5.27}$$

对于一般的无限系列的质点—弹簧系统而言，稳定准则方程为

$$t_{\text{crit}} = \begin{cases} \sqrt{\dfrac{m}{k^{\text{平动}}}} \\ \sqrt{\dfrac{I}{k^{\text{转动}}}} \end{cases} \tag{5.28}$$

式中，$k^{\text{平动}}$、$k^{\text{转动}}$ 分别是平动和转动刚度；I 为实体的惯性矩。

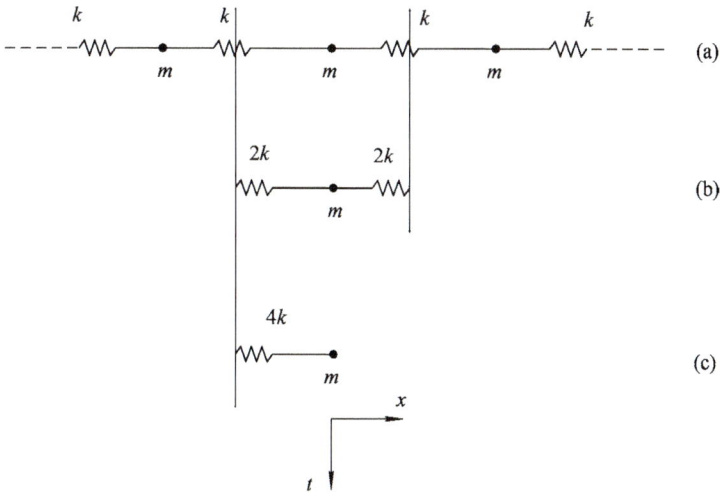

图 5-5　无限系列的质点—弹簧系统

2. 颗粒流系统计算稳定时步

PFC 模拟体系中，以三维颗粒流 PFC3D 为例，该系统由三维颗粒实体和弹簧组合而成，每一个颗粒的质量和刚度都可能不同，个体实体的临界时步可以由式 (5.28) 计算得到。假设颗粒之间的自由度不耦合，通过各个接触的贡献叠加确定刚度。最终系统的临界时步是通过所有颗粒不同自由度计算得到的最小值。

颗粒实体平动刚度和转动刚度与力和力矩增量引起的位移和转动增量有关，其矩阵形式为

$$\begin{Bmatrix} \Delta \boldsymbol{F}_1 \\ \Delta \boldsymbol{F}_2 \\ \Delta \boldsymbol{F}_3 \end{Bmatrix} = \begin{bmatrix} \bar{k}_{11} & \bar{k}_{12} & \bar{k}_{13} \\ \bar{k}_{21} & \bar{k}_{22} & \bar{k}_{23} \\ \bar{k}_{31} & \bar{k}_{32} & \bar{k}_{33} \end{bmatrix} \begin{Bmatrix} \Delta \boldsymbol{U}_1 \\ \Delta \boldsymbol{U}_2 \\ \Delta \boldsymbol{U}_3 \end{Bmatrix} \tag{5.29}$$

$$\begin{Bmatrix} \Delta \boldsymbol{M}_1 \\ \Delta \boldsymbol{M}_2 \\ \Delta \boldsymbol{M}_3 \end{Bmatrix} = \begin{bmatrix} \hat{k}_{11} & \hat{k}_{12} & \hat{k}_{13} \\ \hat{k}_{21} & \hat{k}_{22} & \hat{k}_{23} \\ \hat{k}_{31} & \hat{k}_{32} & \hat{k}_{33} \end{bmatrix} \begin{Bmatrix} \Delta \boldsymbol{\theta}_1 \\ \Delta \boldsymbol{\theta}_2 \\ \Delta \boldsymbol{\theta}_3 \end{Bmatrix} \tag{5.30}$$

平动刚度能够通过分解接触力，表示为与刚度有关的位移增量，其表达式为

$$\begin{aligned}
\Delta \boldsymbol{F}_i &= \Delta \boldsymbol{F}_i^{\mathrm{n}} + \Delta \boldsymbol{F}_i^{\mathrm{s}} \\
&= k^{\mathrm{n}} \Delta \boldsymbol{U}_i^{\mathrm{n}} + k^{\mathrm{s}} \Delta \boldsymbol{U}_i^{\mathrm{s}} \\
&= k^{\mathrm{n}} \left(\Delta \boldsymbol{U}^{\mathrm{n}} n_i \right) + k^{\mathrm{s}} \left(\Delta \boldsymbol{U}_i - \Delta \boldsymbol{U}^{\mathrm{n}} n_i \right) \\
&= \left(k^{\mathrm{n}} - k^{\mathrm{s}} \right) n_i \Delta \boldsymbol{U}^{\mathrm{n}} + k^{\mathrm{s}} \Delta \boldsymbol{U}_i \\
&= \left(k^{\mathrm{n}} - k^{\mathrm{s}} \right) n_i \Delta \boldsymbol{U}_j n_j + k^{\mathrm{s}} \Delta \boldsymbol{U}_i
\end{aligned} \tag{5.31}$$

转动刚度能够通过将弯矩增量写成半径向量（$\mathbf{R}\mathbf{n}_j$）与接触力的切线方向的叉积形式表述，表达式为

$$\Delta \boldsymbol{M}_i = e_{ijk} \left(\mathbf{R}\mathbf{n}_j \right) \Delta \boldsymbol{F}_k^{\mathrm{s}} = e_{ijk} \left(\mathbf{R}\mathbf{n}_j \right) \left(k^{\mathrm{s}} \Delta \boldsymbol{U}_k^{\mathrm{s}} \right) \tag{5.32}$$

式中，$\Delta \boldsymbol{F}_k^{\mathrm{s}}$ 为切向接触力，$\Delta \boldsymbol{U}_k^{\mathrm{s}}$ 为切向位移增量。

切向位移增量可以写成旋转增量和半径向量的叉积，表达式为

$$\Delta \boldsymbol{U}_k^{\mathrm{s}} = e_{ijk} \Delta \theta_l \left(\mathbf{R}\mathbf{n}_m \right) \tag{5.33}$$

将式 (5.33) 代入式 (5.32) 得

$$\Delta \boldsymbol{M}_i = R^2 k^{\mathrm{s}} \left(\Delta \theta_i - \Delta \theta_j n_j n_i \right) \tag{5.34}$$

上面是接触黏结情况，对于平行黏结情况，同上的推理可得到

$$\begin{cases}
\Delta \boldsymbol{F}_i = A \left\{ \left(\overline{k}^{\mathrm{n}} - \overline{k}^{\mathrm{s}} \right) n_i \Delta \boldsymbol{U}_j n_j + \overline{k}^{\mathrm{s}} \Delta \boldsymbol{U}_i \right\} \\
\Delta \overline{\boldsymbol{M}}_i = A \left\{ R^2 \overline{k}^{\mathrm{s}} \left(\Delta \theta_i - \Delta \theta_j n_j n_i \right) \right\} + \left(J \overline{k}^{\mathrm{s}} - I \overline{k}^{\mathrm{n}} \right) n_i \Delta \theta_j n_j + I \overline{k}^{\mathrm{n}} \Delta \theta_i
\end{cases} \tag{5.35}$$

式中，A 表示黏结圆盘的面积；J 表示圆盘断面极惯性矩；I 表示圆盘断面沿着接触点到 $\Delta \theta_i^{\mathrm{s}}$ 方向的惯性矩。

式 (5.28) 中的刚度可以近似于式 (5.29) 中的对角项。将式 (5.31)、(5.32)、(5.36) 和式 (5.29) 比较，平动刚度和转动刚度能够用一般自由度（i）表示为

$$\begin{cases}
k_{(i)}^{\text{平动}} \approx \overline{k}_{(ii)} = \left[\left(k^{\mathrm{n}} - k^{\mathrm{s}} \right) n_{(i)}^2 + k^{\mathrm{s}} \right] + \left[A \left\{ \left(\overline{k}^{\mathrm{n}} - \overline{k}^{\mathrm{s}} \right) n_{(i)}^2 + \overline{k}^{\mathrm{s}} \right\} \right] \\
k_{(i)}^{\text{转动}} \approx \hat{k}_{(ii)} = \left[R^2 k^{\mathrm{s}} \left(1 - n_{(i)}^2 \right) \right] + \left[A \left\{ R^2 \overline{k}^{\mathrm{s}} \left(1 - n_{(i)}^2 \right) \right\} + \left(J \overline{k}^{\mathrm{s}} - I \overline{k}^{\mathrm{n}} \right) n_{(i)}^2 + I \overline{k}^{\mathrm{n}} \right]
\end{cases} \tag{5.36}$$

式中下角标用括号括起，是为了将向量区分开来，这样在进行爱因斯坦求和时就不对重复的下角标起作用。

5.2.5　微分密度缩放比例

PFC 模型可以自动确定临界时步，这对稳定态或非稳定态问题都是一种有效的解题途径。但是如果仅对稳定态求解（所有的颗粒加速度为零或颗粒加速度达到稳态流动状态），

引入微分密度缩放比例时，在每一循环时步开始前修改每个颗粒单元的惯性质量，就可以满足稳定准则方程式，此时，运动方程 (5.17) 和 (5.18) 改写为

$$F_i = \left(m^i \right) \ddot{x}_i - \left(m^g \right) g_i \tag{5.37}$$

$$M_i = I \dot{\omega}_i = \beta \left(m^i \right) R^2 \dot{\omega}_i \tag{5.38}$$

式中，m^i 和 m^g 分别是惯性质量和重力质量；m^g 总是等于颗粒实体的真实质量。

在不考虑微分密度缩放比例的情况下，$m^i = m^g$，这样一来有限差分方程描述速度式 (5.22) 可改写为

$$\begin{cases} \dot{x}_i^{\left(t+\frac{\Delta t}{2}\right)} = \dot{x}_i^{\left(t-\frac{\Delta t}{2}\right)} + \left(\dfrac{F_i^{(t)}}{m^i} + \left(\dfrac{m^g}{m^i} \right) g^i \right) \Delta t \\[4mm] \omega_i^{\left(t+\frac{\Delta t}{2}\right)} = \omega_i^{\left(t-\frac{\Delta t}{2}\right)} + \left(\dfrac{M_i^{(t)}}{\beta(m^i) R^2} \right) \Delta t \end{cases} \tag{5.39}$$

5.2.6　数值计算本构模型

PFC 中材料的本构特性是通过颗粒实体接触本构模型来模拟的。每一个颗粒的接触本构模型由刚度模型、线性接触模型、滑动模型和黏结模型组成。刚度模型提供了接触力和相对位移的弹性关系，线性接触模型通过设定颗粒接触的法向割线刚度和切向切线刚度将颗粒间的接触力与相对位移联系了起来，滑动模型则强调切向和法向接触力使得接触颗粒可以发生相对移动，黏结模型是在总的切向力和法向力不超过最大黏结强度范围内发生接触。

1. 刚度模型

刚度模型描述了法向和切向接触力与相对位移的关系，法向刚度是割线刚度，式 (5.2) 可写为

$$F_i^n = K^n U^n n_i \tag{5.40}$$

式中，K^n 为接触点的法向刚度，属于割线模量，与总位移和力相对应；U^n 为法向位移量（颗粒—颗粒或颗粒—墙体的变形重叠量）。

切向作用力与位移的代数关系可写为

$$\Delta F_i^s = -k^s \Delta U_i^s \tag{5.41}$$

式中，k^s 为切向刚度，属于切线模量，与位移和力的增量对应；ΔU_i^s 为切向位移增量。

2. 线性接触模型

线性接触模型是指两个具有法向刚度 k^n [力/位移] 和切线刚度 k^s [力/位移] 的接触实体通过串联接触的方式相互作用的模型，该模型的法向接触割线模量可写为

$$K^{\mathrm{n}} = \frac{k_{\mathrm{n}}^{[A]} k_{\mathrm{n}}^{[B]}}{k_{\mathrm{n}}^{[A]} + k_{\mathrm{n}}^{[B]}} \tag{5.42}$$

接触剪切向的刚度为

$$k^{\mathrm{s}} = \frac{k_s^{[A]} k_s^{[B]}}{k_s^{[A]} + k_s^{[B]}} \tag{5.43}$$

式中，角标 [A] 和 [B] 表示两个接触的实体。

对于线性接触模型而言，法向接触割线模量等于法向切线模量，则有如下关系成立：

$$k^{\mathrm{n}} = \frac{\mathrm{d}F^{\mathrm{n}}}{\mathrm{d}U^{\mathrm{n}}} = \frac{\mathrm{d}\left(K^{\mathrm{n}}U^{\mathrm{n}}\right)}{\mathrm{d}U^{\mathrm{n}}} = K^{\mathrm{n}} \tag{5.44}$$

3. 滑动模型

滑动模型在相互接触的颗粒之间没有法向和切向抗拉强度，该模型允许颗粒在其抗剪强度范围内发生滑动，该模型适合模拟颗粒间不存在黏结力的离散体材料（如砂土、堆石等）。其本构行为可以描述为

$$F_{\max}^{\mathrm{s}} = \mu \left| F_i^{\mathrm{n}} \right| \tag{5.45}$$

式中，μ 为颗粒的摩擦系数。

如果 $\left| F_i^{\mathrm{s}} \right| > F_{\max}^{\mathrm{s}}$，则颗粒发生滑动，在下一时步计算开始，通过下面公式设置 F_i^{s} 与 $F_{\max}^{\mathrm{s}}$ 相等。

$$F_i^{\mathrm{s}} \leftarrow F_i^{\mathrm{s}} \frac{F_{\max}^{\mathrm{s}}}{\left| F_i^{\mathrm{s}} \right|} \tag{5.46}$$

4. 黏结模型

黏结模型包括接触黏结模型与平行黏结模型。接触黏结只发生在接触点很小的范围内，而平行黏结发生在接触颗粒间圆形或方形的有限范围内。接触黏结只能传递力，而平行黏结同时能传递力和力矩。接触黏结和平行黏结的接触可以同时存在，直到超过接触强度。黏结模型只适用于颗粒之间的黏结，颗粒与墙之间的黏结不能采用黏结模型。

1) 接触黏结模型

可以将接触黏结想象为一对有恒定法向刚度与切向刚度的弹簧与颗粒在某点的接触，这对弹簧具有一定的抗拉强度与抗剪强度。只要接触黏结存在就不会有颗粒间的滑动产生，即切向接触力不满足式 (5.45)。接触黏结在颗粒间重叠量 $U^{\mathrm{n}} < 0$ 时，允许出现张力，但是法向接触张力不能超过接触黏结强度。接触黏结由法向黏结强度 F_c^{n} 和切向黏结强度 F_c^{s} 确定，其单位与力的单位相同。当法向抗拉接触力大于或等于法向接触黏结强度时，黏结破坏并且法向、切向接触力赋值为零，当切向接触力大于或等于切向黏结强度时，黏结也发

生破坏；假设切向力没有超过摩擦极限，法向接触力为压力，接触力不发生变化。接触黏结模型和滑动模型的点接触法向和切向接触力与相对位移在任意给定的时间内同时存在，接触力与位移关系如图 5-6 所示。图 5-6(a) 中，$\boldsymbol{F}^{n}$ 表示法向接触力，$\boldsymbol{F}^{n} > 0$ 则表示受到张力作用；$\boldsymbol{U}^{n}$ 表示相应的法向位移，$\boldsymbol{U}^{n} > 0$ 表示发生重叠。图 5-6(b) 中 $\boldsymbol{F}^{s}$ 表示总的切向接触力；$\boldsymbol{U}^{s}$ 表示总的切向位移量。

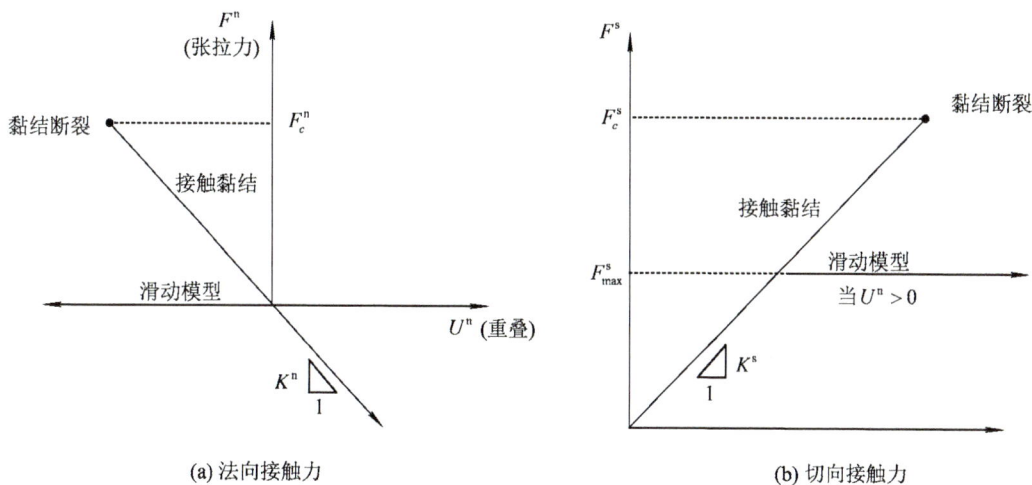

图 5-6　点接触黏结本构行为的图解分析

2) 平行黏结模型

平行黏结模型可以描述颗粒之间有限范围内有填充胶合材料的本构特性，平行黏结建立在两个颗粒（球体或柱体）之间。可以将平行黏结想象为一组有恒定法向刚度与切向刚度的弹簧在接触面内均匀分布，这组弹簧作用的本构关系类似于点接触弹簧模拟颗粒刚度的本构特性，平行黏结模型描述固定尺寸黏结弹性材料示意图如图 5-7 所示。

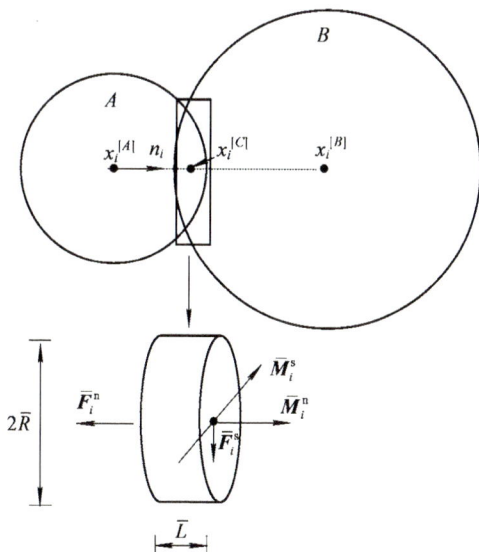

图 5-7　平行黏结模型描述固定尺寸黏结弹性材料示意图

接触力与弯矩可以写成法向和切向的分量，具体表示为

$$\begin{cases} \bar{\boldsymbol{F}}_i = \bar{\boldsymbol{F}}_i^{\mathrm{n}} + \bar{\boldsymbol{F}}_i^{\mathrm{s}} \\ \bar{\boldsymbol{M}}_i = \bar{\boldsymbol{M}}_i^{\mathrm{n}} + \bar{\boldsymbol{M}}_i^{\mathrm{s}} \end{cases} \tag{5.47}$$

式中，$\bar{\boldsymbol{F}}_i^{\mathrm{n}}$、$\bar{\boldsymbol{M}}_i^{\mathrm{n}}$ 分别为法向的力和力矩矢量；$\bar{\boldsymbol{F}}_i^{\mathrm{s}}$，$\bar{\boldsymbol{M}}_i^{\mathrm{s}}$ 分别为切向的力和力矩矢量。

切向的力和力矩可表示为

$$\begin{cases} \bar{\boldsymbol{F}}_i^{\mathrm{n}} = \left(\bar{\boldsymbol{F}}_j n_j \right) n_i = \bar{\boldsymbol{F}}^{\mathrm{n}} n_i \\ \bar{\boldsymbol{M}}_i^{\mathrm{n}} = \left(\bar{\boldsymbol{M}}_j n_j \right) n_i = \bar{\boldsymbol{M}}^{\mathrm{n}} n_i \end{cases} \tag{5.48}$$

一旦平行黏结形成，$\bar{\boldsymbol{F}}_i$、$\bar{\boldsymbol{M}}_i$ 矢量均初始化为零。在每一时步迭代中，相应的位移和转动增量引起的力和弯矩增量加入当前的值里，力在时间 Δt 内的增量可表示为

$$\begin{cases} \Delta \bar{\boldsymbol{F}}_i^{\mathrm{n}} = \left(-\bar{k}^{\mathrm{n}} A \Delta U^{\mathrm{n}} \right) n_i \\ \Delta \bar{\boldsymbol{F}}_i^{\mathrm{s}} = -\bar{k}^{\mathrm{s}} A \Delta U_i^{\mathrm{s}} \\ \Delta \boldsymbol{U}_i^{\mathrm{s}} = V_i^{\mathrm{s}} \Delta t \end{cases} \tag{5.49}$$

式中，$\Delta \bar{\boldsymbol{F}}_i^{\mathrm{n}}$ 为法向力增量；ΔU_i^{n} 为法向位移增量；$\Delta \bar{\boldsymbol{F}}_i^{\mathrm{s}}$ 为切向力增量；ΔU_i^{s} 为切向位移增量。A 表示如下

$$A = \begin{cases} \pi \bar{R}^2 & （对二维或三维颗粒） \\ 2\bar{R}t & （对二维颗粒圆盘） \end{cases} \tag{5.50}$$

相应的弹性弯矩在时间 Δt 内的增量可表示为

$$\begin{cases} \Delta \bar{\boldsymbol{M}}_i^{\mathrm{n}} = \left(-\bar{k}^{\mathrm{s}} J \Delta \theta^{\mathrm{n}} \right) n_i \\ \Delta \bar{\boldsymbol{M}}_i^{\mathrm{s}} = -\bar{k}^{\mathrm{n}} I \Delta \theta_i^{\mathrm{s}} \\ \Delta \theta_i = \left(\omega_i^{[B]} - \omega_i^{[A]} \right) \Delta t \end{cases} \tag{5.51}$$

式中，$\Delta \bar{\boldsymbol{M}}_i^{\mathrm{n}}$ 为弹性弯矩增量的法向分量；$\Delta \theta_i^{\mathrm{n}}$ 为转动增量的法向分量；$\Delta \bar{\boldsymbol{M}}_i^{\mathrm{s}}$ 为弹性弯矩增量的切向分量；$\Delta \theta_i^{\mathrm{s}}$ 为转动增量的切向分量；$\omega_i^{[A]}$、$\omega_i^{[B]}$ 分别为实体 A、B 的角速度

I 表示如下

$$I = \begin{cases} \dfrac{1}{4} \pi \bar{R}^4 & （对二维或三维颗粒） \\ \dfrac{2}{3} \bar{R}^3 t & （对二维颗粒圆盘） \end{cases} \tag{5.52}$$

J 表示如下

$$J = \frac{1}{2} \pi \bar{R}^4 \quad （对三维颗粒） \tag{5.53}$$

则系统新的弹性力和新的弯矩为

$$\begin{cases} \overline{\boldsymbol{F}}_i^{\mathrm{n}} \leftarrow \overline{\boldsymbol{F}}^{\mathrm{n}} n_i + \Delta \overline{\boldsymbol{F}}_i^{\mathrm{n}} \\ \overline{\boldsymbol{F}}_i^{\mathrm{s}} \leftarrow \left\{ \overline{\boldsymbol{F}}_i^{\mathrm{s}} \right\}_{\mathrm{rot.2}} + \Delta \overline{\boldsymbol{F}}_i^{\mathrm{s}} \end{cases} \tag{5.54}$$

$$\begin{cases} \overline{\boldsymbol{M}}_i^{\mathrm{n}} \leftarrow \overline{\boldsymbol{M}}^{\mathrm{n}} n_i + \Delta \overline{\boldsymbol{M}}_i^{\mathrm{n}} \\ \overline{\boldsymbol{M}}_i^{\mathrm{s}} \leftarrow \left\{ \overline{\boldsymbol{M}}_i^{\mathrm{s}} \right\}_{\mathrm{rot.2}} + \Delta \overline{\boldsymbol{M}}_i^{\mathrm{s}} \end{cases} \tag{5.55}$$

作用在黏结处最大的拉应力和剪应力可以通过计算边缘上应力得到，具体表示为

$$\begin{cases} \sigma_{\max} = \dfrac{-\overline{\boldsymbol{F}}^{\mathrm{n}}}{A} + \dfrac{\left| \overline{\boldsymbol{M}}_i^{\mathrm{s}} \right| R^2}{I} \\ \tau_{\max} = \dfrac{\left| \overline{\boldsymbol{F}}_i^{\mathrm{s}} \right|}{A} + \dfrac{\left| \overline{\boldsymbol{M}}^{\mathrm{n}} \right| \overline{R}}{J} \end{cases} \tag{5.56}$$

作用在颗粒圆筒上的力和弯矩可表示为

$$\begin{cases} \boldsymbol{F}_i^{[A]} \leftarrow \boldsymbol{F}_i^{[A]} - \overline{\boldsymbol{F}}_i \\ \boldsymbol{F}_i^{[B]} \leftarrow \boldsymbol{F}_i^{[B]} + \overline{\boldsymbol{F}} \\ \boldsymbol{M}_i^{[A]} \leftarrow \boldsymbol{M}_i^{[A]} - e_{ijk} \left(x_i^{[C]} - x_i^{[A]} \right) \overline{\boldsymbol{F}}_k - \overline{\boldsymbol{M}}_i \\ \boldsymbol{M}_i^{[B]} \leftarrow \boldsymbol{M}_i^{[B]} + e_{ijk} \left(x_i^{[C]} - x_i^{[B]} \right) \overline{\boldsymbol{F}}_k + \overline{\boldsymbol{M}}_i \end{cases} \tag{5.57}$$

式中，i、j、k 分别为顺循环、逆循环、非循环三种条件，e_{ijk} 为置换符号，可表示为

$$e_{ijk} = \begin{cases} 1 \\ -1 \\ 0 \end{cases} \tag{5.58}$$

5.3　建立数值模型

　　数值模型的建立过程包括设计生成颗粒单元、选择接触模型、模拟边界条件和建立细观参数体系四个步骤。为确保构建的数值模型适用于毛乌素沙漠粉细砂，首先需根据实际试验规模确定数值试样的尺寸，并依据实测试验结果确定颗粒的大小与数量；其次，选择能够反映毛乌素沙漠粉细砂本构关系的颗粒接触模型；然后，利用伺服原理控制模型边界，实现对颗粒的约束与加载；最后，以实测湿陷试验结果为标定依据，确定与粉细砂宏观物理力学参数对应的细观参数体系。数值模型的建立采用参数化成样法，借助 PFC 自定义函数，对建模过程中所用参数提前定义，便于后续计算过程中直接对参数进行调用。

5.3.1　设计生成颗粒单元

　　颗粒单元的设计生成包括数值试样尺寸的确定、颗粒大小及数量的确定两个方面。

　　数值试样的尺寸可按实际湿陷试验规模进行确定。数值模拟室内湿陷试验试样尺寸与实际室内湿陷试验试样尺寸(直径61.8 mm，高20 mm)规模完全相同。数值模拟现场浸水载荷湿陷试验试样设计为立方体，尺寸为3.0×3.0×1.05(m)。模型的长、宽与现场浸水载荷湿陷试验试坑尺寸完全一致，模型的深度与现场浸水载荷湿陷试验受压土层深度一致(现场浸水载荷湿陷试验采用面积为0.5 m²的圆形承压板，其等效宽度b为0.7 m，受压土层深度z为1.5倍的承压板宽度，即1.05 m)。

　　颗粒单元的生成包括颗粒大小及数量的确定。PFC3D中的土样是由球形颗粒组装而成的，如果采用与实际粉细砂大小完全相同的粒径，无论是室内试验还是现场试验均会生成过多的颗粒，而颗粒数量是影响计算机运算速率最重要的因素之一，过多的颗粒会导致计算运算耗时增加。为加快运算速率，可采用级配平移、放大粒径的方法来减少颗粒数目，同时在PFC3D程序中根据实际颗粒分析试验结果设置不同粒组，并通过控制不同粒组颗粒的体积占比使数值试样的颗粒组成成分尽可能接近实际砂样。

　　颗粒单元的生成一般选择指定粒径级配和孔隙率的颗粒布料方法(Distribute成样方法)，该方法是专门用来生成级配试样的，其成样逻辑是根据颗粒分析试验结果设置不同的粒组并控制不同粒组颗粒的体积占比，根据区域面积和孔隙率计算颗粒体积，根据颗粒体积计算颗粒数目，在指定区域内堆叠生成颗粒。基于第2章毛乌素沙漠粉细砂物理力学性质，可以得到15个不同浸水载荷湿陷试验试验点粉细砂的干密度ρ_d和比重G_s，由式(5.59)计算出数值计算模型的孔隙率n，如表5-1所示。

$$n = 1 - \frac{\rho_d}{G_s \rho_w^{4℃}} \tag{5.59}$$

式中，$\rho_w^{4℃}$为4℃时纯蒸馏水的密度，$\rho_w^{4℃} = 1.0\,\mathrm{g/cm^3}$。

表 5-1　颗粒流模型孔隙率

试验点	干密度 /(g/cm³)	比　重	孔隙率 /%
JSZH 1-1	1.515	2.656	43.0
JSZH 1-2	1.512	2.659	43.1
JSZH 2-1	1.540	2.661	42.1
JSZH 2-2	1.552	2.643	41.3
JSZH 3-1	1.568	2.660	41.1
JSZH 3-2	1.567	2.640	40.6
JSZH 4-1	1.519	2.616	41.9
JSZH 4-2	1.520	2.621	42.0
JSZH 5-1	1.523	2.665	42.9
JSZH 5-2	1.536	2.654	42.1
JSZH 5-3	1.580	2.653	40.4
JSZH 6-1	1.575	2.677	41.2
JSZH 6-2	1.576	2.660	40.8
JSZH 6-3	1.586	2.638	39.9
JSZH 6-4	1.589	2.644	39.9

值得注意的是，要获得毛乌素沙漠粉细砂孔隙率，不可避免地需要进行原状粉细砂试样的密度试验、比重试验、含水率试验，工程实际中粉细砂的原状试样获取较为困难。基于原位试验获取粉细砂物理力学特性更方便于工程实践，采用标准贯入击数体现粉细砂的密实程度更方便于工程应用，因此找出标准贯入击数与试样孔隙率的相关函数关系，据此关系建模可以避免开展密度试验、比重试验、含水率试验、相对密实度试验，凭借标准贯入试验结果即可获得颗粒流模型孔隙率。

室内湿陷试验所用的试样全部取自浸水载荷湿陷试验试坑底部，取样深度为 1.5 m。原位标准贯入试验的试验深度为 10 m，试验层位为 1 m 进行 1 次标准贯入试验，因此仅有地表下 1 m、2 m 处的标准贯入试验结果，通过线性内插可获取地表下 1.5 m 处的标准贯入击数，该标准贯入击数可以体现室内湿陷试验所取试样的密实程度。室内湿陷试验试样的标准贯入击数、孔隙率如表 5-2 所示。

表 5-2　室内湿陷特性试验试样标准贯入击数与孔隙率对应表

试验点	标准贯入击数 / 击	孔隙率 /%
JSZH 1-1	7	43.0
JSZH 1-2	7	43.1
JSZH 2-1	8	42.1
JSZH 2-2	8	41.3
JSZH 3-1	9	41.1
JSZH 3-2	10	40.6
JSZH 4-1	6	41.9
JSZH 4-2	6	42.0
JSZH 5-1	6	42.9
JSZH 5-2	6	42.1
JSZH 5-3	9	40.4
JSZH 6-1	11	41.2
JSZH 6-2	11	40.8
JSZH 6-3	12	39.9
JSZH 6-4	12	39.9

对不同试验点室内湿陷试验试样标准贯入击数与孔隙率进行拟合，得到标准贯入击数与孔隙率的关系如图 5-8 所示，标准贯入击数 N 与孔隙率 n 的关系可表示为

$$n = 0.449 - 0.004N \tag{5.60}$$

由图 5-8 可以看出，标准贯入击数与孔隙率呈线性关系，孔隙率随标准贯入击数的增加而减小。标准贯入击数增加表明粉细砂变密实，土颗粒含量多，孔隙变少。因此，在数值模型的建立过程中可根据式 (5.60) 确定颗粒流模型的孔隙率。

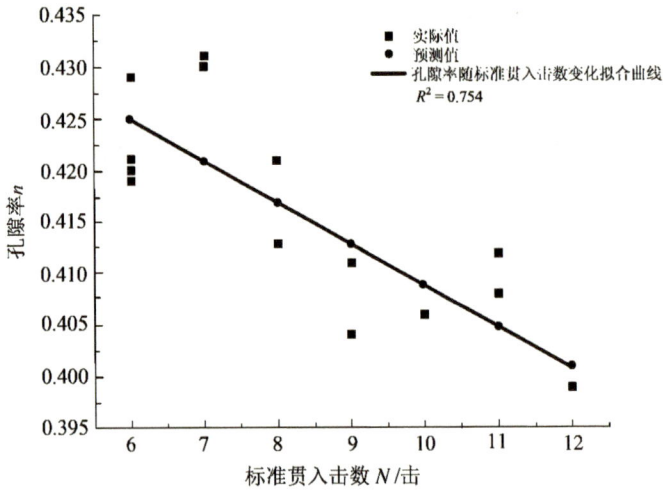

图 5-8　标准贯入击数与孔隙率关系

　　解决了数值模拟颗粒与实际土颗粒的粒径级配应尽可能相近这一问题后，为进一步提高计算效率，室内与现场湿陷试验的建模均需要对颗粒粒径进行适当放大。室内湿陷试验规模小，粒径放大系数取 10；现场浸水载荷湿陷试验规模大，粒径放大系数取 500。数值模拟室内及现场湿陷试验颗粒试样如图 5-9 所示。

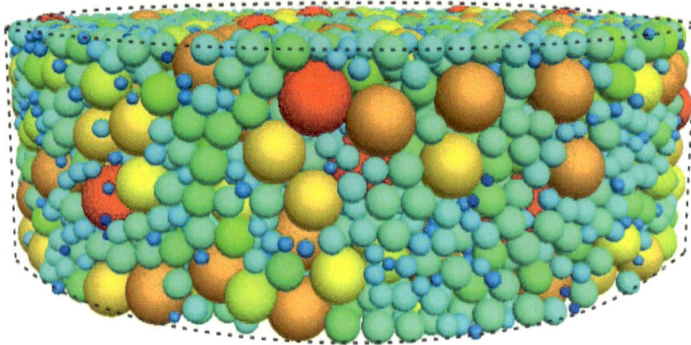

(a) 室内湿陷试验

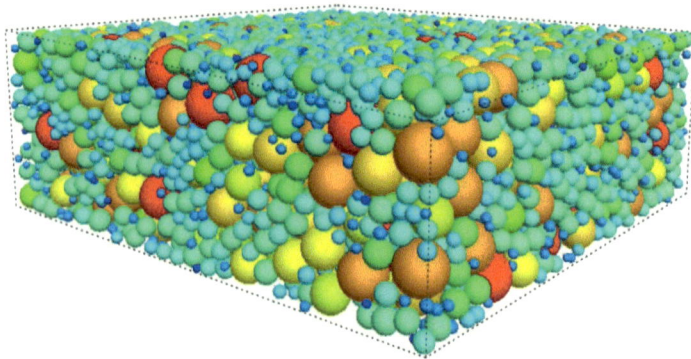

(b) 现场浸水载荷试验

图 5-9　数值模拟室内及现场湿陷试验颗粒试样

5.3.2　选择接触模型

对于不考虑黏聚力的砂土模拟，常常采用线性接触模型，该模型是通过设定颗粒接触的法向割线刚度和切向切线刚度将颗粒间的接触力与相对位移联系起来的。三维线性接触模型物理元件如图 5-10 所示。

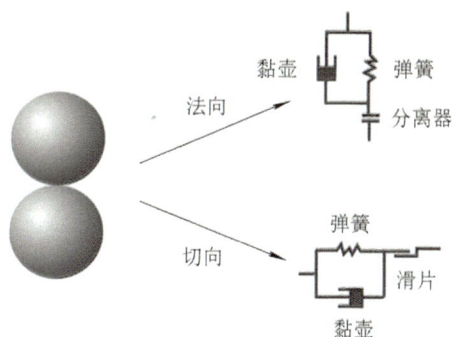

图 5-10　三维线性接触模型物理元件图

图 5-10 中，黏壶用于描述颗粒运动过程中能量的消耗，弹簧用于描述颗粒间的弹性作用，分离器用于描述颗粒不能承担拉力作用，滑片用于描述粒间切向力达到最大值后的抗滑作用。三维线性接触模型力学响应如图 5-11 所示，图中 F_n、F_s 分别为法向力、切向力，K_n、K_s 分别为法向刚度、切向刚度，u_n、u_s 分别为法向位移、切向位移。

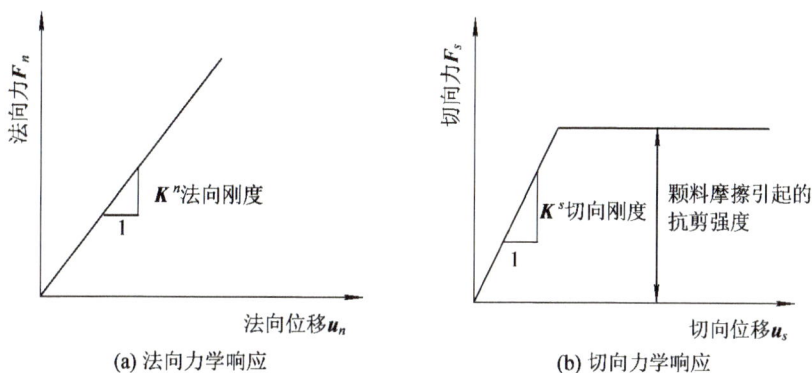

(a) 法向力学响应　　　　(b) 切向力学响应

图 5-11　三维线性接触模型力学响应图

5.3.3　伺服及其边界条件

PFC3D 建模是通过设置墙体来约束颗粒运动并实现边界加载的。以室内压缩试验与现场浸水载荷湿陷试验的数值模型为例，虽然四周墙体形状不同，但都是靠四周及底面墙体控制围压，顶面墙体负责加载。墙体刚度过小，颗粒容易穿过墙体流散；墙体刚度过大，容易在颗粒模型内部形成很大的初始接触力；颗粒之间产生过大的重叠量，模型在短时间内很难达到初始平衡状态。因此，可以通过 FISH 语言开发边界，把围压根据试样的高度和组成墙体的颗粒个数换算成力并分别加在周围墙体的每个颗粒上，在试验过程中可以保证围压的稳定性。

1. 伺服控制

伺服控制的主要目的是通过控制墙体移动速度，使墙体达到期望的应力值。与墙体接触的颗粒在墙体上产生的应力 σ_w 为

$$\sigma_w = \frac{\sum_{N_c} F_w}{ld} \tag{5.61}$$

式中，F_w 为颗粒作用于墙上的力；l 为墙的长度；d 为模型厚度；N_c 为所有颗粒与墙的接触数。

通过调用伺服控制机制来确定墙的应力并调整墙的移动速度，使得当前墙体的应力接近目标应力 σ_t，墙的移动速度应满足

$$\dot{u}_w = G(\sigma_w - \sigma_t) = G\Delta\sigma \tag{5.62}$$

式中 G 为模型伺服控制参数。根据下面方法计算。

在一个时步内墙因运动而产生的力的最大值为

$$\Delta F_w = K_n \dot{u}_w \Delta t \tag{5.63}$$

式中，K_n 为所有与墙接触的颗粒的接触刚度总和，所以，墙体应力变化为

$$\Delta\sigma_w = \frac{K_n \dot{u}_w \Delta t}{ld} \tag{5.64}$$

为满足墙体应力稳定性的要求，墙体应力变化的绝对值应小于目标值与监测值之差。可通过给定一个应力放松因子 α（缺省值为 0.5）实现该要求，稳定性条件为

$$|\Delta\sigma_w| < \alpha|\Delta\sigma| \tag{5.65}$$

将式 (5.62)、(5.64) 代入式 (5.65) 得到

$$\frac{K_n G|\Delta\sigma|\Delta t}{ld} < \alpha|\Delta\sigma| \tag{5.66}$$

则墙体应力达到稳定性条件的 G 为

$$G \leqslant \frac{\alpha ld}{K_n \Delta t} \tag{5.67}$$

在每一循环开始时，墙的移动速度应满足式 (5.62)，而 G 要满足式 (5.67)。

2. 边界条件的模拟

数值模拟室内湿陷试验的墙体是由一个圆柱形墙面和上下两面压缩板组成的。湿陷过程中，上墙面对试样进行压缩，圆柱形墙面和下墙面保持不动。为了避免颗粒在压缩过程中从墙体缝隙中飞出，需要适当增加墙体的高度。数值模拟室内湿陷试验模型如图 5-12

所示。

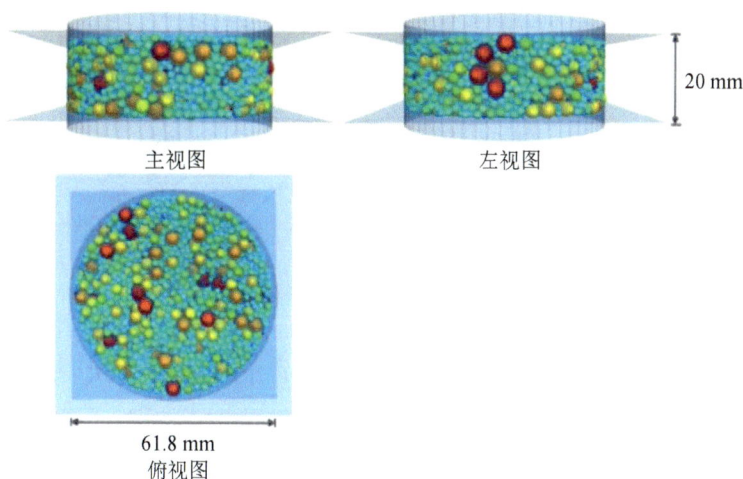

图 5-12　数值模拟室内湿陷试验模型

数值模拟现场浸水载荷湿陷试验模型是由四周及底面墙体控制围压的，顶面墙体负责压缩，为了避免颗粒在压缩过程中从墙体缝隙中飞出，需要适当增加墙体的高度并放大上下墙面面积。由于 PFC 模型的颗粒必须填充在完全封闭的墙体中，所以无法完全还原现场浸水载荷湿陷试验承压板面积与试坑边长之间的比例关系。数值模拟现场浸水载荷湿陷试验模型如图 5-13 所示。

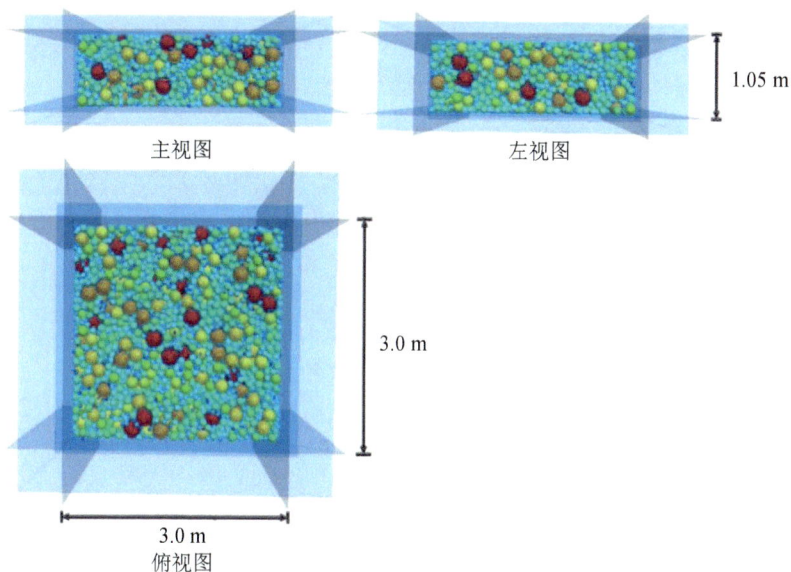

图 5-13　数值模拟现场浸水载荷湿陷试验模型

5.3.4　建立细观参数体系

1. 确定细观参数类型

数值模拟试验以毛乌素沙漠粉细砂为研究对象，颗粒间的接触模型选择线性接触模型。

PFC 程序中需要确定的参数分别为接触模型的半径 r 与高 h，孔隙率 n，颗粒大小与数量，加载压力 p，摩擦系数 μ，法向接触刚度 k_n 以及切向接触刚度 k_s。

根据毛乌素沙漠粉细砂物理力学性质和其室内湿陷性试验结果确定上述参数。其中，接触模型的半径 r 与高 h、孔隙率 n、颗粒大小与数量已在生成数值试样的过程中确定；室内湿陷试验压力分别取 25 kPa、50 kPa、75 kPa、100 kPa、150 kPa、200 kPa，数值模拟加载程序中压力取值与室内试验相同；摩擦系数与接触刚度的确定需要遵循控制变量原则，分析各参数对粉细砂湿陷性的影响，依据参数对粉细砂湿陷性的影响规律标定细观参数。以上参数的确定会使数值模拟试验结果更接近室内湿陷试验结果。

2. 细观参数标定方法

PFC 通过对细观颗粒合成的材料赋予变形和不同强度等性能，可以得到任意物理力学特性 (变形特性、强度特性) 的模型。若想要得到期望的物理模型，最关键的是，所选择颗粒的细观参数与所期望物理模型的宏观力学参数要一致。颗粒细观参数与物理模型宏观力学参数一致性的处理过程非常复杂 (受模拟颗粒材料与真实材料自身特性的影响，材料的非线性特征显著)，因此，为保证所构建的模型能够反映期望的宏观物理力学性能，需建立模型的物理力学参数与颗粒细观结构参数的关系。PFC 颗粒流模型中，模型的物理力学参数一般是不能直接简单地与颗粒细观结构参数建立联系的，这和我们以往熟悉的连续类型的模型是有本质区别的。PFC 颗粒流模型的物理力学特性受颗粒的尺寸和组装方式影响，在固定颗粒尺寸和组装方式前提下，PFC 模型参数和可以选择的颗粒材料参数必须通过相应的数值模拟试验来建立彼此之间的关系，这个过程通常称为标定过程。

依据 75 组室内湿陷试验结果 (表 4-8)，对建立的 PFC 数值模型细观参数进行标定，其中 15 组为原状粉细砂湿陷试验结果，60 组为重塑粉细砂湿陷试验结果。对于原状粉细砂与重塑粉细砂含水率相同的情况，以原状粉细砂试验结果为准，删除与原状样相同含水率的重塑样试验结果，实际细观参数标定依据为 73 组。细观参数标定过程中切向刚度与法向刚度的比值取 1，即 $\boldsymbol{k}_n = \boldsymbol{k}_s$。砂土内摩擦角取值范围一般为 $15° \sim 40°$，砂土内摩擦角与颗粒间摩擦系数的线性关系为

$$\varphi = 0.73 \arctan \mu + 7.85 \tag{5.68}$$

式中，φ 为内摩擦角；μ 为颗粒间摩擦系数。

由式 (5.68) 可以推出，颗粒间摩擦系数的取值范围为 $0.1 \sim 0.9$。颗粒流数值模拟中水对摩擦系数影响较大，但 PFC 无法模拟试样含水率的变化，仅能根据含水率增大，颗粒间摩擦系数减小的规律来体现含水率的变化。一般地，在参数标定过程中将试样饱和后的摩擦系数统一定为最小值 0.1。天然含水率条件下试样的摩擦系数大于饱和条件下试样的摩擦系数，用天然含水率条件下的数值模拟结果减去饱和条件下数值模拟结果即可得到湿陷量。

3. 细观参数变化规律

1) 摩擦系数

保持 PFC 中宏观参数与接触刚度不变，生成数值模型试样并加载，在不同摩擦系数

情况下进行数值模拟，湿陷系数 δ_s 随摩擦系数的变化如图 5-14 所示。

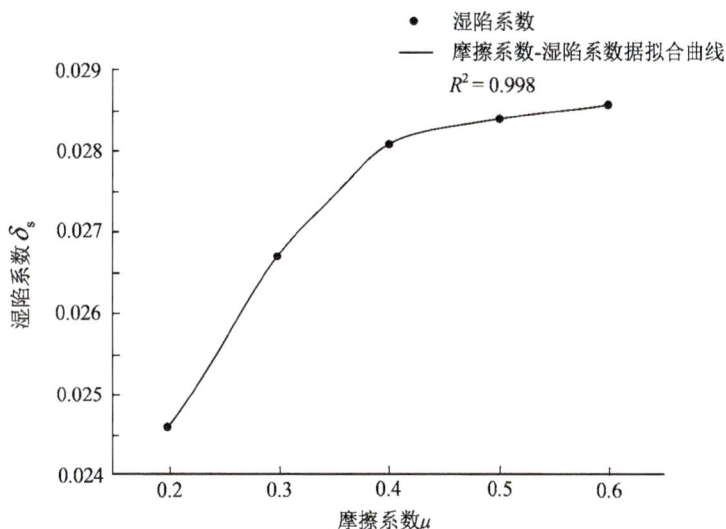

图 5-14　粉细砂湿陷系数随摩擦系数的变化曲线

由图 5-14 可知，湿陷系数随摩擦系数的增大而增大。摩擦系数小于 0.4 时，湿陷系数增长速率较快；摩擦系数大于 0.4 时，湿陷系数增长速率减缓。摩擦系数较小时，等同于试样的天然含水率较大，对应粉细砂湿陷系数较小；摩擦系数较大时，等同于试样的天然含水率较小，对应粉细砂湿陷系数较大。摩擦系数小于 0.4 时，颗粒容易克服摩擦力发生移动，湿陷系数变化速率较快；摩擦系数大于 0.4 时，颗粒克服摩擦力发生滑动的难度加大，故湿陷系数增长速率减缓。

2) 接触刚度

保持 PFC 中宏观参数与摩擦系数不变，生成数值模型试样并加载，在不同接触刚度情况下进行数值模拟，湿陷系数随接触刚度的变化如图 5-15 所示。

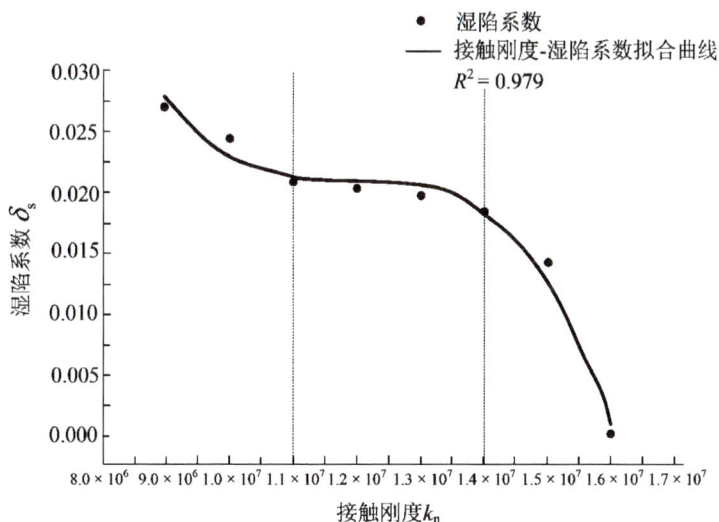

图 5-15　粉细砂湿陷系数随接触刚度的变化曲线

由图 5-15 可知，湿陷系数随接触刚度的增大而减小。接触刚度小于 1.1×10^7 时，湿陷系数下降速率较快；接触刚度处于 1.1×10^7 至 1.4×10^7 之间时，湿陷系数下降速率减缓；接触刚度大于 1.4×10^7 时，试样湿陷性迅速丧失。接触刚度较小时，颗粒间相互作用较小，颗粒容易产生位移，土样整体下沉量大；随着接触刚度增大，土样下沉量增大的速率减缓；当颗粒间相互作用足够大时，颗粒几乎不产生大的位移，试样便不具有湿陷性。

4. 细观参数体系的确定

建立细观参数体系包括确定细观参数类型、了解细观参数标定方法、掌握细观参数变化规律。其中，需要标定的细观参数为摩擦系数和接触刚度；参数标定依据为 75 组室内湿陷试验结果；参数标定时首先确定数值试样饱和状态的摩擦系数为 0.1，用含水率标定摩擦系数，用标准贯入击数标定接触刚度；参数标定过程中遵循湿陷系数随摩擦系数增大而增大、随接触刚度增大而减小的规律。粉细砂宏观参数对应的细观参数体系如表 5-3 所示。

表 5-3 颗粒流模型细观参数体系

标准贯入击数 N/击	接触刚度	$\mu = f(w)$	相关系数
6	8.00×10^6	$\mu = 0.0011w^2 - 0.039w + 0.3877$	$R^2 = 0.9976$
7	1.05×10^7	$\mu = 0.0038w^2 - 0.0469w + 0.2965$	$R^2 = 0.9973$
8	1.27×10^7	$\mu = 0.0061w^2 - 0.0776w + 0.4305$	$R^2 = 0.9972$
9	1.46×10^7	$\mu = 0.0086w^2 - 0.1054w + 0.5077$	$R^2 = 0.9911$
10	1.59×10^7	$\mu = 0.0031w^2 - 0.0516w + 0.3774$	$R^2 = 0.9952$
11	1.66×10^7	$\mu = 0.0013w^2 - 0.0224w + 0.209$	$R^2 = 0.9993$
12	1.70×10^7	$\mu = 0.0101w^2 - 0.1098w + 0.4558$	$R^2 = 0.9534$

摩擦系数与含水率的函数关系式中的三个系数分别表示为 A_1、A_2、A_3，这三个系数随标准贯入击数的变化曲线如图 5-16 所示，参数与标准贯入击数拟合公式如表 5-4 所示。

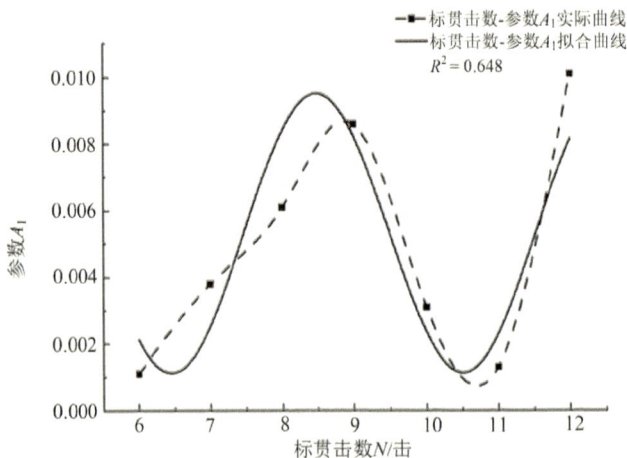

(a) 参数 A_1 随标准贯入击数的变化曲线

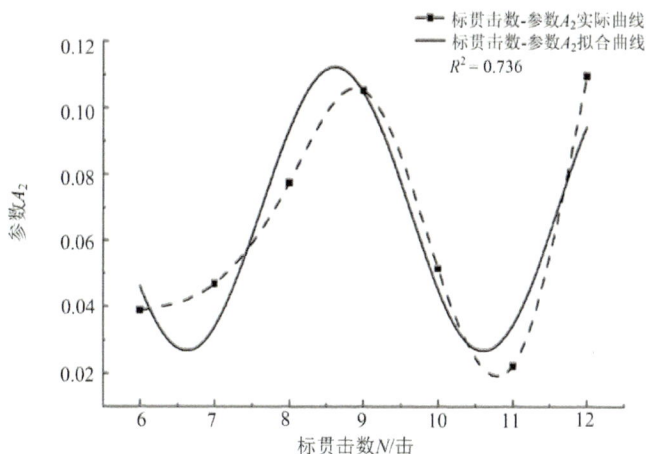

(b) 参数 A_2 随标准贯入击数的变化曲线

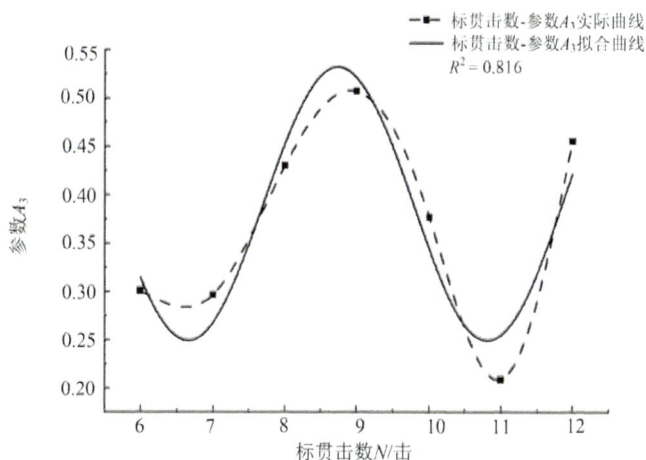

(c) 参数 A_3 随标准贯入击数的变化曲线

图 5-16　$\mu = f(w)$ 中三个参数随标准贯入击数的变化曲线

表 5-4　$\mu = f(w)$ 中三个参数与标准贯入击数的拟合公式

$A = f(N)$	相关系数
$A_1 = 0.00532 + 0.0042\sin\left(\pi\dfrac{N + 0.63055}{2.02498}\right)$	$R^2 = 0.648$
$A_2 = 0.0696 + 0.04276\sin\left(\pi\dfrac{N + 0.34889}{1.99299}\right)$	$R^2 = 0.736$
$A_3 = 0.391 + 0.14155\sin\left(\pi\dfrac{N + 0.6075}{2.07699}\right)$	$R^2 = 0.816$

将表 5-4 中公式代入表 5-3 的 $\mu = f(w)$ 中，得到摩擦系数与含水率、标准贯入击数的关系如式 (5.69) 所示。由表 5-3 可以得到接触刚度随标准贯入击数的变化曲线如图 5-17 所示，将得到的变化曲线进行拟合得到式 (5.70)。

$$
\begin{aligned}
\mu = & \left[0.00532 + 0.0042\sin\left(\pi\frac{N + 0.63055}{2.02498} \right) \right] w^2 - \\
& \left[0.0696 + 0.04276\sin\left(\pi\frac{N + 0.34889}{1.99299} \right) \right] w + \\
& \left[0.391 + 0.14155\sin\left(\pi\frac{N + 0.6075}{2.07699} \right) \right]
\end{aligned}
\tag{5.69}
$$

$$
k_{\mathrm{n}} = 1.9201 \times 10^7 - 1.08739 \times 10^7 \times \mathrm{e}^{\frac{N - 6.14374}{3.44615}}
\tag{5.70}
$$

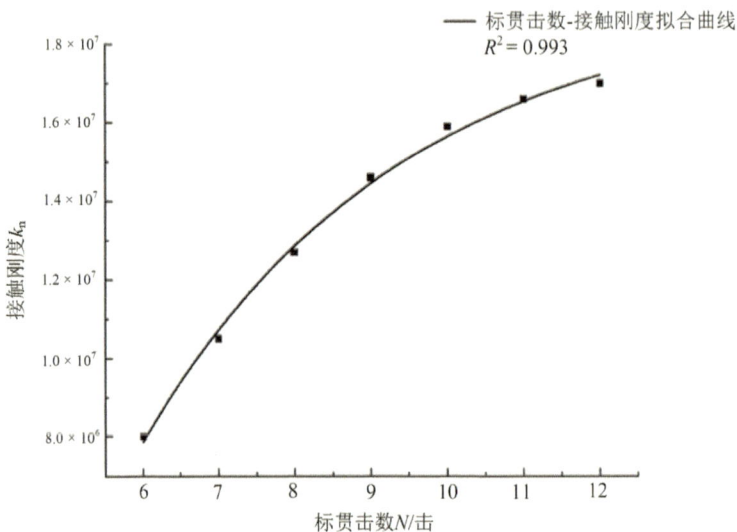

图 5-17　接触刚度随标准贯入击数的变化曲线

由此，在获取粉细砂的标准贯入击数、含水率后，利用式 (5.69)、(5.70) 即可确定 PFC 颗粒流模型中的摩擦系数、接触刚度。该细观参数体系的标定依据为室内湿陷试验结果，适用于毛乌素沙漠粉细砂。

5.4　数值模拟结果

5.4.1　数值模拟计算工况的设置

依据第 2 ～ 4 章研究结果可知，毛乌素沙漠粉细砂中粒径小于 0.5 mm 的颗粒占比百分数为 100%，粒径小于 0.25 mm 的颗粒所占百分比为 15% ~ 65%，粒径小于 0.075 mm 的颗粒所占百分比为 0% ~ 5%。粉细砂含水率取值范围为 3.0% ~ 6.0%；不同试验点不同深度粉细砂标准贯入击数取值范围为 6 ~ 12 击；试验加载压力分别为 25 kPa、50 kPa、75 kPa、100 kPa、150 kPa、200 kPa。不同试验点颗粒组成、含水率、标准贯入击数、压力统计结果见表 5-5。

表 5-5　不同试验点颗粒组成、含水率、标准贯入击数、压力统计结果

输入参数	最　大		最　小	
颗粒组成 /%	粒径小于 0.25 mm 颗粒所占百分比	粒径小于 0.075 mm 颗粒所占百分比	粒径小于 0.25 mm 颗粒所占百分比	粒径小于 0.075 mm 颗粒所占百分比
	65	5	15	0
含水率 /%	6.0		3.0	
标准贯入击数 / 击	15		1	
压力 /kPa	200		25	

实际试验结果标准贯入击数范围为 6 ~ 12 击，应用标定的细观参数体系公式 (5.69)、(5.70) 将标准贯入击数的范围延伸至 1 ~ 15 击。进行数值模拟时，粒径小于 0.25 mm 的颗粒所占百分比取值增量为 5%，即 15%、20%、…、65%；粒径小于 0.075 mm 的颗粒所占百分比取值增量为 1%，即 0、1%、2%、…、5%；含水率取值间隔为 0.1%，即 3.0%、3.1%、…、6.0%；标准贯入击数的取值间隔为 1 击，即 1、2、…、15 击；加载压力分别为 25 kPa、50 kPa、75 kPa、100 kPa、150 kPa、200 kPa。由此，PFC 数值模拟湿陷试验共考虑粒径小于 0.25 mm 的颗粒 11 种，粒径小于 0.075 mm 的颗粒 6 种，31 种含水率，15 种标准贯入击数，6 级加载压力，共计 184 140 种工况 (见表 5-6)。通过数值模拟可得不同工况下的湿陷系数，并将其录入数据库中，为粉细砂湿陷性评价软件平台开发提供数据支撑。

表 5-6　数值模拟试验方案

序号	粒径小于 0.25 mm 的颗粒占比 /%	粒径小于 0.075 mm 的颗粒占比 /%	含水率 /%	标准贯入击数 / 击	加载压力 /kPa
1	15 ~ 65	0 ~ 5	3.0 ~ 6.0	1 ~ 15	25 ~ 200
合计	11	6	31	15	6

5.4.2　数值模拟计算结果的验证

基于 PFC 数值模拟方法，对室内湿陷试验和现场浸水载荷湿陷试验进行数值模拟，得到 200 kPa 下不同工况湿陷量、湿陷系数的典型数值模拟结果如表 5-7 所示。其中数值试样的粒径组成为 0.075 mm ~ 0.25 mm、0.25 mm ~ 0.5 mm，这两种粒径区间内颗粒含量比为 0.35 : 0.65。从表 5-7 中可以看出，数值模拟现场浸水载荷湿陷试验所得湿陷系数普遍大于数值模拟室内试验所得湿陷系数，与现场浸水载荷湿陷试验及室内湿陷试验实测结果一致，这表明数值模拟结果与实测结果一致，该数值模拟方法可有效地模拟粉细砂的

湿陷性。现场浸水载荷湿陷试验数值模拟的墙体并没有被设置为完全固定不动的，这意味着数值模拟现场浸水载荷湿陷试验的试样侧向会有微小变形，从而导致现场浸水载荷湿陷试验数值模拟所得的湿陷系数偏大。但两者结果偏差很小，不会对粉细砂是否具有湿陷性、湿陷程度、湿陷等级等特性的判断产生影响。

表 5-7　PFC 数值模拟湿陷试验结果

编号	标准贯入击数 / 击	含水率 /%	接触刚度	摩擦系数	现场试验湿陷量 /mm	现场试验湿陷系数	室内试验湿陷量 /mm	室内试验湿陷系数
1	1	3.0	$1.05×10^6$	0.235	42.897	0.04085	0.809	0.04045
2	1	4.0	$1.05×10^6$	0.183	41.878	0.03988	0.789	0.03945
3	1	5.0	$1.05×10^6$	0.147	41.225	0.03926	0.779	0.03895
4	1	6.0	$1.05×10^6$	0.126	40.825	0.03888	0.769	0.03845
5	2	3.0	$1.70×10^6$	0.166	35.994	0.03428	0.678	0.03390
6	2	4.0	$1.70×10^6$	0.133	35.491	0.03380	0.668	0.03340
7	2	5.0	$1.70×10^6$	0.103	34.028	0.03241	0.643	0.03215
8	2	6.0	$1.70×10^6$	0.078	31.220	0.02973	0.583	0.02915
9	3	3.0	$2.92×10^6$	0.211	35.825	0.03412	0.669	0.03345
10	3	4.0	$2.92×10^6$	0.197	34.017	0.03240	0.639	0.03195
11	3	5.0	$2.92×10^6$	0.189	34.311	0.03268	0.649	0.03245
12	3	6.0	$2.92×10^6$	0.186	28.779	0.02741	0.539	0.02695
13	4	3.0	$3.79×10^6$	0.280	31.911	0.03039	0.598	0.02990
14	4	4.0	$3.79×10^6$	0.247	30.310	0.02887	0.568	0.02840
15	4	5.0	$3.79×10^6$	0.232	30.249	0.02881	0.568	0.02840
16	4	6.0	$3.79×10^6$	0.234	27.825	0.02650	0.523	0.02615
17	5	3.0	$4.95×10^6$	0.261	27.559	0.02625	0.518	0.02590
18	5	4.0	$4.95×10^6$	0.212	27.115	0.02582	0.508	0.02540
19	5	5.0	$4.95×10^6$	0.178	25.781	0.02455	0.483	0.02415
20	5	6.0	$4.95×10^6$	0.161	22.632	0.02155	0.423	0.02115
21	6	3.0	$8.00×10^6$	0.281	23.225	0.02212	0.438	0.02190
22	6	4.0	$8.00×10^6$	0.249	22.672	0.02159	0.428	0.02140
23	6	5.0	$8.00×10^6$	0.220	21.327	0.02031	0.403	0.02015
24	6	6.0	$8.00×10^6$	0.193	17.953	0.01710	0.343	0.01715
25	7	3.0	$1.05×10^7$	0.190	26.910	0.02563	0.509	0.02545
26	7	4.0	$1.05×10^7$	0.170	25.904	0.02467	0.489	0.02445
27	7	5.0	$1.05×10^7$	0.157	25.047	0.02385	0.479	0.02395
28	7	6.0	$1.05×10^7$	0.152	24.869	0.02368	0.469	0.02345

编号	标准贯入击数 /击	含水率 /%	接触刚度	摩擦系数	现场试验湿陷量 /mm	现场试验湿陷系数	室内试验湿陷量 /mm	室内试验湿陷系数
29	8	3.0	1.27×10^7	0.253	23.179	0.02208	0.438	0.02190
30	8	4.0	1.27×10^7	0.218	22.319	0.02126	0.423	0.02115
31	8	5.0	1.27×10^7	0.195	21.677	0.02064	0.408	0.02040
32	8	6.0	1.27×10^7	0.185	18.964	0.01806	0.358	0.01790
33	9	3.0	1.46×10^7	0.269	24.213	0.02306	0.458	0.02290
34	9	4.0	1.46×10^7	0.224	22.560	0.02149	0.428	0.02140
35	9	5.0	1.46×10^7	0.196	22.807	0.02172	0.428	0.02140
36	9	6.0	1.46×10^7	0.185	20.228	0.01926	0.383	0.01915
37	10	3.0	1.59×10^7	0.251	24.770	0.02359	0.469	0.02345
38	10	4.0	1.59×10^7	0.221	23.278	0.02217	0.439	0.02195
39	10	5.0	1.59×10^7	0.197	23.808	0.02267	0.449	0.02245
40	10	6.0	1.59×10^7	0.179	18.011	0.01715	0.339	0.01695
41	11	3.0	1.66×10^7	0.154	18.542	0.01766	0.349	0.01745
42	11	4.0	1.66×10^7	0.140	17.015	0.01621	0.319	0.01595
43	11	5.0	1.66×10^7	0.130	17.445	0.01661	0.329	0.01645
44	11	6.0	1.66×10^7	0.121	11.383	0.01084	0.219	0.01095
45	12	3.0	1.70×10^7	0.217	9.478	0.00903	0.177	0.00885
46	12	4.0	1.70×10^7	0.178	10.161	0.00968	0.192	0.00960
47	12	5.0	1.70×10^7	0.159	10.509	0.01001	0.198	0.00990
48	12	6.0	1.70×10^7	0.161	10.707	0.01020	0.206	0.01030
49	13	3.0	1.77×10^7	0.294	11.082	0.01055	0.209	0.01045
50	13	4.0	1.77×10^7	0.249	9.473	0.00902	0.179	0.00895
51	13	5.0	1.77×10^7	0.220	9.992	0.00952	0.189	0.00945
52	13	6.0	1.77×10^7	0.209	4.172	0.00397	0.079	0.00395
53	14	3.0	1.81×10^7	0.266	10.032	0.00955	0.189	0.00945
54	14	4.0	1.81×10^7	0.240	8.448	0.00805	0.159	0.00795
55	14	5.0	1.81×10^7	0.219	8.998	0.00857	0.169	0.00845
56	14	6.0	1.81×10^7	0.203	3.142	0.00299	0.059	0.00295
57	15	3.0	1.84×10^7	0.163	3.037	0.00289	0.057	0.00285
58	15	4.0	1.84×10^7	0.142	3.844	0.00366	0.072	0.00360
59	15	5.0	1.84×10^7	0.126	4.170	0.00397	0.078	0.00390
60	15	6.0	1.84×10^7	0.114	4.603	0.00438	0.086	0.00430

　　原位标准贯入试验的标准贯入击数范围为 6 ～ 12 击，分别绘制不同标准贯入击数、相同含水率条件下，室内湿陷试验结果与数值模拟室内湿陷试验结果的湿陷系数随压力的变化曲线（ $p-\delta_s$ 曲线）如图 5-18 所示。

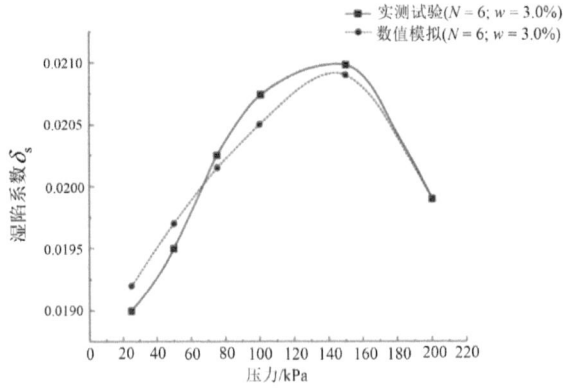

(a) $N = 6$

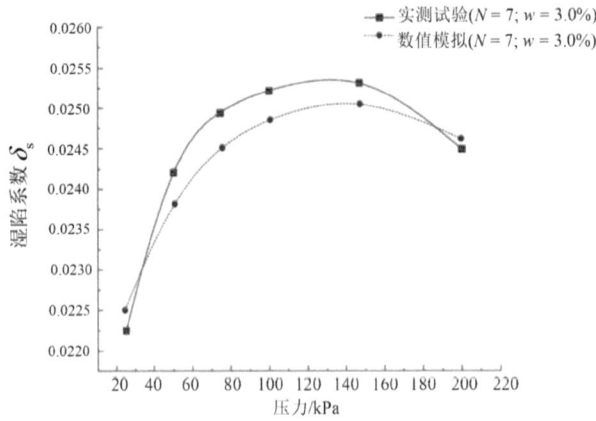

(b) $N = 7$

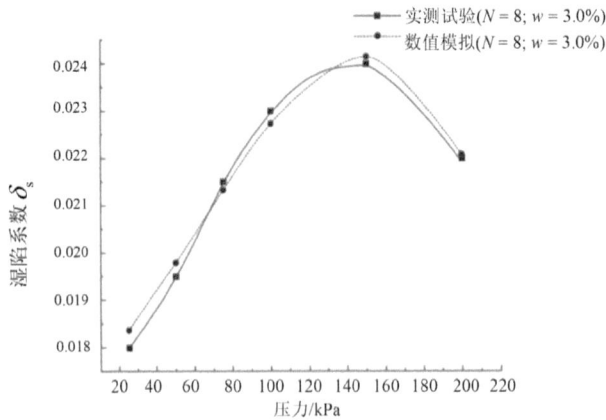

(c) $N = 8$

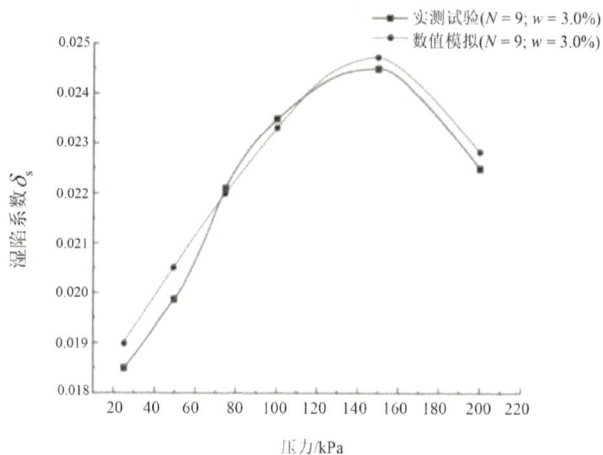

(d) $N = 9$

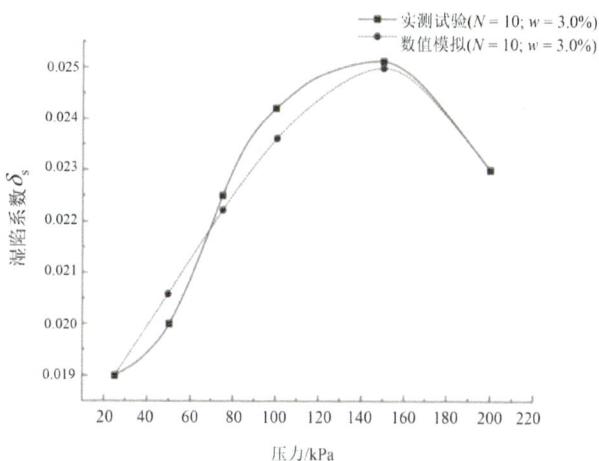

(e) $N = 10$

图 5-18　室内湿陷试验与数值模拟室内湿陷试验 p-δ_s 曲线对比

图 5-18 仅绘制了标准贯入击数为 6 ~ 10 击次的室内湿陷试验与数值模拟室内湿陷试验 p-δ_s 曲线，对于标准贯入击数为 11 击、12 击的 JSZH 6-1、JSZH 6-2、JSZH 6-3、JSZH 6-4 四个试验点，其粉细砂均无湿陷性，因此未进行列举。由图 5-18 可知，数值模拟结果较好地反映了室内湿陷试验结果，室内湿陷试验结果与数值模拟室内湿陷试验结果之间存在微小偏差，但不会对粉细砂是否具有湿陷性、湿陷程度、湿陷等级等特性的判断产生影响。室内湿陷试验粉细砂颗粒形状不规则，在高压作用下还会破碎，这会导致室内湿陷试验与数值模拟室内湿陷试验的曲线光滑度存在差异（数值模拟室内湿陷试验所得曲线相对平滑）。

5.4.3　密实程度对湿陷性的影响

在数值模拟湿陷试验方法验证的基础上，分析不同影响因素对毛乌素沙漠粉细砂湿陷性的影响。以表 5-7 为数据基础，分析出相同含水率条件下，数值模拟湿陷试验湿陷系数随标准贯入击数的变化规律如图 5-19 所示。

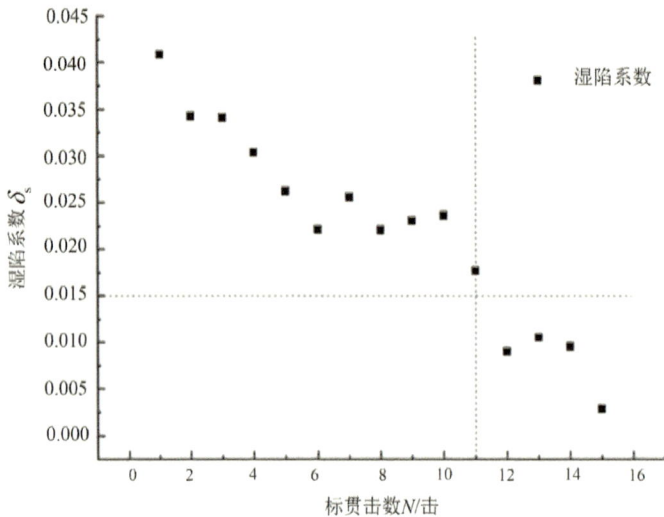

图 5-19　数值模拟湿陷试验湿陷系数随标准贯入击数的变化规律

由图 5-19 可知，湿陷系数随标准贯入击数的增大而减小，该规律与室内湿陷试验所得的湿陷系数随干密度的增大逐渐减小的规律相一致，由此可见粉细砂越密实，湿陷性越弱。当标准贯入击数较小时，可知粉细砂较松散，此时粉细砂中存在较大的孔隙，在浸湿受压后，粒径较小的颗粒易于发生滑动并填充孔隙，因此粉细砂在较松散时会发生较大的湿陷变形；当粉细砂的密实程度逐渐增大，即标准贯入击数逐渐增大时，颗粒间接触更紧密，粉细砂中孔隙减小，粉细砂变密后湿陷变形减小。与此同时，当标准贯入击数大于 11 后，粉细砂湿陷系数小于 0.015，表明此时的粉细砂不具有湿陷性。值得注意的是，粉细砂的密实程度在宏观可由标准贯入击数体现，而在细观可由孔隙率来表示，由式 (5.60) 计算可得孔隙率小于 0.405 时，粉细砂不具有湿陷性。

5.4.4　含水率对湿陷性的影响

以表 5-7 为数据基础，分析出相同标准贯入击数条件下，数值模拟湿陷试验湿陷系数随含水率的变化规律如图 5-20 所示。由图可知，标准贯入击数小于 12 时，湿陷系数随含水率的增大而减小。当天然含水率较小时，粉细砂摩擦系数较大，颗粒不容易克服摩擦力发生滑动，加至一定压力时，下沉量较小，粉细砂中仍有较多孔隙；加压稳定后的粉细砂浸水后，颗粒间的摩擦力减小，会产生较大的湿陷量，故天然含水率较小时，粉细砂湿陷性较强。

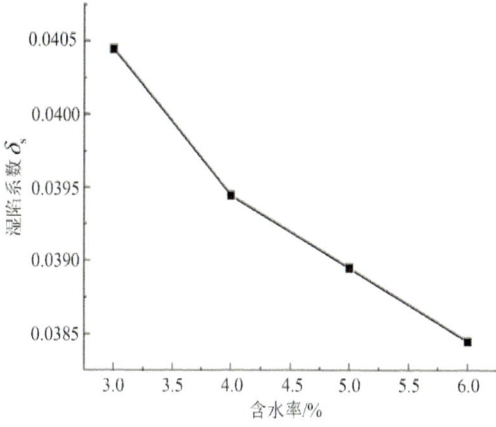

(a) N = 1

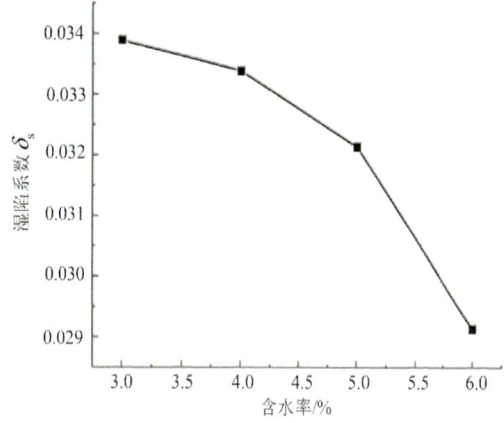

(b) N = 2

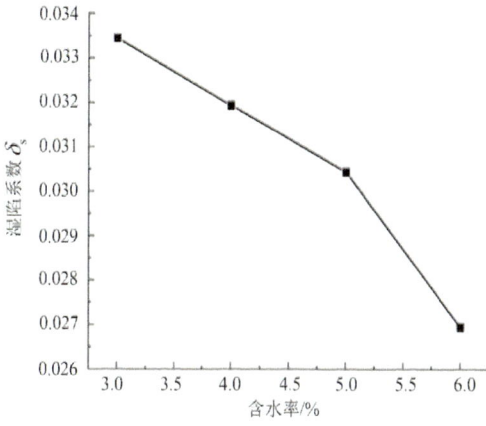

(c) N = 3

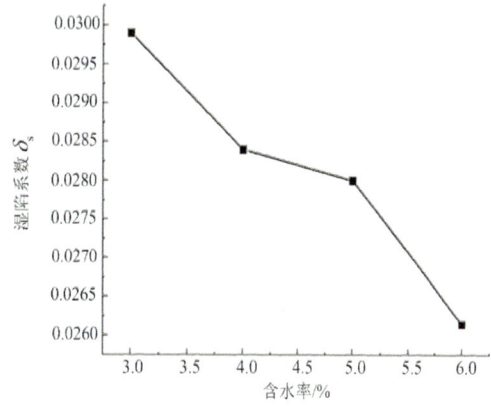

(d) N = 4

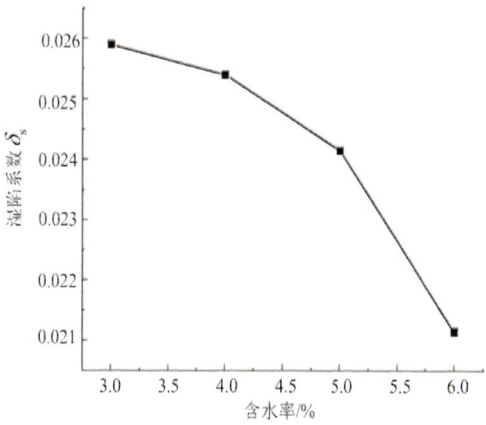

(e) N = 5

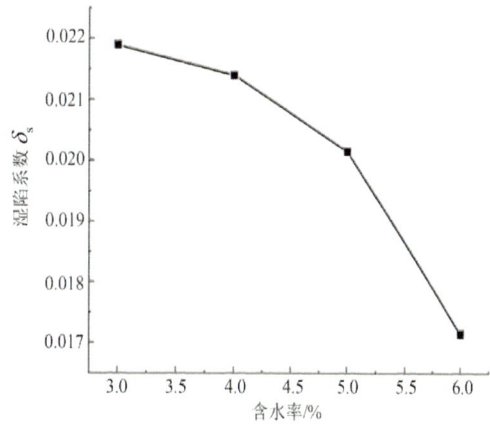

(f) N = 6

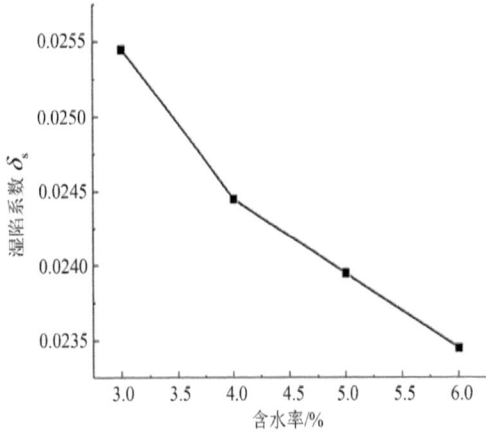

(g) $N = 7$

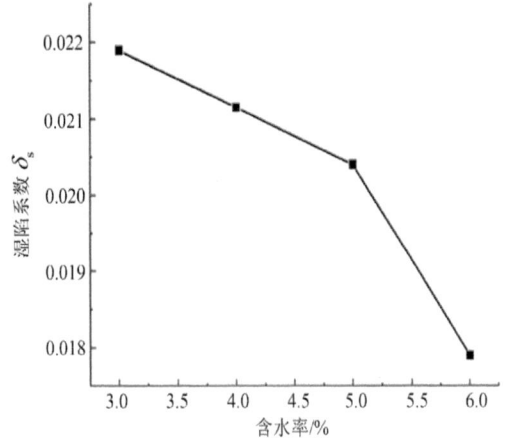

(h) $N = 8$

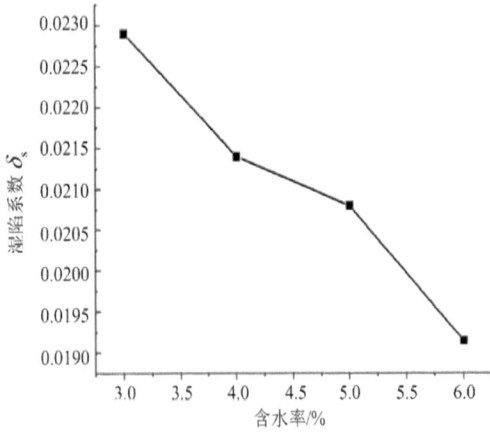

(i) $N = 9$

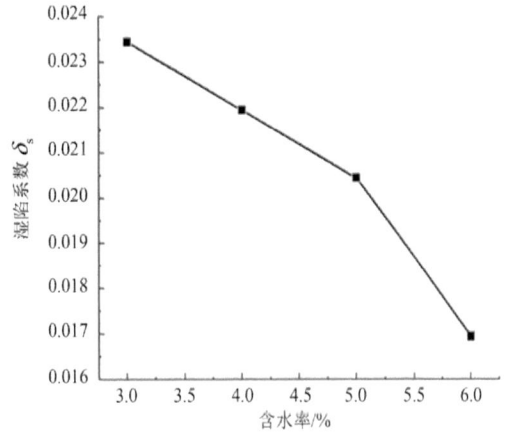

(j) $N = 10$

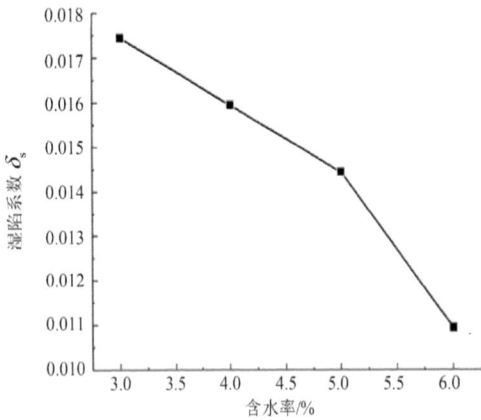

(k) $N = 11$

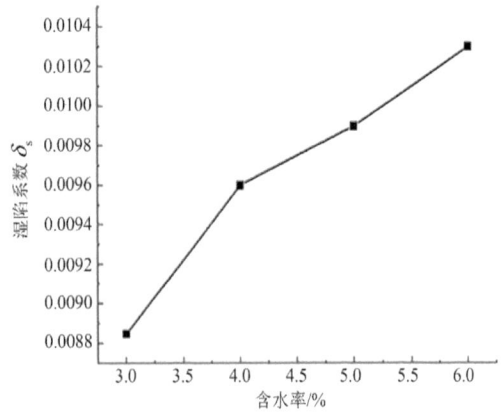

(l) $N = 12$

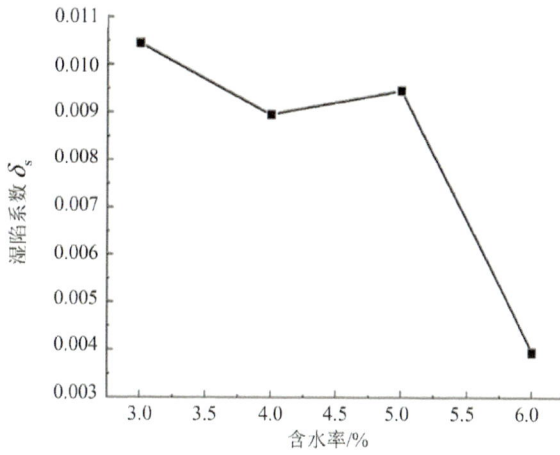

(m) $N = 13$

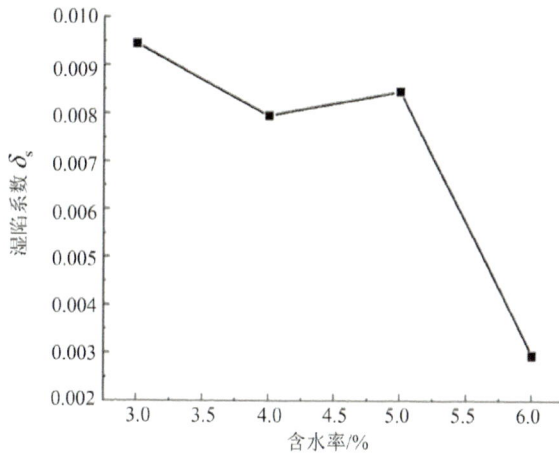

(n) $N = 14$

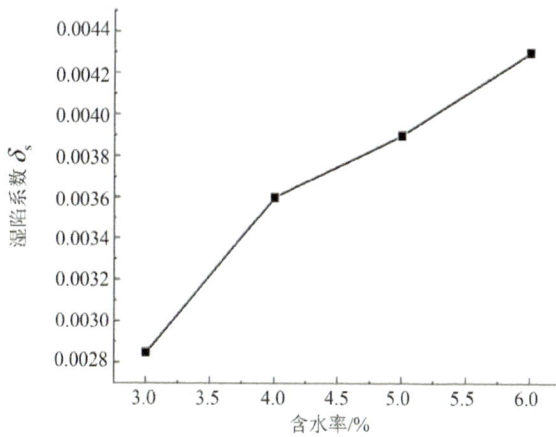

(o) $N = 15$

图 5-20　数值模拟试验湿陷系数随含水率的变化规律

　　天然含水率较大时，粉细砂摩擦系数较小，颗粒容易克服摩擦力发生滑动，加至一定压力时，下沉量较大，粉细砂中孔隙减少；加压稳定后的粉细砂在浸水后产生的湿陷量较小，故天然含水率较大时，粉细砂湿陷性较弱。

　　等间距选取表 5-7 中不同标准贯入击数条件下的数值模拟湿陷试验结果，对比分析出不同标准贯入击数湿陷系数随含水率的变化规律如图 5-21 所示。由图 5-21 可知，天然含水率虽然会对粉细砂湿陷性产生影响，但影响程度较小。相同标准贯入击数条件下，含水率从 3.0% 增大到 6.0%，湿陷系数最多减少 0.007，大多数情况下不会改变粉细砂的湿陷程度。相较于含水率，标准贯入击数才是影响粉细砂湿陷性的关键因素，这与室内湿陷试验得到的干密度是影响粉细砂湿陷性的关键因素本质相同，共同印证了密实程度对粉细砂湿陷性的重要性。

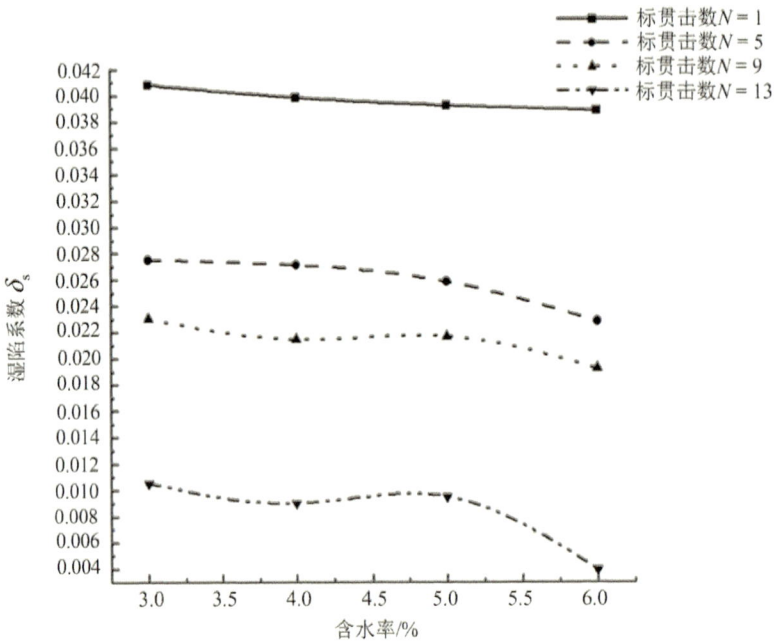

图 5-21　不同标准贯入击数湿陷系数随含水率的变化规律对比

5.4.5　颗粒组成对湿陷性的影响

　　室内试验所取试样粒径主要分布在 0.075 mm ～ 0.25 mm、0.25 mm ～ 0.5 mm 两级粒径级配区间内，两者总量超过 95%，基本上可以忽略黏粒对湿陷性的影响。室内湿陷试验研究了粒径分布范围为 0.075 mm ～ 0.25 mm、0.25 mm ～ 0.5 mm 两种情况粉细砂的湿陷特性。为反映粒径级配对湿陷性的影响，在 PFC3D 成样程序中，设置两个粒径级配区间，并将两粒径级配区间内颗粒含量占比设置成 11 种工况，分别为 0.15：0.85、0.20：0.80、0.25：0.75、0.30：0.70、0.35：0.65、0.40：0.60、0.45：0.55、0.50：0.50、0.55：0.45、0.60：0.40、0.65：0.35，得到不同颗粒组成情况下湿陷系数的变化规律如图 5-22 所示。

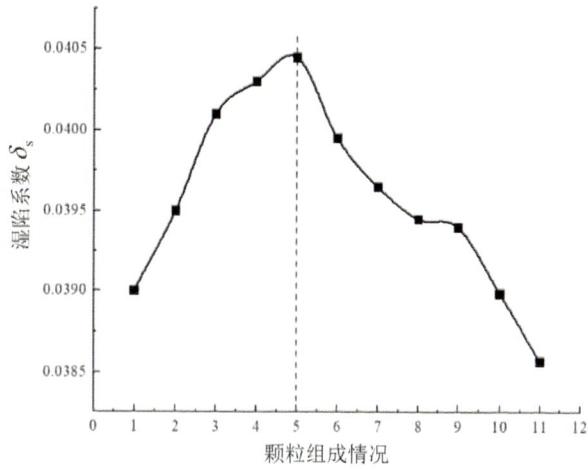

(a) $N = 1$

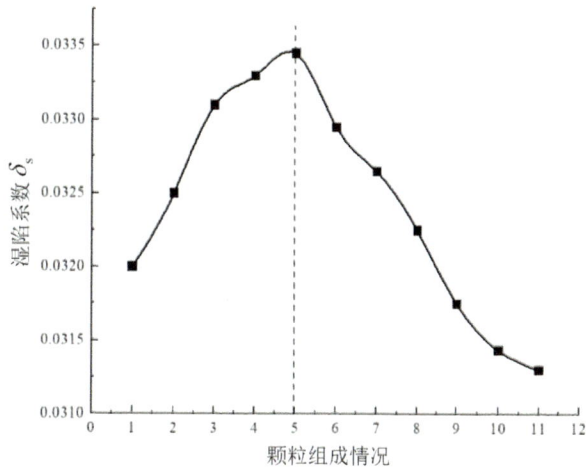

(b) $N = 3$

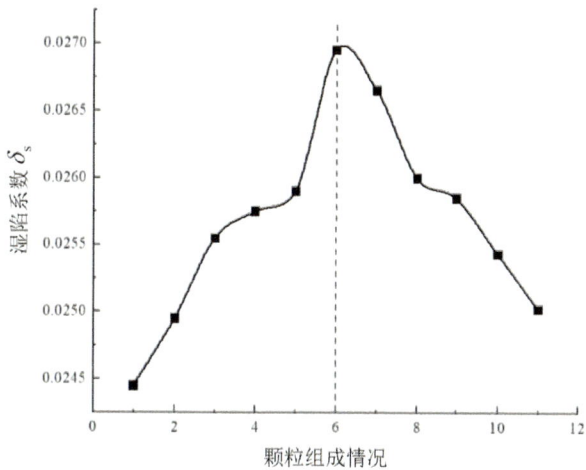

(c) $N = 5$

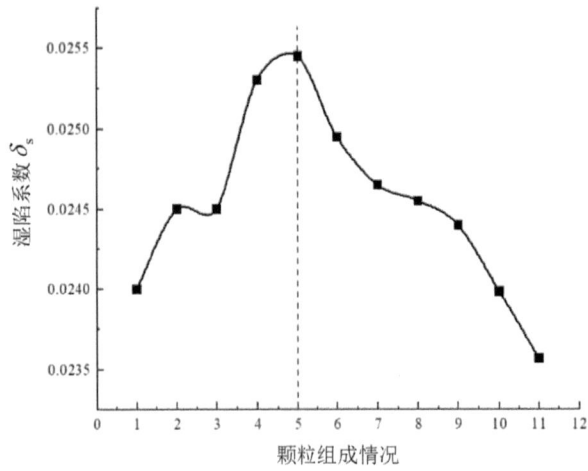

(d) $N = 7$

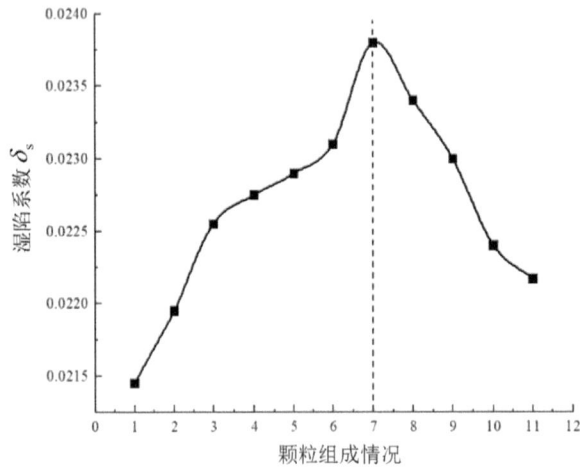

(e) $N = 9$

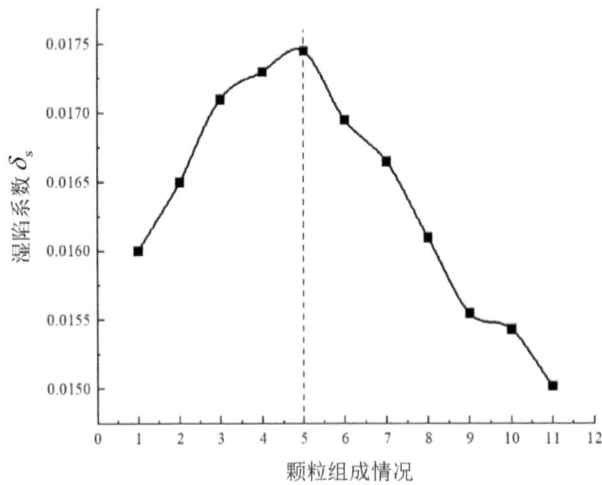

(f) $N = 11$

图 5-22   不同颗粒组成情况下湿陷系数变化曲线

由图 5-22 可知，当 0.075 mm ～ 0.25 mm、0.25 mm ～ 0.5 mm 两级粒径级配区间内颗粒含量比为 0.35 ∶0.65、0.40 ∶0.60、0.45 ∶0.55 时，砂土的湿陷性相较于其他颗粒组成情况较强；当 0.25 mm ～ 0.5 mm 区间内颗粒含量大于 65 % 时,湿陷系数随 0.075 mm ～ 0.25 mm 颗粒含量的增多而增大；当 0.25 mm ～ 0.5 mm 区间内颗粒含量小于 55 % 时，湿陷系数随 0.075 mm ～ 0.25 mm 颗粒含量的增多而减小；0.075 mm ～ 0.25 mm 或 0.25 mm ～ 0.5 mm 两粒径区间内颗粒含量过多时，湿陷系数均较低。粒径较大的颗粒起骨架作用，骨架颗粒间点与点接触,骨架颗粒间的摩擦力阻碍颗粒移动，造成大量的架空孔隙，提供了湿陷空间，在压缩过程中粒径较小的颗粒填充于架空的大孔隙中导致试样下沉。0.075 mm ～ 0.25 mm 颗粒含量过多时 (大于 45%)，大颗粒无法形成稳固的连通骨架，骨架颗粒易于发生移动，粉细砂中孔隙剧烈减少，导致粉细砂湿陷系数减小。0.25 mm ～ 0.5 mm 颗粒含量过多时 (大于 65%)，大颗粒形成连通骨架，连通骨架不再压缩，湿陷系数减小。

5.4.6 加载压力对湿陷性的影响

等间距选取表 5-7 中不同标准贯入击数、相同含水率条件下的数值模拟试验结果，按照 25 kPa、50 kPa、75 kPa、100 kPa、150 kPa、200 kPa 分级加压，得到不同压力下湿陷系数随压力变化的曲线 ($p-\delta_s$ 曲线) 如图 5-23 所示。

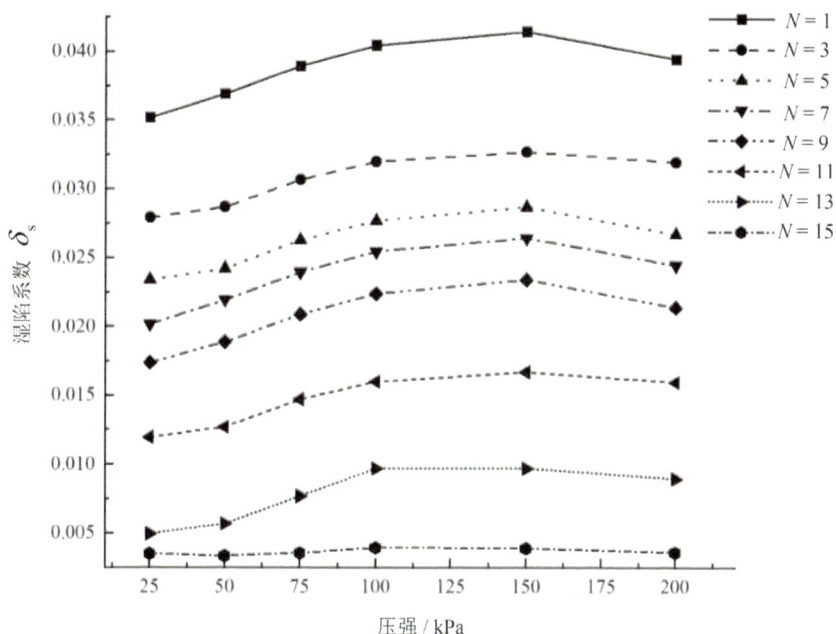

图 5-23 数值模拟 $p-\delta_s$ 曲线

图 5-23 中，湿陷系数随压力的增大呈现出先增后减的趋势，湿陷系数在 150 kPa 时达到最大值，该规律与室内湿陷试验所得规律一致。可见，数值模拟结果较好地反映了实际试验结果。

本 章 小 结

基于 PFC3D 数值模拟方法,以现场浸水载荷湿陷试验、原状粉细砂湿陷试验和重塑粉细砂室内湿陷试验结果为依据,构建了粉细砂宏观物理力学参数与其细观参数的关系,建立了适用于毛乌素沙漠粉细砂湿陷性的数值模拟模型,通过 184140 种工况的数值模拟室内湿陷试验与现场浸水载荷湿陷试验,将数值模拟试验结果与室内湿陷试验和现场浸水载荷湿陷试验结果进行对比,验证了基于 PFC3D 数值模拟建模、细观参数标定与数值模拟计算方法的可靠性,在此基础上揭示了粉细砂湿陷性的影响因素及其规律,数值模拟结果可为基于离散单元法的粉细砂湿陷性评价方法提供数据支撑。

研究结果表明:

(1) 粉细砂越密实,湿陷性越弱,密实程度是影响粉细砂湿陷性的主要因素。研究区域粉细砂标准贯入击数大于 11 后粉细砂便不具有湿陷性;孔隙率小于 0.405 时,粉细砂不具有湿陷性。

(2) 湿陷系数随含水率的增大而减小,含水率对湿陷性的影响程度较小。相同标准贯入击数条件下,含水率从 3.0% 增大到 6.0%,湿陷系数最多减少 0.007,大多数情况下不会改变粉细砂的湿陷程度。

(3) 当 0.075 mm ~ 0.25 mm、0.25 mm ~ 0.5 mm 两级粒径级配区间内颗粒含量比为0.35 : 0.65、0.40 : 0.60、0.45 : 0.55 时,粉细砂的湿陷性较强;当 0.075 mm ~ 0.25 mm或 0.25 mm ~ 0.5 mm 两级粒径区间内颗粒含量过多时,湿陷系数均较低;粉细砂湿陷本质为大颗粒形成架空孔隙,小颗粒填充孔隙。

(4) 粉细砂湿陷系数随压力的增大呈现出先增后减的趋势,湿陷系数在 150 kPa 时达到最大值。

第6章 毛乌素沙漠粉细砂湿陷性评价方法

毛乌素沙漠油气田工程建设中广泛存在着粉细砂地基遇水湿陷的现象。目前，对于砂土的湿陷性，尤其是粉细砂湿陷性的研究基本处于空白状态，因此对于湿陷性的判别，除了做现场浸水载荷试验确定外，《岩土工程勘察规范》(GB 50021—2001)(2009 年版) 中规定参考湿陷性黄土判别方法，没有提供针对性和操作性强的判别方法，这对毛乌素沙漠地区地面工程建设的勘察、设计、施工和运营构成了极大的制约。

本章在第 3 章、第 4 章、第 5 章清晰认识毛乌素沙漠湿陷性及影响湿陷性因素的基础上，基于标准贯入试验和室内湿陷试验、现场浸水载荷湿陷试验以及 PFC 离散单元法数值模拟湿陷试验三种毛乌素沙漠粉细砂湿陷特性评价方法，构建了毛乌素沙漠粉细砂湿陷特性综合评价体系。该评价体系可以为毛乌素沙漠地区粉细砂地基湿陷性评价提供有效的理论支撑。

6.1 基于现场浸水载荷试验的粉细砂湿陷性分析及评价

6.1.1 基于《岩土工程勘察规范》的湿陷性评价方法

《岩土工程勘察规范》(GB 50021—2001)(2009 年版) 规定采用现场浸水载荷试验作为判定湿陷性土的基本方法，并规定在 200 kPa 压力作用下浸水载荷湿陷试验的附加湿陷量与承压板宽度之比等于或大于 0.023 的土应判定为湿陷性土。其湿陷程度分类见表 6-1。

表 6-1 湿陷程度分类

湿陷程度	附加湿陷量 ΔF_s/cm	
	承压板面积 0.5 m²	承压板面积 0.25 m²
轻微	$1.6 < \Delta F_s \leqslant 3.2$	$1.1 < \Delta F_s \leqslant 2.3$
中等	$3.2 < \Delta F_s \leqslant 7.4$	$2.3 < \Delta F_s \leqslant 5.3$
强烈	$\Delta F_s > 7.4$	$\Delta F_s > 5.3$

现场粉细砂浸水载荷湿陷试验采用圆形承压板，承压板面积为 0.5 m²，直径为 80 cm，因此想要对粉细砂的湿陷性进行评价，需将圆形承压板等效为方形承压板。《岩土工程勘察规范》(GB 50021—2001)(2009 年版) 规定在计算承载力或压缩模量时承压板直径与宽度可以互相替换。但在判别湿陷性时，规范没有说明承压板直径与宽度是否可以替换，也没有规定承压板宽度与直径的换算关系。承压板宽度 (b) 是影响湿陷性评价的重要因素，为了准确得到圆形承压板的等效宽度，通过规范湿陷程度分类表中的判别界限与湿陷性土的标准界限 ($\Delta F_s/b \geqslant 0.023$) 分析计算出等效宽度 (表 6-1)。

由表 6-1 可知，当承压板面积为 0.5 m² 时，附加湿陷量为 1.6 cm 是轻微沉降的最小界限，可以理解为此时 $\Delta F_s/b = 0.023$，求得 $b = 70$ cm(如承压板为正方形，面积约为 0.5 m²，可以证明此表中承压板为正方形，b 为承压板的宽度)，$b/d = 0.87$；同样当承压板面积为 0.25 m² 时，直径 $d = 56.4$ cm，附加湿陷量为 1.1 cm，此时 $\Delta F_s/b = 0.023$，求得 $b = 47.8$ cm，$b/d = 0.85$。根据承压板面积不同 (0.25 m² ～ 0.5 m²)，圆形承压板的宽度与直径的换算关系为 $b = 0.85 \sim 0.87d$。同时也验证规范湿陷程度分类中承压板为正方形。按照 $\Delta F_s/b \geqslant 0.023$ 或表 6-1 进行判别，在 200 kPa 压力下的浸水附加湿陷量大于 16.0 mm 的试验土层即为湿陷性土。由此上述湿陷性评价方法可得到粉细砂湿陷系数及其湿陷性如表 3-11 所示。

6.1.2　基于多物理量的毛乌素沙漠粉细砂湿陷性评价

对粉细砂湿陷性进行评价时，粉细砂的含水率、干密度、孔隙比、饱和度是影响湿陷系数的随机变量，而且各变量对湿陷系数的贡献程度亦存在差别，这导致了湿陷性评价存在多元共线性问题。为了解决数据间的多元共线性问题，可以引入因子分析方法，将原始因子聚类分析成相互独立且较少的因子变量，尽可能地减少数据的丢失，达到消除多元共线性的目的。

因子分析是统计学中处理多变量问题最为常见的方法之一，其主要通过研究多变量中的相关性，探求已有数据的数据结构，再通过数学变换，利用少数几个抽象出来的变量来表示原有数据结构 (抽象出来的变量称为"因子")。运用这种方法可以将原有的多变量等效转换成少数几个综合且独立的"因子"，便能消除多变量中的相关重叠性。因子分析方法首先是将原始数据标准化以消除变量之间数量级和量纲的问题，求出标准化数据的相关矩阵，分析变量之间的相关性且计算出各个变量之间的相关系数，进而确定因子分析的可行性；其次是求初始公因子及因子载荷矩阵，分析相关矩阵的特征值、特征向量、方差贡献率与累计方差贡献率来确定因子；最后，将因子与因变量进行多元线性回归处理即可。

考虑到粉细砂的湿陷是一个较复杂的物理化学过程,影响湿陷性的主要因素含水率、干密度、孔隙比及饱和度，且与其矿物组成、结构有关。所以选取含水率、干密度、孔隙比及饱和度作为该湿陷系数回归分析模型的主要因子。

选取 6 组粉细砂基本物理力学试验数据作为自变量 (表 6-2)，依据《岩土工程勘察规范》(GB 50021—2001)(2009 年版) 的湿陷性评价方法计算得出的湿陷系数作为因变量 (表 3-11)。

表 6-2　毛乌素沙漠粉细砂湿陷性实测数据

试坑名称	湿密度	含水率 /%	干密度	比重	孔隙比	饱和度 /%
JSZH 5-2	1.601	4.2	1.54	2.65	0.727	15
JSZH 5-3	1.649	4.4	1.58	2.65	0.680	17
JSZH 6-1	1.660	5.4	1.57	2.68	0.699	21
JSZH 6-2	1.660	5.3	1.58	2.66	0.687	21
JSZH 6-3	1.670	5.3	1.59	2.64	0.663	21
JSZH 6-4	1.670	5.1	1.59	2.64	0.664	20

选取含水率 w (%)、干密度 ρ_d (g/cm3)、孔隙比 e、饱和度 S_r (%) 作为主要因子，湿陷系数 δ_s 为因变量。将上述原位测试结果导入 SPSS 软件中，并对其进行因子分析，提取两个因子，其总方差如表 6-3 所示。

表 6-3　总方差解释

成分	初始特征值			提取出的和平方		
	总计	方差百分比	累积 /%	总计	方差百分比	累积 /%
1	3.241	81.036	81.036	3.241	81.036	81.036
2	0.743	18.571	99.607	0.743	18.571	99.607
3	0.015	0.383	99.990			
4	0.000	0.010	100.000			

在获得总方差解释后，可得到两个因子的得分系数矩阵，如表 6-4 所示。由表 6-4 可得出因子得分函数

$$F_1 = 0.27w + 0.286\rho_d - 0.268e + 0.287S_r \tag{6.1}$$

$$F_2 = 0.651w - 0.491\rho_d + 0.661e + 0.494S_r \tag{6.2}$$

表 6-4　因子得分系数矩阵

元素	F_1	F_2
含水率	0.270	0.651
干密度	0.286	-0.491
孔隙比	-0.268	0.661
饱和度	0.287	0.494

进行因子分析后，上述两个因子已相互独立，可将其与因变量湿陷系数进行多元线性回归处理。将 F_1 和 F_2 两个互为独立的因子一起进行线性回归处理，成分得分系数结果如表 6-5 所示。

表 6-5 成分得分系数

模型	未标准化系数		显著性	共线性统计	
	B	标准误差		容差	VIF
常量	0.017	0.001	0.001		
F_1	−0.007	0.001	0.002	1.000	1.000
F_2	−0.005	0.001	0.002	1.000	1.000

由表 6-5 可知，回归系数全部通过显著性检验 (通常认为，显著性水平 $p < 0.05$ 时，显著性检验通过)，且方差扩大因子 VIF 值都很小 (一般认为，VIF>10 表明因子间存在严重共线性问题)，说明共线性问题已经成功消除，拟合效果较好。

由表 6-5 得到回归方程式

$$\delta_s = 0.017 - 0.007F_1 - 0.005F_2 \tag{6.3}$$

将因子得分函数式 (6.1)、式 (6.2) 还原到式 (6.3) 后，可得到

$$\delta_s = 0.017 - 0.005145\omega + 0.000453\rho_d - 0.001303e - 0.004479S_r \tag{6.4}$$

由式 (6.4) 计算出来的预测值与实测值对比如图 6-1 所示，拟合得到的线性方程如式 (6.5)

$$y = -0.1178 + 1.3742x \tag{6.5}$$

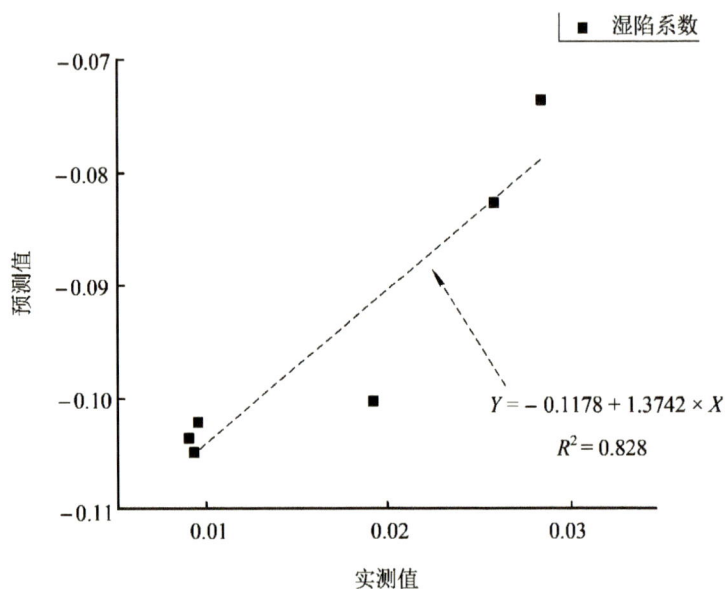

图 6-1 式 (6.4) 预测值与实测值对比图

然而，式 (6.5) 计算的预测值不能方便且直观地应用于实际，需要将式 (6.5) 经数学变换到 $y = x$ 上，使得预测值与实测值对应起来，方便回归方程在实际工程中的运用。经变换，式 (6.5) 可改写为

$$\delta_s = 0.09809 - 0.003744w + 0.0003296\rho_d - 0.0009482e - 0.003259S_r \qquad (6.6)$$

式 (6.6) 求得的预测值与实测值对比如图 6-2 所示。由图 6-2 可见，式 (6.6) 的拟合度 R^2 为 0.828，拟合效果较好。可见，选取含水率、干密度、孔隙比及饱和度作为自变量，湿陷系数为因变量，通过基于因子分析的多元线性回归，可建立基于 (含水率、干密度、孔隙比及饱和度) 多物理量的毛乌素沙漠粉细砂湿陷性评价方法，方便工程实践的应用。

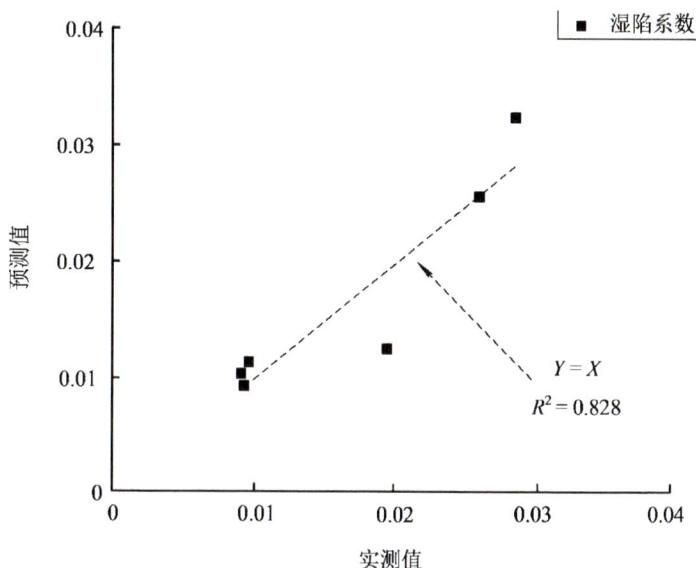

图 6-2　式 (6.6) 预测值与实测值对比图

6.2 基于标准贯入试验和室内试验的粉细砂湿陷性评价

在工程实践中，现场浸水载荷湿陷试验的成本高昂，该试验方法在评价粉细砂湿陷性方面具有一定的局限性。相比之下，室内试验在测定粉细砂的湿陷性时较为方便，可以同时测定不同深度粉细砂的湿陷性。《岩土工程勘察规范》(GB 50021—2001)(2009 年版) 6.1 节规定："对能用取土器取得不扰动试样的湿陷性粉砂，其试验方法与评定标准按现行国家标准《湿陷性黄土地区建筑标准》(GB 50025—2018) 执行"，因此对能用取土器取得原状试样的粉细砂可采用《岩土工程勘察规范》(GB 50021—2001)(2009 年版) 6.1 节规定的《湿陷性黄土地区建筑标准》(GB 50025—2018) 进行评价。不能用取土器取得原状试样或获取完全未扰动的试样难度较大，尤其是想测定未扰动状态试样的天然密度进而获得其干密度、孔隙比、饱和度等指标较难。

标准贯入试验作为一种现场测试试验手段在砂土地区使用广泛，该试验具有操作简单，地层适用性广等优点，对不易钻探取样的砂土和砂质粉土尤为适用。因此，可以通过实测标准贯入击数，分析大量物理力学试验结果 (含水率、比重、密度、最大干密度、最小干密度、饱和度、干密度、孔隙比等)，建立标准贯入试验锤击数与砂土物理力学指标的经验关系，再结合支持向量机 (SVM，Support Vector Regression) 回归理论，提出基于标准贯入试验和室内试验的粉细砂湿陷性评价方法。

6.2.1   毛乌素沙漠粉细砂湿陷性评价的指标选取

要选取粉细砂湿陷性评价指标，应从其湿陷性影响因素方面考虑。根据第 4 章室内湿陷试验和第 5 章粉细砂数值模拟湿陷试验湿陷性影响因素的研究可知，影响粉细砂湿陷性的主要因素为密实程度 (影响范围为 68.0% ~ 97.3%) 和含水特征 (影响范围为 3.8% ~ 14.6%)。其中，含水率和饱和度指标可反映含水特征，含水率影响粉细砂中细颗粒吸附结合水膜的厚度和土体基质吸力的大小，饱和度反映土体中水分占据孔隙的程度；干密度和孔隙比可反映密实程度，干密度与土体的密实程度有关，孔隙比体现土体中孔隙的相对含量。因此，排除其他影响较小的因素后，选取含水率、饱和度、干密度及孔隙比作为湿陷性评价指标，通过评价指标预测粉细砂湿陷程度及湿陷等级。

6.2.2   基于标准贯入试验和室内试验的粉细砂湿陷性评价

标准贯入试验和室内试验的粉细砂湿陷性评价首先需建立标准贯入试验中击数和粉细砂相对密实度的关系，同时要考虑不同深度上覆应力。对自然沉积且固结正常的粉细砂进行大量试验后，研究得到 N_{60} - D_r — σ'_v 的经验关系式可以表示为

$$\frac{N_{60}}{D_r^2} = a + b\sigma'_v \tag{6.7}$$

式中，D_r 为土的相对密度，σ'_v 为有效上覆应力，N_{60} 为标准化后的锤击数，a、b 为待定系数。

N_{60} 表示不同标准贯入试验设备实测值统一修正至标准锤击数 60，标准化公式为

$$N_{60} = C_{ER} \cdot N \tag{6.8}$$

式中，C_{ER} 为能量修正系数，N 为实测标准贯入锤击数。

标准贯入试验过程中，穿心锤与提升装置之间采用的是自动脱钩设计，由此可知 $C_{ER} = 1$，即 $N_{60} = N$，则式 (6.7) 可表示为

$$\frac{N}{D_r^2} = a + b\sigma'_v \tag{6.9}$$

式 (6.9) 中的相对密实度 (D_r) 可依据式 (6.10) 计算得出，计算结果如表 6-6 所示。

$$D_r = \frac{(\rho_d - \rho_{d\min})\rho_{d\max}}{(\rho_{d\max} - \rho_{d\min})\rho_d} \tag{6.10}$$

式中，ρ_d 为土样干密度，$\rho_{d\min}$ 为土样最小干密度，$\rho_{d\max}$ 为土样最大干密度。

表 6-6　式 6.9 中不同试验点相对密实度取值

试验点	实测 N 值	有效上覆应力 σ'_v /kPa	相对密实度 D_r/%	$\dfrac{N}{D_r^2}$
JSZH 1-1	7	23.51	44	36.137
JSZH 1-2	8	23.58	46	37.355
JSZH 2-1	8	24.00	49	33.548
JSZH 2-2	9	24.21	51	34.748
JSZH 3-1	10	24.32	56	31.492
JSZH 3-2	11	24.29	59	31.647
JSZH 4-1	6	23.81	41	34.942
JSZH 5-1	5	23.82	39	32.952
JSZH 5-2	6	24.02	42	34.256
JSZH 5-3	9	24.14	52	33.284
JSZH 6-1	11	24.90	63	27.933
JSZH 6-2	11	24.90	63	27.539
JSZH 6-3	12	25.05	66	27.529
JSZH 6-4	12	25.05	65	28.173

由式 (6-9) 可知，有效上覆应力与参数 (N/D_r^2) 存在线性关系，基于表 6-6 数据，通过对线性多项式拟合可得 $a = 177.1921$、$b = -5.97565$，$R^2 = 0.90662$，拟合结果如图 6-3 所示，拟合方程为

$$\frac{N}{D_r^2} = 177.192 - 5.976\, \sigma'_v \tag{6.11}$$

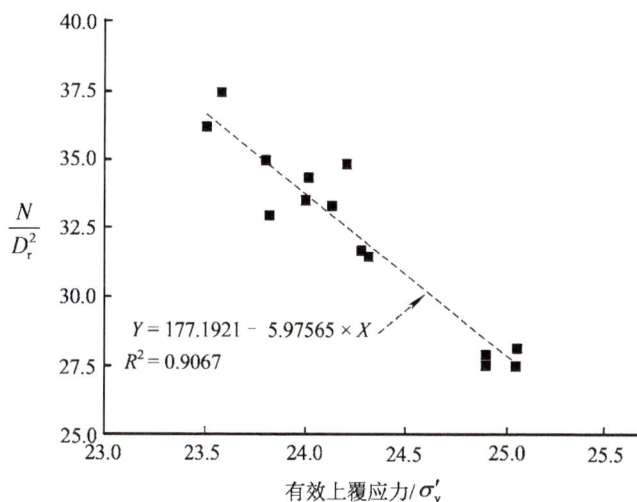

$$Y = 177.1921 - 5.97565 \times X$$
$$R^2 = 0.9067$$

图 6-3　σ'_v 与 N/D_r^2 拟合结果

将 D_r 进行等量代换，可得到 N 与 ρ_d 的关系，即

$$\frac{N}{177.192-5.976\sigma_v'}=\left(\frac{(\rho_d-\rho_{d\min})\rho_{d\max}}{(\rho_{d\max}-\rho_{d\min})\rho_d}\right)^2 \tag{6.12}$$

考虑到粉细砂中存在水分，有效上覆应力（σ_v'）可换算为

$$\sigma_v'=(\gamma_1-\gamma_w)h_w+\gamma_2(h-h_w)=(\rho_1-\rho_w)gh_w+\rho_2(h-h_w) \tag{6.13}$$

式中，γ_1 为水位线下土体重度，γ_w 为水的重度，h_w 为水位线至目标试验土层的距离，γ_2 为水位线上土体重度，h 为目标试验土层距地面的距离，ρ_1 为水位下土体密度，ρ_w 为水的密度（常数），g 为重力加速度，ρ_2 为水位上土体密度。

密度、干密度以及含水率的关系式为

$$\rho=\rho_d(1+w) \tag{6.14}$$

式中，w 为土样含水率。

将式 (6-7)、(6-8) 代入式 (6-6) 中，可得

$$\frac{N}{177.192-5.976[(\rho_d(1+w_1)-\rho_w)gh_w+\rho_d(1+w_2)(h-h_w)g]}=s\left(\frac{(\rho_d-\rho_{d\min})\rho_{d\max}}{(\rho_{d\max}-\rho_{d\min})\rho_d}\right)^2 \tag{6.15}$$

式中，w_1 为水位下土体含水率，w_2 为水位上土体含水率。

由式 (6.15) 可知，通过对目标试验土层粉细砂进行标准贯入试验及室内物理力学性质试验，得到标准贯入锤击数（N）、地下水位至目标试验土层距离（h_w）、目标试验土层距地面距离（h）、最大干密度（$\rho_{d\max}$）、最小干密度（$\rho_{d\min}$）、水位下土体含水率（w_1）及水位上土体含水率（w_2）后，可求出粉细砂的干密度（ρ_d），即得到粉细砂干密度的计算方法。基于标准贯入试验和室内试验的粉细砂湿陷性评价方法的具体步骤如下：

(1) 通过式 (6.15) 计算获得目标试验土层粉细砂的干密度值（ρ_d）；基于标准贯入试验和室内物理力学性质试验的干密度计算方法，解决了粉细砂难以取原状样而无法计算干密度的困难。

(2) 通过取扰动土样并进行物理力学试验，得到粉细砂的含水率值（w）、比重值（G_s）。

(3) 将含水率值、干密度值、比重值代入下式，得到粉细砂的孔隙比（e）及饱和度（S_r）：

$$e=\frac{G_s}{\rho_d}-1 \tag{6.16}$$

$$S_r=\frac{w\cdot G_s}{e} \tag{6.17}$$

通过室内物理力学性质试验测得不同试验点粉细砂的含水率及比重，计算出其孔隙比及饱和度如表 6-7 所示。

表 6-7　不同试验点孔隙比及饱和度结果

试验点	孔隙比	饱和度 /%	试验点	孔隙比	饱和度 /%
JSZH 1-1	0.749	12	JSZH 5-1	0.751	15
JSZH 1-2	0.759	14	JSZH 5-2	0.727	15
JSZH 2-1	0.728	14	JSZH 5-3	0.680	17
JSZH 2-2	0.703	15	JSZH 6-1	0.699	21
JSZH 3-1	0.697	13	JSZH 6-2	0.687	21
JSZH 3-2	0.684	13	JSZH 6-3	0.663	21
JSZH 4-1	0.723	16	JSZH 6-4	0.664	20

(4) 基于含水率、干密度、孔隙比和饱和度四个物理参数，通过式 (6.4) 预测目标试验土层粉细砂的湿陷系数。

(5) 基于得到的湿陷系数，依据《岩土工程勘察规范》(GB 50021—2001)(2009 年版)，评价粉细砂湿陷程度。

6.2.3　基于支持向量机的粉细砂湿陷性评价方法

在得到不同试验点粉细砂含水率、比重、孔隙比及饱和度后，可以采用支持向量机的回归方法建立基于粉细砂基本物理力学指标的粉细砂湿陷性评价方法，具体步骤如下：

(1) 通过式 (6.14) 计算获得目标试验土层粉细砂的干密度值 (ρ_d)。

(2) 通过式 (6.15) 计算得到粉细砂的含水率值 (w)、比重值 (G_s)。

(3) 通过式 (6.16)、(6.17) 计算得到粉细砂的孔隙比 (e) 及饱和度 (S_r)。

(4) 基于含水率、干密度、孔隙比和饱和度 4 个物理参数，通过支持向量机的回归模型预测目标试验土层粉细砂的湿陷系数。

(5) 基于得到的湿陷系数，依据《岩土工程勘察规范》(GB 50021—2001)(2009 年版)，评价粉细砂湿陷程度。

支持向量机是一类按监督学习方式对数据进行二元分类的广义线性分类器，与逻辑回归和神经网络相比，支持向量机针对复杂的非线性方程提供了一种思路更为清晰、计算更加有效的学习方式，在时间预测及回归方向上具有出色的效果。支持向量机解决了小样本条件下的机器学习问题，其主要思路是将数据特征空间上的间隔最大化，然后将学习目标转化为一个凸二次规划问题进行求解。与以往的机器学习不同的是，支持向量机的回归样本落在隔离带以内是不计损失的，因此隔离带要尽可能多地包裹住样本，尽可能使得更少的样本落在隔离带之外。支持向量机的回归模型是在支持向量机的基础上，通过给定训练样本 $D = \{(x_1, y_1), (x_2, y_2), \cdots, (x_n, y_n)\}, y_i \in \mathbf{R}$ ，建立形如 $f(x) = \omega^\mathrm{T} x + b$ 的回归模型，其中 ω 和 b 为待定参数。在模型中引入偏差值 ε ，以 $f(x) = \omega^\mathrm{T} x + b$ 为中心，构建一个宽度为 2ε 的隔离带，则回归问题可以形式化为

$$\min_{w,b} \frac{1}{2} w^2 + C \sum_{i=1}^{m} l_\varepsilon \left(f(x_i) - y_i \right) \tag{6.18}$$

其中，C 为正则化常数，l_ε 为不敏感损失函数。

l_ε 的形式为

$$l_\varepsilon(z) = \begin{cases} 0, & \text{如果 } |z| \leqslant \varepsilon \\ |z| - \varepsilon, & \text{其他} \end{cases} \tag{6.19}$$

引入松弛变量 ξ_i 和 $\hat{\xi}_i$，则式 (6.17) 可改写为

$$\min_{w,b,\xi_i,\hat{\xi}_i} \frac{1}{2} \| w \|^2 + C \sum_{i=1}^{m} \left(\xi_i + \hat{\xi}_i \right) \tag{6.20}$$

其中，约束条件分别为

$$\text{s.t. } f(x_i) - y_i \leqslant \varepsilon + \xi_i \tag{6.21}$$

$$y_i - f(x_i) \leqslant \varepsilon + \hat{\xi}_i \tag{6.22}$$

$$\xi_i \geqslant 0, \ \hat{\xi}_i \geqslant 0, \ i = 1, 2, \cdots, m \tag{6.23}$$

为了便于理解式 (6.18)，引入拉格朗日乘子 $\mu_i \geqslant 0$，$\hat{\mu}_i \geqslant 0$，$\alpha_i \geqslant 0$，$\hat{\alpha}_i \geqslant 0$，由拉格朗日乘子法可得拉格朗日函数为

$$L\left(w, b, \alpha, \hat{\alpha}, \xi, \hat{\xi}, \mu, \hat{\mu} \right) = \frac{1}{2} \| w \|^2 + C \sum_{i=1}^{m} \left(\xi_i + \hat{\xi}_i \right) - \sum_{i=1}^{m} \mu_i \xi_i - \sum_{i=1}^{m} \hat{\mu}_i \hat{\xi}_i +$$
$$\text{s} \sum_{i=1}^{m} \alpha_i \left(f(x_i) - y_i - \varepsilon - \xi_i \right) + \sum_{i=1}^{m} \hat{\alpha}_i \left(y_i - f(x_i) - \varepsilon - \hat{\xi}_i \right) \tag{6.24}$$

根据 KKT 条件 (Karush–Kuhn–Tucker conditions，解决最优化问题的方法) 可以得到

$$\frac{\partial L}{\partial w}, \frac{\partial L}{\partial b}, \frac{\partial L}{\partial \xi}, \frac{\partial L}{\partial \hat{\xi}} = 0 \rightarrow \begin{cases} w = \sum_{i=1}^{m} (\hat{\alpha}_i - \alpha_i) x_i \\ 0 = \sum_{i=1}^{m} (\hat{\alpha}_i - \alpha_i) \\ C = \alpha_i + \mu_i \\ C = \hat{\alpha}_i + \hat{\mu} \end{cases} \tag{6.25}$$

消去上式中的 w 和 C，考虑特征映射形式 $f(x) = w^{\mathrm{T}} \varphi(x) + b$，得到回归函数

$$f(x) = \sum_{i=1}^{m} (\hat{\alpha}_i - \alpha_i) K(x, x_i) + b \tag{6.26}$$

式中，$K(x_i, x_j) = \varphi(x_i)^{\mathrm{T}} \varphi(x_j)$，为核函数。

支持向量机的回归模型以收集的 14 组毛乌素沙漠粉细砂湿陷性试验数据为样本，将

其中 10 组样本数据作为训练集 (表 6-8)，4 组样本数据作为测试集 (表 6-9)。样本的含水率、干密度、比重、孔隙比和饱和度作为输入变量，湿陷系数作为输出变量，将高斯径向基核函数 (RBF) 作为计算公式，其表达式为

$$K(x, x^{\mathrm{T}}) = \exp(-\gamma \cdot \|x - x'\|^2) \tag{6.27}$$

式中，γ 为可变参数。

模型中的最优惩罚因子 (c) 和径向基函数参数 (g) 需确定。

由于颗粒群算法 (PSO-SVR) 在支持向量机分类器寻找最优参数过程中的表现优于其他 2 种方法 (网格搜索和遗传算法)，故采用颗粒群算法在上述模型中对两个参数进行寻优。寻优结果：惩罚因子 $c = 13.3514$，径向基函数参数 $g = 1.0635$。在颗粒群算法的参数设置上，使用了 10 个颗粒和 20 次迭代，学习因子 (c_1、c_2) 均设置为 1.5。

表 6-8　SVM 模型中训练样本集

序号	含水率 /%	干密度	比重	孔隙比	饱和度 /%	湿陷系数
1	3.4	1.51	2.65	0.749	12	0.04934
2	4.0	1.51	2.66	0.759	14	0.02986
3	4.2	1.57	2.66	0.699	14	0.02776
4	3.4	1.57	2.66	0.697	13	0.03677
5	4.5	1.52	2.62	0.723	16	0.02939
6	4.3	1.52	2.67	0.751	15	0.02631
7	4.4	1.58	2.65	0.680	17	0.02587
8	5.3	1.58	2.66	0.687	21	0.00954
9	5.3	1.59	2.64	0.663	21	0.00928
10	5.1	1.59	2.64	0.664	20	0.01931

表 6-9　湿陷系数预测值与试验值对比结果

序号	含水率 /%	干密度	比重	孔隙比	饱和度 /%	试验湿陷系数	预测湿陷系数	相对误差 /%
1	4.0	1.55	2.64	0.703	15	0.02756	0.03155	14.48
2	3.3	1.57	2.64	0.684	13	0.03874	0.03579	−7.61
3	4.2	1.54	2.65	0.727	15	0.02847	0.02954	3.76
4	5.4	1.57	2.68	0.699	21	0.00905	0.009088	0.42

在支持向量机回归模型建立后，将测试集数据输入其中，预测结果如表 6-9 所示。由表 6-9 可知，运用支持向量机回归的方法，粉细砂湿陷系数预测值与试验值的拟合效果较好，$R^2 = 0.9503$，误差值 (MAE、RMSE) 在可接受范围内，平均绝对误差 MAE 为 0.0019136，均方根误差 RMSE 为 0.0023849，预测相对误差范围为 −7.61% ～ 14.48%。表格中个别相对误差值很大，造成这种误差的因素是多方面的，如预测模型自身精度、试验条件等因素都会影响预测湿陷系数的准确性。为进一步验证预测方法和结果的准确性，将训练集样本

输入模型，预测结果如图 6-4 所示，训练集样本的 $R^2 = 0.9986$，所有样本的 $R^2 = 0.97449$。

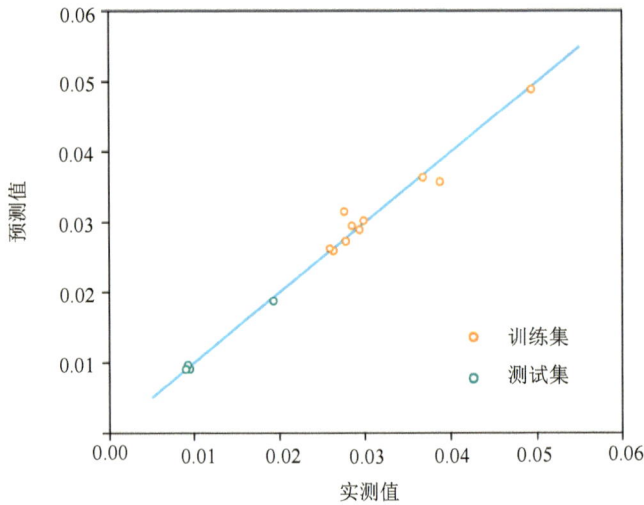

图 6-4　所有样本湿陷系数预测值与实测值对比图

为了研究 PSO-SVR 预测效果，考虑选择合适的试验样本数量，选取基于 K 折交叉验证的支持向量回归 (CV-SVR) 及基于因子分析的多元线性回归 (MLR) 对样本进行回归预测，结果对比如图 6-5 所示。由图 6-5 可知，CV-SVR 的 $R^2 = 0.6026$、MLR 的 $R^2 = 0.89$，这表明：PSO-SVR 方法在回归精度上优于 MLR 及 CV-SVR，MLR 优于 CV-SVR。CV-SVR 拟合度较低的原因，主要是 K 折交叉在参数寻优时将 k 个模型的误差或精度指标通过平均处理来确定最佳模型参数，然而当个别模型的误差或者精度很低的时候，便会拉低整体模型的误差或者精度。因此支持向量回归在建立毛乌素沙漠粉细砂湿陷性评价预测方法上是可行的，具有较高精度，但还需要注意优化算法的选择。

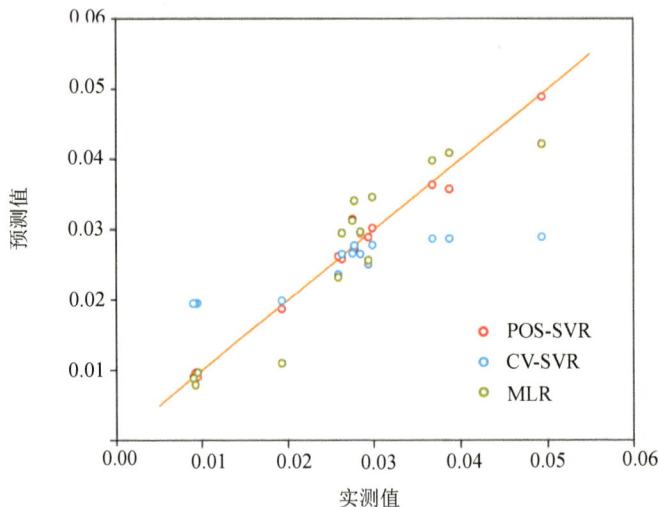

图 6-5　多种算法评价回归结果对比图

基于标准贯入试验和室内试验的粉细砂湿陷性评价方法采用支持向量回归方法，建立了基于多个简单基本物理力学指标的粉细砂湿陷性评价方法。该方法无须进行大型试坑试验以及取原状环刀样的工作，只需进行标准贯入试验及基于扰动样的基本物理力学指标试验，便于工程应用，可作为同类型场地粉细砂湿陷性的参考依据。

6.3　基于 PFC3D 颗粒流离散单元法的粉细砂湿陷性评价

基于 PFC3D 颗粒流离散单元法的粉细砂湿陷性评价是通过粉细砂的基本物理力学特性标定细观参数，根据粉细砂室内湿陷试验结果建立粉细砂宏观物理力学参数与细观参数的函数关系，构建适用于毛乌素沙漠粉细砂湿陷性的数值模型，采用 PFC3D 颗粒流软件进行湿陷数值模拟试验，得到粉细砂湿陷量和湿陷系数。通过 PFC3D 颗粒流离散单元法评价粉细砂湿陷性的具体方法如下：

(1) 将研究区的粉细砂按照《岩土工程勘察规范》(GB 50021—2001)(2009 年版) 进行标准贯入试验、室内土工试验和室内湿陷试验，获取研究区粉细砂的标准贯入试验锤击数、基本物理特性指标与湿陷性指标。

(2) 根据实际室内湿陷试验环刀的形状和大小，确定数值试样墙体的大小与形状。在 PFC3D 颗粒流离散单元法中，对于不考虑黏聚力的粉细砂模拟，选择线性接触刚度模型。参照实际室内湿陷试验情况，设置数值试样四周及底面墙体固定不动，仅在顶面墙体施加荷载，并设置仅有顶面墙体能够移动。

(3) 采用加权平均法确定数值模型中的最大颗粒半径与最小颗粒半径，根据标准贯入试验获得的标准贯入试验锤击数标定数值模型的孔隙率；采用加权平均法确定好颗粒半径范围后，用离散元软件中的"测量球"测出数值模型的孔隙率，进而找出宏观参数与细观参数之间的函数关系式为

$$n = f(N) \tag{6.28}$$

式中，N 为标准贯入试验锤击数，n 为孔隙率。

用标准贯入试验锤击数标定切向接触刚度与法向接触刚度，选择标准贯入试验锤击数不同、含水率相同的室内湿陷试验结果，用实际湿陷试验获得的湿陷量与湿陷系数作为细观参数标定的依据。根据不同标准贯入试验锤击数条件下室内湿陷试验结果及标定的细观参数，找出宏观参数与细观参数之间的函数关系为

$$k_n = f(N) \tag{6.29}$$

式中，N 为标准贯入试验锤击数，k_n 为切向接触刚度。

通过加权平均法计算得到颗粒的加权平均半径为

$$r = \sum R_i M_i = \sum W_i \tag{6.30}$$

式中，r 为颗粒的加权平均半径，R_i 为平均半径，M_i 为颗粒含量，W_i 为加权数。

计算得到颗粒的加权平均半径后，确定颗粒的最小半径，通过下式即可算出颗粒的最

大半径

$$\sum \frac{R_i}{R_{\min} + R_{\min} \cdot \text{ratio}_{\frac{R\max}{R\min}}} = \sum W_j \tag{6.31}$$

式中，R_i 为平均半径，$R_{\min}$ 为最小半径，$\text{ratio}_{\frac{R\max}{R\min}}$ 为最大半径与最小半径比。

(4) 根据上述步骤中的参数标定工作，在粉细砂的标准贯入试验锤击数、颗粒组成、含水率已知的情况下，得到数值模型所需的细观参数值，然后向 PFC3D 程序中输入与宏观物理特性指标对应的细观参数值，运行程序，进行粉细砂室内湿陷数值模拟试验，获取附加变形量，进而计算出湿陷量。

(5) 根据计算得到的湿陷量计算湿陷系数，湿陷系数 δ_s 的计算公式为

$$\delta_s = \frac{h_p - h_p'}{h_0} \tag{6.32}$$

式中，h_p 为天然含水率条件下，压强加至 200 kPa 时，数值试样下沉稳定后的高度；h_p' 为加压至 200 kPa 稳定后的试样，在饱和含水率条件下，附加下沉稳定后的高度；h_0 为试样的原始高度。

最后，依据《岩土工程勘察规范》(GB 50021—2001)(2009 年版) 评价标准，评价粉细砂的湿陷性。

基于 PFC3D 颗粒流离散单元法的粉细砂湿陷性评价方法技术先进、耗时短、费用低、实用性强，可以实现在粉细砂标准贯入试验锤击数、颗粒组成、含水率这些宏观参数已知的情况下，无须消耗大量的时间与成本进行室内或现场湿陷试验，就可以测定粉细砂的湿陷量、评价粉细砂的湿陷性，是湿陷性砂土地区工程勘察的一种新技术。

6.4 毛乌素沙漠粉细砂湿陷性评价体系构建

粉细砂湿陷是一个较为复杂的物理化学过程，受多种外界因素影响，也与其本身物质组成、结构、成因等因素有关。毛乌素沙漠粉细砂长年受风力搬运作用，其颗粒较为均匀，分选性较好，颗粒间孔隙较大，在浸水后易产生湿陷变形。本书通过现场标准贯入试验、现场浸水载荷湿陷试验、室内湿陷试验、PFC3D 颗粒流离散单元法数值模拟等手段，提出三种粉细砂湿陷性评价方法，分别为基于现场浸水载荷湿陷试验的粉细砂湿陷性评价方法 (包括基于《岩土工程勘察规范》的湿陷性评价方法和基于多物理量的毛乌素沙漠粉细砂湿陷性评价方法)、基于标准贯入试验和室内试验的粉细砂湿陷性评价方法以及基于 PFC3D 颗粒流离散单元法的粉细砂湿陷性评价方法。三种评价方法从不同的角度对毛乌素沙漠粉细砂湿陷性进行了评价，共同构成了毛乌素沙漠粉细砂湿陷性评价体系，如图 6-6 所示。

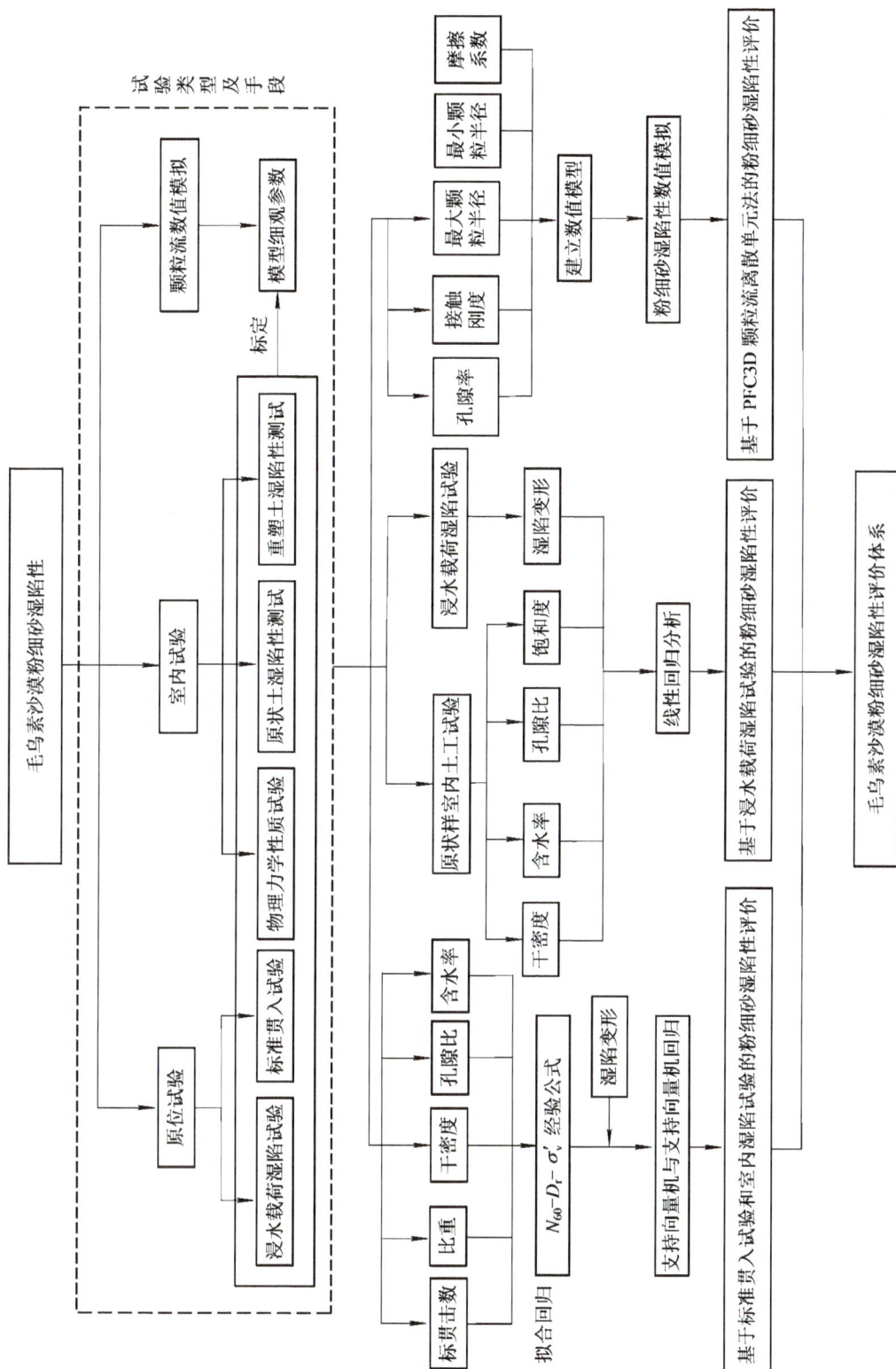

图 6-6　毛乌素沙漠粉细砂湿陷性评价体系

通过该评价体系,可以对毛乌素沙漠粉细砂湿陷量及湿陷等级进行多角度预测。其中,基于标准贯入试验和室内试验的粉细砂湿陷性评价方法是通过实测标准贯入击数,选取含水率、干密度、孔隙比和饱和度 4 个评价指标,建立标准贯入试验锤击数与粉细砂物理力学指标的经验关系,结合支持向量机回归理论评价的粉细砂湿陷性。基于现场浸水载荷湿陷试验的粉细砂湿陷性评价方法是采用《岩土工程勘察规范》(GB 50021—2001)(2009 年版)规定的湿陷性评价方法,或以含水率、干密度、孔隙比和饱和度作为自变量,浸水载荷湿陷试验得到的湿陷系数为因变量,建立基于多物理量的毛乌素沙漠粉细砂湿陷性评价方法。基于 PFC3D 颗粒流离散单元法的粉细砂湿陷性评价方法是通过基本物理力学特性标定细观参数,并建立粉细砂宏观物理力学参数与细观参数的函数关系,构建适用于毛乌素沙漠粉细砂湿陷性的数值模型,采用 PFC3D 颗粒流软件进行湿陷数值模拟试验,得到粉细砂湿陷量和湿陷系数,评价粉细砂湿陷性。

本 章 小 结

本章通过现场标准贯入试验、现场浸水载荷湿陷试验、室内湿陷试验、PFC3D 颗粒流离散单元法数值模拟等手段,提出了三种粉细砂湿陷性评价方法:基于现场浸水载荷湿陷试验的粉细砂湿陷性评价方法、基于标准贯入试验和室内试验的粉细砂湿陷性评价方法以及基于 PFC3D 颗粒流离散单元法的粉细砂湿陷性评价方法。上述三种评价方法可以对毛乌素沙漠粉细砂湿陷性进行评价,定量获得粉细砂湿陷量以及湿陷等级。该研究可以为毛乌素沙漠地区粉细砂湿陷性的工程问题提供参考依据,对同类型工程场地提供借鉴资料。

第7章 毛乌素沙漠粉细砂湿陷性评价软件平台

在构建毛乌素沙漠粉细砂湿陷性评价体系的基础上，可开发适用于毛乌素沙漠粉细砂湿陷性评价的软件平台。本章以第 2 ～ 5 章实测和模拟试验测试结果为依据，利用 SQLite 与 Navicat 制作数据库并编写了相应的查找代码，利用 PyQt5 与 Qt Designer 设计应用程序界面、实现控件功能、完成图形界面与数据库的连接，建立能充分体现毛乌素沙漠粉细砂基本物理力学特性与湿陷性的数据库，并将数据库与判别标准耦合至粉细砂湿陷性评价软件中，使毛乌素沙漠粉细砂湿陷性评价方法体系具象化，更好地服务于生产实践。

7.1 粉细砂湿陷性评价数据库的构建

7.1.1 数据库系统的建立

数据库系统一般由数据库、操作系统、数据库管理系统、应用开发工具、应用系统、用户以及数据库管理员构成，如图 7-1 所示。

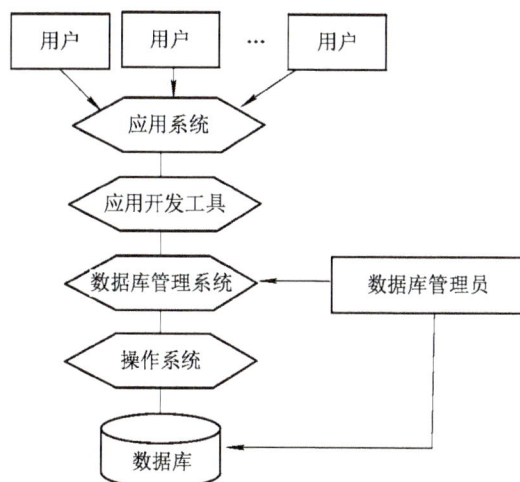

图 7-1 数据库系统

数据库系统的建立是指对于给定的应用环境，构造优化的数据库逻辑模式和物理结构，并据此建立数据库及其应用系统，使之能够有效地存储和管理数据，满足各种用户的应用需求。数据库系统的建立可分为6个阶段：需求分析、概念设计、逻辑设计、物理设计、数据库实施、数据库运行和维护，如图7-2所示。

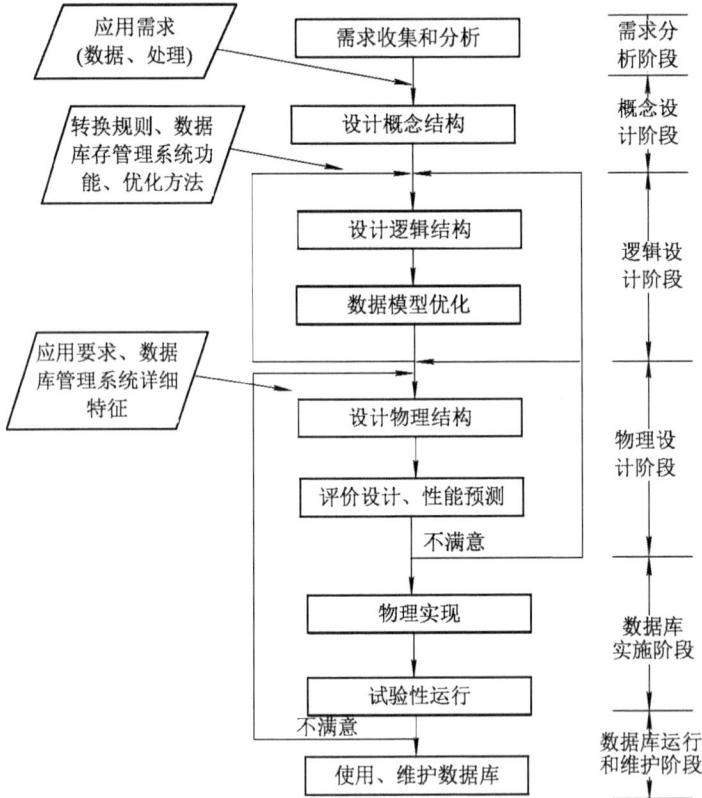

图 7-2　数据库系统的建立

需求分析阶段需要了解用户需求，该阶段的工作做得是否充分与准确，决定了数据库构建的速度和质量；概念设计阶段对用户需求进行综合、归纳和抽象处理，并形成一个独立于具体数据库管理系统的概念模型；逻辑设计阶段将概念结构转换为数据库管理系统支持的数据模型，并对其进行优化；物理设计阶段为逻辑数据结构选取一个应用环境最适合的物理结构，包括存储结构和存取方法；数据库实施阶段根据逻辑设计和物理设计的结果构建数据库，编写和调试应用程序，组织数据入库并进行试运行；数据库运行和维护阶段是经过试运行后没有问题即可投入正式运行，在运行过程中必须不断对其进行评估、调整与修改。

SQL(Structure Query Language)，即结构化查询语言，是专门用来与数据库通信的语言，用 SQL 向数据库管理系统下发指令，可以实现对数据库的增加、删除、修改和查询。基于 SQL 标准建立数据库的步骤如下：

(1) 创建数据库。

[语法]：

create database main character set utf8mb4 collate utf8mb4_unicode_520_ci;

创建名为"main"的数据库,并指定字符编码为 utf8 编码。

(2) 创建表格。

[语法]:

create table 表名称

(

    列名称 1 数据类型,

    列名称 2 数据类型,

    列名称 3 数据类型,

    ....

);

"main"的数据库中共创建了两张表,分别为"input_params"和"query_results"。其中,表"input_params"为输入参数表,共有六列参数;表"query_results"为查询结果表,共有七列参数。"main"数据库中两张表的结构见表 7-1。

SQLite 是一款实现 SQL 标准的轻量级数据库。使用 SQLite 存储数据时,不同的数据类型决定了存储数据方式的不同。为此,SQLite 数据库提供了多种数据类型,其中包括整数类型、字符串类型、日期和时间类型等。表 7-1 中涉及的数据类型包括 INTEGER(整数类型) 和 REAL(单精度浮点数据类型) 两种,它们是 SQL 中最常见的数据类型。整数类型用于存储整数,在 INTEGER (M) 中,M 表示最大显示宽度,默认为 11,整数类型数值范围为 0 ~ 4294967295;单精度浮点数据类型用于存储十进制小数,存储大小为 4 个字节,可精确到小数点后第 7 位数字。

表 7-1 数据库中表的结构

表 名	列 名	列 名 含 义	数据类型
input_params	id	编号	INTEGER
input_params	standard_hits	标准贯入击数	REAL
input_params	water_content	含水率	REAL
input_params	pressure	压力	INTEGER
input_params	particle_composition_lt_025	粒径小于 0.25 mm 之土质量占比	REAL
input_params	particle_composition_lt_0075	粒径小于 0.075 mm 之土质量占比	REAL
query_results	input_params_id	输入参数编号	INTEGER
query_results	compression_1	原位试验压缩量	REAL
query_results	settlement_1	原位试验湿陷量	REAL
query_results	settlement_ratio_1	原位试验湿陷系数	REAL
query_results	compression_2	室内试验压缩量	REAL
query_results	settlement_2	室内试验湿陷量	REAL
query_results	settlement_ratio_2	室内试验湿陷系数	REAL

表"input_params"字段"id"为外键,它包含在表"query_results"的主键中,表"query_results"字段"input_params_id"为主键。外键是索引的一种,是通过一张表中的一列指向另一张表中的主键,以对两张表进行关联。

(3) 插入数据。

[语法]:

insert into 表名称 values(值 1,值 2,…);

(4) 添加用户并赋予权限。

安装好 SQLite 以后,缺省有一个 root 用户。root 用户是超级管理员用户,拥有数据库系统的所有权限。使用 root 用户访问数据库存在安全隐患,故需要添加新的用户。

[语法]:

create user 用户名 @' localhost' identified by 密码;

@ 符号后面的 ' localhost' 表示该用户可以从 localhost 或者 127.0.0.1 地址访问数据库,也就是从本机访问数据库。

添加新的用户后,需要赋予用户访问数据库里面所有表的权限。

[语法]:

grant all on *.* to 用户名 @' localhost' ;

(5) 修改表记录。

Update 语句用于对已插入的数据进行修改。

[语法]:

update 表名 set 列名 = 值;

(6) 删除数据。

Delete 语句用于删除表中的行。

[语法]:

update 表名 set 列名 = 值;

7.1.2　数据库查询功能

Navicat 是一款轻量级的,可以多重连接的以用户图形界面进行操作的数据库管理软件。该软件是以直觉化的图形用户界面而建立的,可以让使用者以安全简单的方式创建、组织、访问信息,兼容主流的 Windows、Mac OS 以及 Linux 等环境。Navicat 关键功能包括 SQL 补全、数据对比、导入导出、结构对比、结果集编辑、数据迁移等。Navicat 的代码块功能比较强,可以方便地定义一些常用的 SQL 模板,对本机或远程的 MySQL、SQL server、SQLite、Oracle、PostgreSQL 数据库进行管理与开发。Navicat 的使用步骤如下:

(1) 链接数据库。

打开 Navicat,选择数据库(见图 7-3)。弹出 SQLite 新建连接界面(见图 7-4),输入连接名、用户名、密码。

图 7-3　连接数据库

图 7-4　SQLite 新建连接

测试数据库是否可以连接，提示如图 7-5 所示，单击"确定"按钮开始使用数据库。
双击数据库图标"main"，数据库图标变亮表示已经打开连接(图 7-6)。

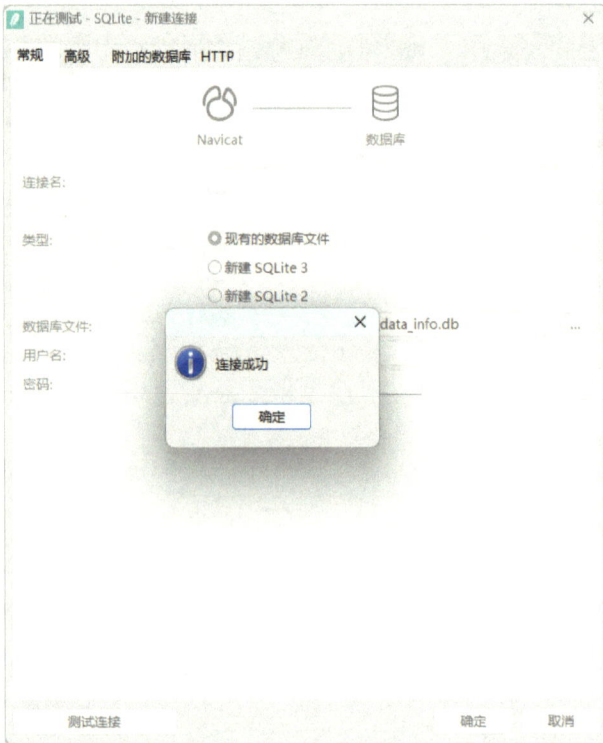

图 7-5　连接成功提示

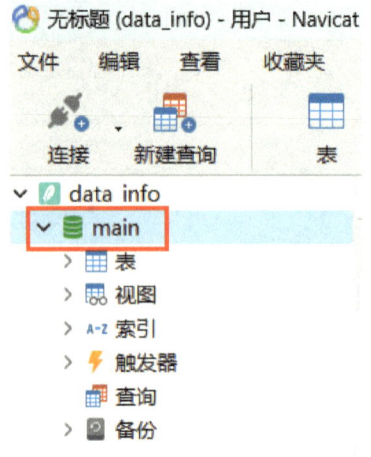

图 7-6　打开数据库连接

(2) 导入备份。

打开数据库连接，右键选择运行 SQL 文件(见图 7-7)，即可备份数据库文件。

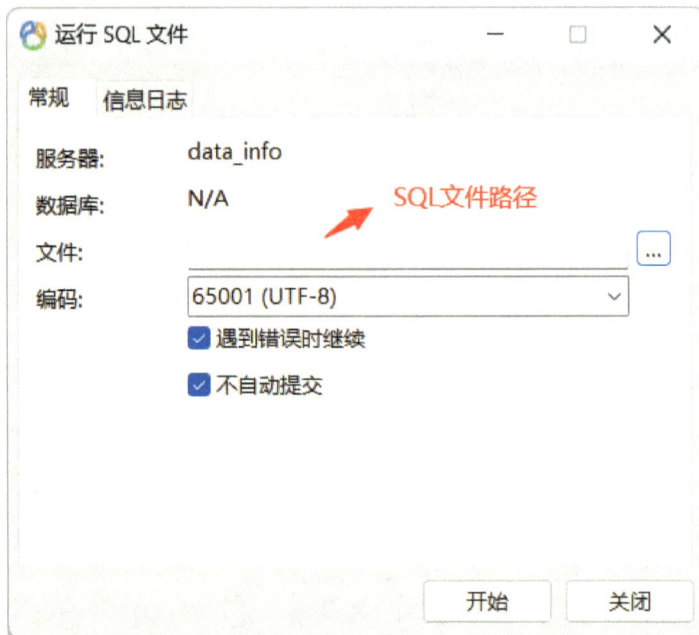

图 7-7　运行 SQL 文件

(3) 查询数据。

单击"新建查询"，在对象框中输入 SQL 查询语句(见图 7-8)，即可用 SQL 语句查询数据。

图 7-8　新建 SQL 查询

[语法]:

select * from 表名称 ;

如果需要从表中选取指定数据，可将 where 子句添加到 select 语句中，进行条件过滤。

[语法]:

select 列名称 from 表名称 where 列 运算符 值 ;

表 7-2 中的运算符可在 where 子句中使用。如希望查询标准贯入击数为 5 的数据，需要向 select 语句添加 where 子句：

select * from 表名 where standard_hits =5;

表 7-2　where 子句中可使用的运算符

运　算　符	描　　述
=	等于
<>	不等于
>	大于
<	小于
>=	大于等于
<=	小于等于
BETWEEN	在某个范围内
LIKE	搜索某种模式

and 和 or 可在 where 子语句中把两个或多个条件结合起来。如果第一个条件和第二个条件都成立，则用 and；如果第一个条件和第二个条件只要有一个成立即可，则使用 or。如希望查询标准贯入击数为 5 或 6、含水率为 3.0% 的数据：

select * from 表名 where (standard_hits =5 or standard_hits =6) and water_content=3.0;

(4) 修改用户信息。

登录数据库之后，选择需要修改用户信息的数据库，单击工具栏的"用户"，出现如图 7-9 所示界面，修改信息，再单击"保存"。

图 7-9　修改用户信息

7.2　粉细砂湿陷性评价的图形界面

7.2.1　PyQt5 工具简介

PyQt 是用于创建 GUI 应用程序的跨平台工具包，它将 Python 编程语言和 Qt 库成功地融合在了一起。Qt 库是目前最强大的 GUI 库之一，PyQt 允许使用 Python 语言调用 Qt 库中的 API，这大大提高了开发效率。PyQt 是由 Phil Thompson 开发的，可在所有主流操作系统上运行，包括 UNIX、Windows 和 MacOS。粉细砂湿陷性评价的图形界面开发使用的是 PyQt5 的 5.15 版本，语言开发环境是 Python 3。

PyQt 开发中最常用的功能模块主要有三个：

(1) QtCore。QtCore 模块是 PyQt 库中的一个核心模块，包含了与事件处理、定时器、线程、文件和目录操作、日期和时间、命令行参数等相关的类和函数。使用 PyQt 进行应用程序开发时，通常需导入 QtCore 模块并使用其功能。

(2) QtGui。QtGui 模块是 Qt 框架中的另一个核心模块，其功能包括绘制基本图形元素、提供各种控件、构建用户界面、实现布局管理、处理用户输入事件、支持国际化和本地化、提供对文件系统和打印机等外部资源的访问、实现界面美化以及主题的自定义。

(3) QtWidgets。PyQt5 的 QtWidgets 模块包含很多用于创建 GUI 应用程序控件和窗口部件的类。例如：

QApplication(应用程序类)：负责管理应用程序的控制流程和事件循环。

QMainWindow(主窗口类)：提供应用程序的主界面。

QWidget(窗口部件类)：所有用户界面元素的基类。

QLabel(标签类)：用于显示文本或图像。

QPushButton(按钮类)：用于触发事件。

QLineEdit(单行文本框类)：用于输入单行文本。

QTextEdit(多行文本框类)：用于输入和显示多行文本。

QComboBox(下拉框类)：用于选择列表中的一个选项。

QSpinBox(微调框类)：用于输入和显示数字。

QCheckBox(复选框类)：用于选择一个或多个选项。

QRadioButton(单选框类)：用于选择一个选项。

QProgressBar(进度条类)：用于显示任务的进度。

QSlider(滑块类)：用于调整数值。

QTableWidget(表格类)：用于显示和编辑表格数据。

QTreeView(树形视图类)：用于显示树形结构。

QDockWidget(停靠窗口类)：用于显示可停靠的窗口。

7.2.2　图形界面的开发

1. 图形界面设计

Qt Desigmer 是专门用来制作 PyQt 程序中 UI 界面的工具，其生成的 UI 界面是一个后缀为 .ui 的文件。该文件使用起来非常简单，可以通过命令将 .ui 文件转换成 .py 格式的文件，并被其他 Python 文件引用。

粉细砂湿陷性评价软件由登录窗口界面和主窗口界面组成，可以采用 Qt Designer 进行图形界面设计。

(1) 登录窗口界面设计。

运行程序首先需要进入登录窗口界面，在登录窗口界面输入用户名、密码，对用户名、密码进行校验，而后进入软件的主窗口界面。先用 Qt Desigmer 将登录窗口界面框架构建好，然后实现登录窗口界面的逻辑。创建一个 QWidget 窗口 (见图 7-10)，保存登录界面文件名为 "login.ui"。

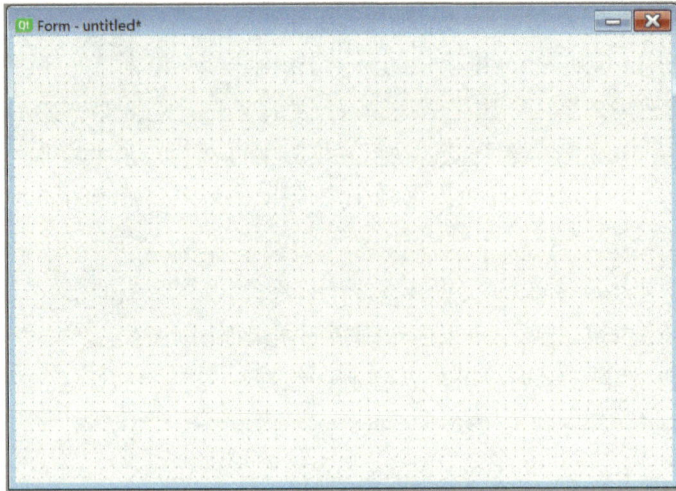

图 7-10　新建 QWidget 窗口

登录窗口界面设计效果如图 7-11 所示，界面主要包括以下元素：左上角标题栏"登录"两个字，窗口中央"粉细砂湿陷性评价软件"文字，用户名输入框，密码输入框以及登录按钮。其中，左上角标题栏"登录"两个字在"windowTitle"设置；"粉细砂湿陷性评价软件"文字由文本标签 QLabel 控件显示；用户名、密码由 QLineEdit 控件显示，在未输入值时提示输入框里应该输入的内容，提示在"placeholderText"设置；登录按钮由 QPushButton 控件显示。

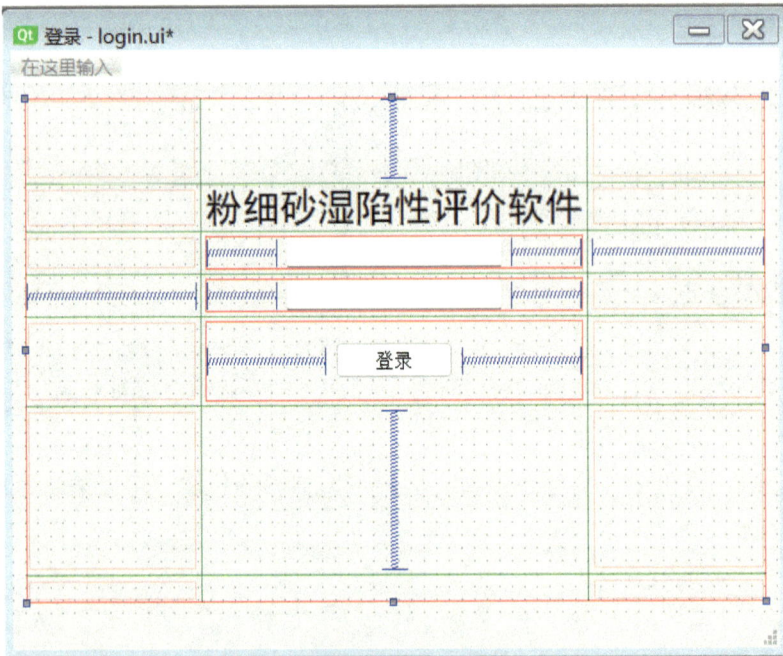

图 7-11　登录窗口

在登录窗口中插入各控件后，还需对界面及控件位置进行布局。登录窗口界面将"sizePolicy"水平、垂直策略均设置为"Fixed"，使其大小固定，禁止用户缩放。

登录窗口有 QLabel、QLineEdit 和 QPushButton 三种控件。QLabel 控件是已写好的一个类,间接继承自 QWidget 类,用于显示文本、图像、超链接、动画等,不提供用户交互功能,标签的视觉外观可以以各种方式配置。QLineEdit 控件是一个单行纯文本输入框,继承自 QWidget,接收键盘的输入,可显示为明文 (如登录窗口中的用户名框) 或者密文 (如登录窗口中的密码框)。QPushButton 是 Qt 常用的控件之一,提供普通的按钮功能,通过信号槽机制接收和触发信号并执行对应动作。

PyQt 提供了摆放控件的辅助工具 (布局管理器或布局控件),可以实现自动调整控件位置的目标。借助布局管理器,无须再逐个调整控件的位置和大小。登录窗口界面采用的是网格布局 (QGridLayout) 和水平布局 (QHBoxLayout) 的方式。网格布局是将控件放置在一个网格中,可以按行和列来组织控件,图 7-11 登录窗口中所有控件与 spacer 为网格布局。水平布局是指将所有控件从左到右 (或从右到左) 依次摆放,图 7-12 中登录按钮与 spacer 是水平布局。

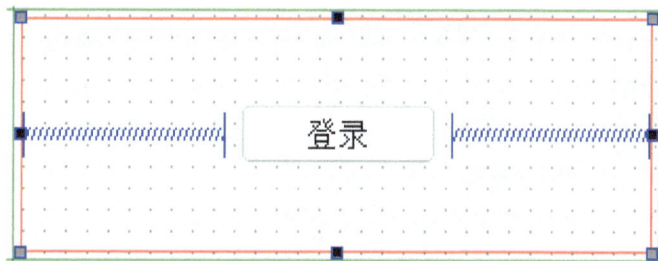

图 7-12　登录按钮与 spacer 的水平布局

(2) 主窗口界面设计。

首先创建一个 QMainWindow 窗口 (见图 7-13),保存主界面文件名为 "gui_py2.ui"。

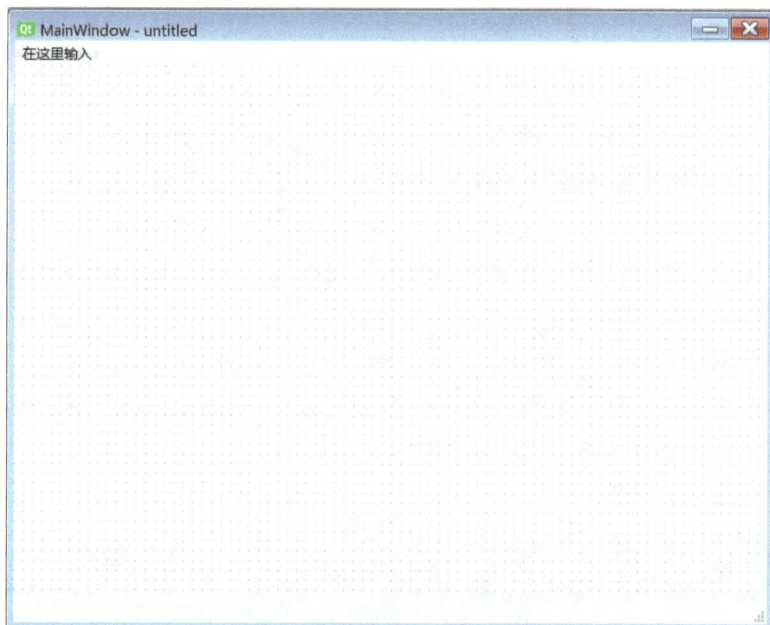

图 7-13　新建 QMainWindow 窗口

登录窗口所使用的 QWidget 是最基本的窗口，主窗口使用的 QMainWindow 窗口在 QWidget 的基础上多了菜单栏、工具栏、状态栏、标题栏等内容。

主窗口界面设计效果如图 7-14 所示，界面主要包括以下元素：左上角标题栏"粉细砂湿陷性评价"文字，"参数输入"框，"计算结果"框，"标贯击数："文字，标准贯入击数数值输入框，"(击)"文字，"选择文件"按钮，"含水率："文字，含水率数值输入框，"%"符号，"颗粒组成：粒径小于 0.25 mm 之土质量占比："文字，粒径小于 0.25 mm 之土质量占比数值输入框，"粒径小于 0.075 mm 之土质量占比："文字，粒径小于 0.075 mm 之土质量占比数值输入框，"计算"按钮，"重新输入"按钮，计算结果展示框，状态栏提示，"导出"按钮。

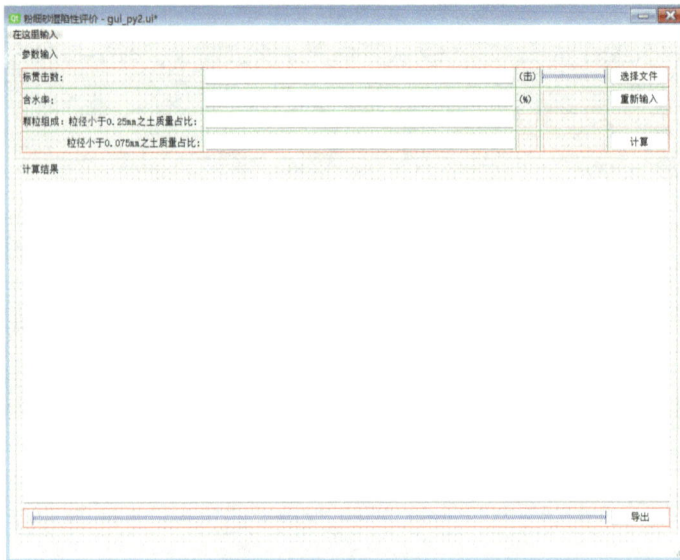

图 7-14   主窗口

主窗口有 QGroupBox、QPushButton、QLabel、QLineEdit 和 QPlainTextEdit 5 种控件。QGroupBox 为构建分组框提供了支持，分组框通常带有一个边框和一个标题栏，可作为容器部件来使用，用于布置各种窗口部件，分组框的标题通常在上方显示 (如"参数输入"框、"计算结果"框)。QPlainTextEdit 是一个多行纯文本编辑器控件，用于显示和编辑多行简单文本，可实现文本的输入、粘贴、剪切、撤销、重做、自动换行、查找、替换、鼠标选中等功能。

QMainWindow 对象在底部保留有一个水平条作为状态栏 (QStatusBar)，用于显示永久的或临时的状态信息。当输入文件格式不正确或输入参数超出范围时，状态栏会出现提示。

主窗口界面采用的是水平布局 (QHBoxLayout) 的方式，如图 7-15 为控件 QLabel、QLineEdit、Spacer 的水平布局。

图 7-15   控件 QLabel、QLineEdit、Spacer 的水平布局

2. 控件功能的实现

信号 (Signal) 和槽 (Slot) 是 Qt 中的核心机制，也是在 PyQt 编程中对象之间进行通信的机制。在 Qt 中，每一个 QObject 对象和 PyQt 中所有继承自 QWidget 的控件 (QObject 子对象) 都支持信号与槽机制。当控件发射信号时，连接的槽函数将会自动执行相关命令，以此实现控件的功能。在 PyQt5 中信号与槽通过 object.signal.connect ( ) 方法连接。PyQt 的窗口控件类中有很多内置信号，开发者也可以添加自定义信号。

在 GUI 编程中，当改变一个控件的状态时 (如单击按钮)，通常需要通知另一个控件。早期 GUI 编程使用回调机制，Qt 则使用信号与槽的新机制。在编写一个类时，要先定义该类的信号与槽，信号与槽在类中进行连接，实现对象之间的数据传输。信号与槽机制示意图如图 7-16 所示。

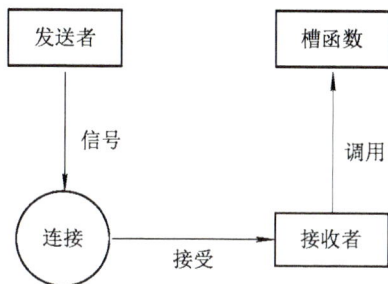

图 7-16　信号与槽机制示意图

信号与槽连接的主要步骤：

(1) 生成一个信号；

(2) 将信号与槽函数绑定起来；

(3) 槽函数接收数据；

(4) 发射信号；

(5) 把信号绑定到槽对象中的槽函数上。

当事件或者状态发生改变时，发送者发出信号，信号会触发所有与这个事件 (信号) 相关的函数 (槽)。信号与槽可以是多对多的关系，一个信号可以连接多个槽，一个槽也可以监听多个信号。

信号与槽有三种使用方法：第一种是内置信号与槽的使用，第二种是自定义信号与槽的使用，第三种是装饰器的信号与槽的使用。粉细砂湿陷性评价软件主要使用前两种方法。所谓内置信号与槽的使用，是指在发射信号时，使用的是窗口控件的函数，而不是自定义的函数。在信号与槽中，可以通过 QObject.signal.connect 将一个 QObject 的信号连接到另一个 QObiect 的槽函数。自定义信号与槽的使用，是指在发射信号时，不使用窗口控件的函数，而是使用自定义的函数。在 PyQt5 编程中，自定义信号与槽的适用范围很灵活，比如因为业务需求，在程序中的某个地方需要发射一个信号来传递多种数据类型 (实际上就是传递参数)，通过槽函数接收传递过来的数据，就可以非常灵活地实现一些业务逻辑。

控件功能实现的步骤如下：

(1) 把 Qt Designer 设计的图形界面 login.ui、gui_py2.ui 转换成 .py 文件，便于后续在主程序 main.py 中调用。可以直接调用 pyuic 将 .ui 文件转换为 .py 文件。Pyuic 是用户界面编译器，功能是读取 ui 文件，并用 python 代码把它编译为 py 文件。

(2) 将主程序 main.py 分为五部分分别操作：① 导入所需模块；② 利用逻辑判断函数判断查询到的结果是否具有湿陷性并确定湿陷程度和湿陷等级；③ 利用登录窗口类 class LoginWindows 封装登录窗口的布局、信号、槽函数；④ 利用主窗口类 class MainWindow 封装主窗口的布局、信号、槽函数；⑤ 利用控制语句控制程序运行。

(3) 在主程序中导入 decimal、os、sqlite3、sys、PyQt5、gui_py、login 等模块。Python 原生数据类型在进行浮点数和较大的数据运算时，可能会因精度问题导致计算结果不准确，为了提高数据存储的精度，就需要使用 decimal 库。os 模块是 Python 中整理文件和目录最为常用的模块，可以根据需要导入标准贯入试验结果文件，导出查询结果文件，判断某个文件是否存在、是否创建新文件。导入 sqlite3 库，便于数据库与图形界面的连接与整合。sys 模块是与 Python 解释器交互的一个接口，在粉细砂湿陷性评价软件中，sys 模块主要应用于控制语句部分，该模块提供了许多函数和变量来处理不同环境部分 Python 运行时的问题。导入 PyQt5 后，可利用信号与槽机制实现控件的功能。把 login.ui、gui_py.ui 转换成 .py 文件后，将其导入主程序中，在主程序框架的基础上编写函数，进而实现软件的功能。

(4) 实现主程序第二部分——编写逻辑判断函数。

依据粉细砂湿陷性判别标准，编写逻辑判断函数，对从数据库查询到的数据进行判断。逻辑判断函数主要应用 Python 条件语句，包括以下 2 种语法结构：

① if 条件:
　　语句组
② if 条件 1:
　　语句组 1
　elif 条件 2:
　　语句组 2
　　……
　elif 条件 n:
　　语句组 n
　else:
　　语句组 n+1

(5) 实现主程序第三部分——使用登录窗口类 class LoginWindows。

在 Python 中，类表示具有相同属性和方法的对象的集合。在使用类时，需要先定义类，然后再创建类的实例，通过类的实例就可以访问类中的属性和方法了。在登录窗口输入用户名和密码，单击"登录"按钮或者按回车键都可实现登录。单击按钮、按回车键就是控件发送信号的过程，自定义登录槽函数接收控件发出的信号并进行用户信息校验。用户名和密码正确，界面跳转至主窗口；用户名或密码错误，则提示"用户名或密码错误"。具体的实现过程如下：

当 QPushButton 按钮被单击就会发出 clicked 信号，该信号将被指定到自定义的登录函数 login 上：

self.pushButton.clicked.connect(self.login)

当在密码输入框 (QLineEdit) 按回车键，就会发出 returnPressed 信号，同样该信号将被指定到登录函数上：

self.passwordEdit.returnPressed.connect(self.login)

通过 text 方法获取用户名、密码输入框内的文本内容，并将其发送到数据库进行校验：

username = self.username_lineEdit.text()

password = self.password_lineEdit.text()

(6) 实现主程序第四部分——使用主窗口类 class MainWindow。

"选择文件"按钮属于 QPushButton 控件，该按钮被单击就会发出 clicked 信号，接收该信号的槽函数为 choose_file：

self.ui.choose_file_btn.clicked.connect(self.choose_file)

函数 choose_file 可以对导入文件格式进行判断。当文件格式正确时，状态栏显示"文件导入成功"；当文件格式有误时，状态栏显示"文件格式有误"。单击"选择文件"按钮，可同时实现标准贯入击数、含水率、颗粒组成等参数的输入，并在每个输入框一次性展示所有输入值。

含水率数值输入框属于 QLineEdit 控件，当用户输入结束时，发出 editingFinished 信号，接收该信号的槽函数为 check_1：

self.ui.lineEdit_1.editingFinished.connect(self.check_1)

函数 check_1 可以对输入的含水率数值格式和范围进行判断。当输入数值大小与格式均正确时，输入参数将传至数据库进行查询；当输入数值格式不正确时，提示"含水率输入格式错误"；当输入数值超出范围时，提示"含水率输入参数超出范围，范围 3.0 ～ 6.0"。

粒径小于 0.25 mm 之土质量占比数值输入框属于 QLineEdit 控件，当用户输入结束时，发出 editingFinished 信号，接收该信号的槽函数为 check_2：

self.ui.lineEdit_2.editingFinished.connect(self.check_2)

函数 check_2 可以对输入数值的格式和范围进行判断。当输入数值大小与格式均正确时，输入参数将传至数据库进行查询；当输入数值格式不正确时，提示"粒径小于 0.25 mm 之土质量占比输入格式错误"；当输入数值超出范围时，提示"粒径小于 0.25 mm 之土质量占比输入参数超出范围，范围 0.15 ～ 0.65"。

粒径小于 0.075 mm 之土质量占比数值输入框属于 QLineEdit 控件，当用户输入结束时，发出 editingFinished 信号，接收该信号的槽函数为 check_3：

self.ui.lineEdit_3.editingFinished.connect(self.check_3)

函数 check_3 可以对输入数值的格式和范围进行判断。当输入数值大小与格式均正确时，输入参数将传至数据库进行查询；当输入数值格式不正确时，提示"粒径小于 0.075 mm 之土质量占比输入格式错误"；当输入数值超出范围时，提示"粒径小于 0.075 mm 之土质量占比输入参数超出范围，范围 0.00 ～ 0.05"。

"计算"按钮属于 QPushButton 控件，该按钮被单击就会发出 clicked 信号，接收该信号的槽函数为 calc_file：

self.ui.calc_btn.clicked.connect(self.calc_file)

函数 calc_file 可以获取用户输入的所有数据，然后执行查询函数 get_id_by_params。从数据库获取与输入参数相对应的结果后，将结果传给 show_find_data 函数处理后展示在查询结果展示框内。show_find_data 函数事先定义了查询结果格式。

"重新输入"按钮属于 QPushButton 控件，该按钮被单击就会发出 clicked 信号，接收该信号的槽函数为 reset_file：

self.ui.reset_btn.clicked.connect(self.reset_file)

函数 reset_file 可以将所有输入参数及查询结果都清除掉。

"导出"按钮属于 QPushButton 控件，该按钮被单击就会发出 clicked 信号，接收该信号的槽函数为 export_file：

self.ui.export_btn.clicked.connect(self.export_file)

函数 export_file 可以导出数据库中的数据。当查询结果为空时，在状态栏提示"内容为空，导出失败"；当查询到结果，导出的文件名为：文件名 + 第一个含水率值 + 第一个粒径小于 0.25 mm 之土质量占比数值 + 第一个粒径小于 0.075 mm 之土质量占比数值。

(7) 编写控制程序开关代码。

(8) 软件调试。

通过编写 shell 脚本建立数据库，设计表结构并完成数据录入与用户管理；使用 Navicat 编写 SQL 查询语句，实现按照指定条件在大量数据中查询的功能。借助 PyQt5 的信号与槽机制，将建立的数据库与开发的图形界面结合即可完成粉细砂湿陷性评价软件的开发。

7.3 粉细砂湿陷性评价的软件平台

7.3.1 软件平台的打包

PyQt 可以集成利用 Python 的一些非常流行的模块库如 PyInstaller、Pandas、Matplotlib、PyQtGraph、Plotly 等。粉细砂湿陷性评价软件的打包使用 PyInstaller 模块库，使 python 项目生成可执行的 .exe 文件。PyInstaller 是将 Python 脚本及其依赖的库、资源文件等打包成一个单独的可执行文件，在其他机器上运行时不需要安装 Python 解释器和相关库，即可直接运行的打包工具，支持 Windows、Linux、MacOS 等环境，并且支持 32 位和 64 位系统。

PyInstaller 对 PyQt5 项目进行打包的主要步骤如下：

(1) 安装 PyInstaller。使用 pip 命令安装 PyInstaller，在命令行中执行以下命令即可：

pip3 install pyinstaller

(2) 打包脚本。从命令行中进入要打包的 Python 脚本所在的目录，执行以下命令：

pyinstaller main.py

这样会在当前目录下生成一个 dist 文件夹，其中包含了打包后的可执行文件。

(3) 自定义打包选项。PyInstaller 提供了一些选项，可以用来自定义打包过程。例如，可以使用 --onefile 选项将所有的依赖库打包成一个单独的可执行文件，而不是多个文件；可以使用 --name 选项指定生成的可执行文件的名称；可以使用 --icon 选项指定生成的可执行文件的图标文件等。具体的选项可以通过执行 pyinstaller --help 命令查看。

(4) 处理依赖。使用 --hidden-import 选项可以手动添加缺失的依赖库。

(5) 处理资源文件。如果脚本中使用的一些外部资源文件 (如图片等) 也需要被打包进可执行文件中，可使用 --add-data 选项来指定资源文件的路径和可执行文件中的相对路径。

(6) 运行可执行文件。打包生成的可执行文件可以在其他机器上直接运行，无须安装 Python 解释器和相关库。

在使用 PyInstaller 进行应用程序打包时，需要注意以下几个方面：

(1) 版本兼容性：不同版本的 PyInstaller 可能有不同的特性，确保使用的 PyInstaller 版本与 Python 版本兼容。

(2) 依赖管理：确保所有的依赖库都已正确安装，在打包过程中能被正确识别和包含。

(3) 文件路径：在打包过程中，PyInstaller 会将所有的依赖文件打包到一个目录中，因此需要确保应用程序中的文件路径是正确的。

(4) 调试模式：在开发和调试阶段，可以使用 --debug 参数来启用调试模式，以便在运行时查看更多的调试信息。

(5) 平台兼容性：如果需要在不同的操作系统上运行应用程序，需要确保打包的应用程序在目标系统上能够正常运行。可以使用 --target 参数来指定目标系统的架构。

(6) 测试和验证：打包完成后，在目标系统上进行测试和验证，确保应用程序能够正常运行，并且所有的功能都能够正常使用。

7.3.2　软件平台的使用

为使用户明确软件的所有功能，掌握软件的使用方法，软件开发人员进行了如下说明：

(1) 解压软件压缩包，解压文件中包含数据库、应用程序和总输入文本文件 (见图 7-17)。

名称	类型	大小
data_info	Data Base File	66,904 KB
main	应用程序	36,458 KB
总输入	文本文档	1 KB

图 7-17　解压文件

(2) 双击应用程序 .exe 文件，弹出登录窗口 (见图 7-18)，输入用户名、密码，单击"登录"或在密码输入后按回车键，进入主窗口。单击主窗口中的"选择文件"按钮 (见图 7-19)，会弹出解压文件夹，选择总输入文本文件，输入文本文件格式如图 7-20 所示。

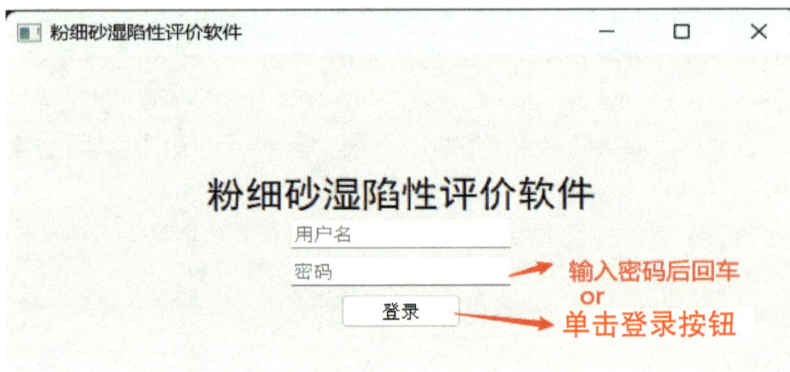

图 7-18　登录窗口

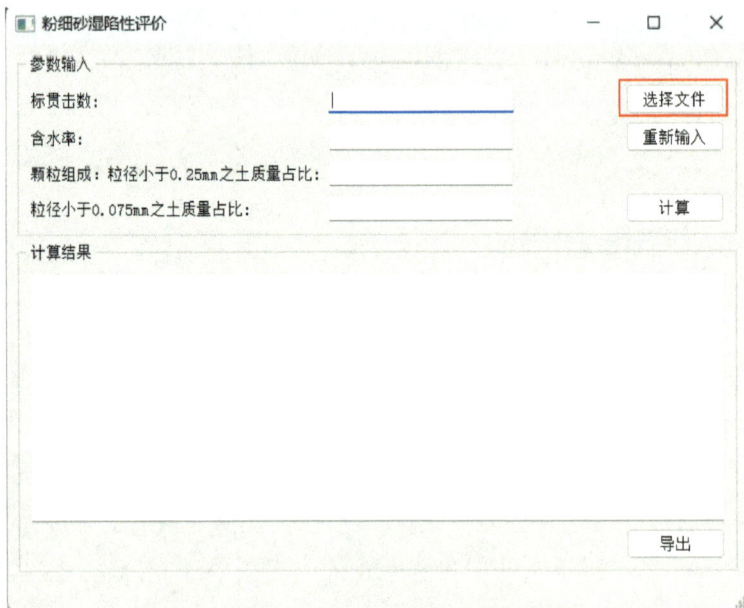

图 7-19　输入文件

图 7-20　输入文本文件格式

图 7-20 中，第一列数据为标准贯入深度，单位为 m，共 10 m；第二列数据为不同标准贯入深度对应的标准贯入击数，单位为击；第三列数据为不同深度对应的含水率 (%)；第四列数据为不同深度对应的粒径小于 0.25 mm 之土质量占比；第五列数据为不同深度对应的粒径小于 0.075 mm 之土质量占比。标准贯入击数输入数值范围为 1 ～ 15，保留整数；含水率输入数值范围为 3.0 ～ 6.0，保留一位小数；粒径小于 0.25 mm 之土质量占比可输入数值范围为 0.15 ～ 0.65，保留两位小数；粒径小于 0.075 mm 之土质量占比可输入数值范围为 0.00 ～ 0.05，保留两位小数。文件导入成功后会在各输入框中显示所有输入值，并在状态栏提示"文件导入成功"(见图 7-21);若文件输入格式不正确，则在状态栏提示"文件格式有误"(见图 7-22)。

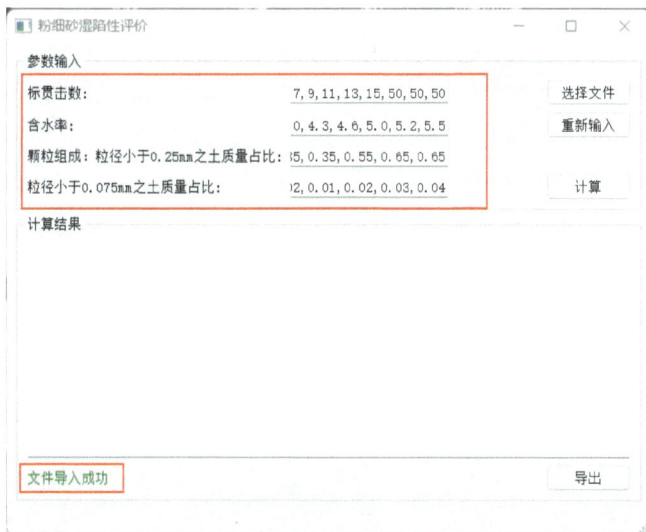

图 7-21　文件导入成功

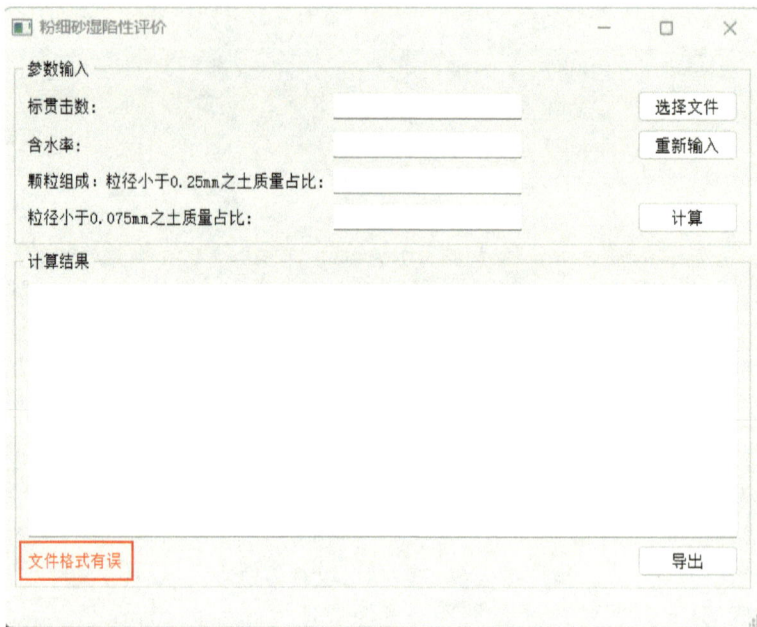

图 7-22　文件导入失败

(3) 单击"计算"按钮后，在下方显示查询结果，拖动右侧垂直滚动条查询所有结果（见图 7-23）。查询结果包括三部分，分别为：

① 对场地整体湿陷情况的判断，确定湿陷土层厚度、湿陷程度与场地湿陷等级。

② 室内试验 25 kPa、50 kPa、75 kPa、100 kPa、150 kPa、200 kPa 对应的压缩量、湿陷量、湿陷系数，并判定粉细砂是否具有湿陷性，确定其湿陷程度。

③ 原位试验 25 kPa、50 kPa、75 kPa、100 kPa、150 kPa、200 kPa 对应的压缩量、湿陷量、湿陷系数，并判定粉细砂是否具有湿陷性，确定其湿陷程度。

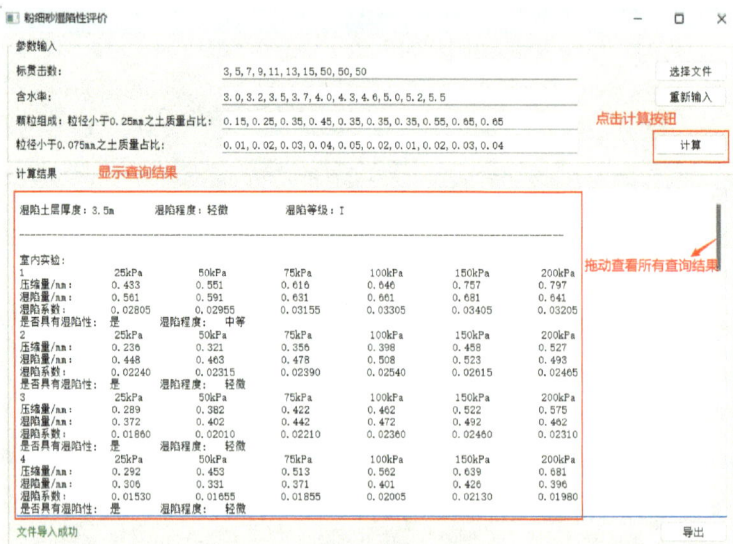

图 7-23　粉细砂湿陷性结果查询

(4) 单击"导出"按钮，导出查询结果文件 (见图 7-24)。

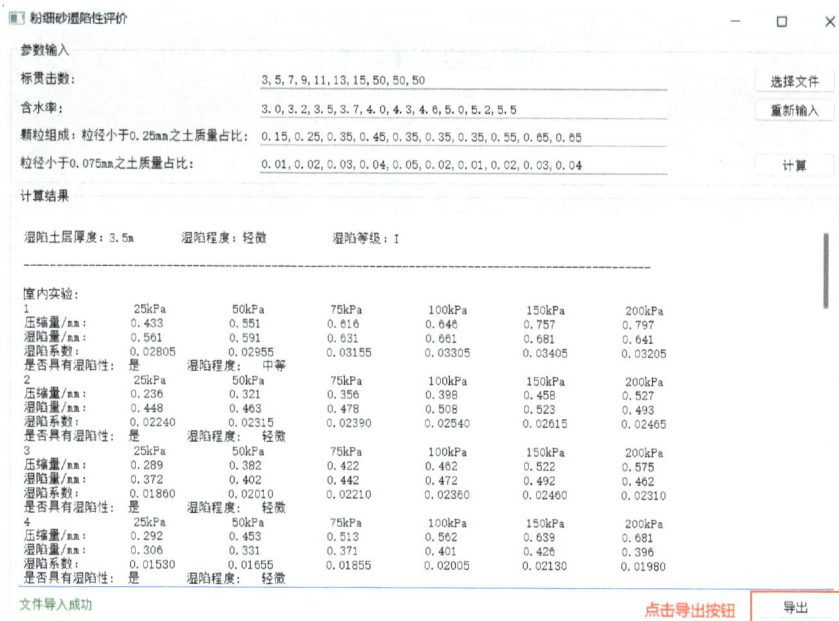

图 7-24　粉细砂湿陷性计算结果导出

导出文件格式如图 7-25 所示，文件自动命名为"输入文件名 + 第一个含水率输入值 + 第一个颗粒组成输入值"，文件保存路径即为软件所在位置。

图7-25　导出文件格式

本 章 小 结

　　以实测和模拟试验测试结果为依据，利用 SQLite 与 Navicat 制作了数据库并编写了相应的查找代码，利用 PyQt5 与 Qt Designer 完成了应用程序界面的设计、控件功能的设置以及图形界面与数据库的连接，以《岩土工程勘察规范》(GB50021—2001)(2009 年版) 为依据，建立了能充分体现毛乌素沙漠粉细砂的基本物理力学特性与湿陷性的湿陷性评价软件，实现了仅需获取粉细砂的标准贯入击数、含水率和颗粒组成即可评价其湿陷性的目标。

第8章 主要结论及展望

8.1 主要结论

本书通过相关课题研究，主要取得了如下成果：

(1) 在大量资料收集整理、野外实地调查、室内分析的基础上，对毛乌素沙漠的自然地理环境、气象水文特征、地形地貌特征、地质构造环境、地层环境等地质环境条件进行了全面研究，系统总结了研究区浸水载荷湿陷试验场地的工程地质条件，为在该地区开展湿陷性研究提供了翔实的基础性资料。

(2) 通过标准贯入试验，获得了各标准贯入试验孔不同深度的锤击数，揭示了各标准贯入试验孔标准贯入击数随深度的变化规律，探明了研究区试验场地地层结构、地下水位标高、砂土状态参数（密实程度）、试验场地土层剖面结构。

(3) 通过大量室内试验，对研究区浸水载荷湿陷试验场地粉细砂的天然密度、干密度、饱和密度、最大干密度、最小干密度、相对密实度、比重、含水量、饱和度、孔隙比、孔隙率、压缩系数、压缩模量、渗透系数、湿陷系数、湿陷起始压力、自重压力、自重湿陷系数、粒径级配（不均匀系数及曲率系数）、地基极限承载力等物理力学性质进行了研究，掌握了毛乌素沙漠粉细砂岩土特性。

(4) 通过开展毛乌素沙漠粉细砂现场浸水载荷湿陷试验，系统研究了毛乌素沙漠粉细砂的湿陷特性，揭示了其湿陷特性及变形规律，获得了湿陷系数及湿陷量变化范围，建立了现场浸水载荷湿陷试验浸水量与湿陷量的关系。在此基础上基于《岩土工程勘察规范》(GB 50021—2001)(2009 年版) 提出了毛乌素沙漠粉细砂湿陷性程度及等级，建立了基于现场浸水载荷湿陷试验的毛乌素沙漠粉细砂湿陷性及其评价方法。

(5) 通过开展毛乌素沙漠粉细砂原状样室内湿陷试验，进一步揭示了毛乌素沙漠粉细砂原状样的湿陷特性和湿陷变形规律，在此基础上基于《岩土工程勘察规范》(GB

50021—2001)(2009 年版) 提出了毛乌素沙漠粉细砂原状样湿陷性程度及等级，对比分析了其与现场浸水载荷试验结果，明确了毛乌素沙漠粉细砂湿陷特性、湿陷性及湿陷等级。

(6) 通过开展毛乌素沙漠粉细砂重塑样室内湿陷试验，进一步揭示了毛乌素沙漠粉细砂重塑样的湿陷特性和湿陷变形规律，在此基础上基于《岩土工程勘察规范》(GB 50021—2001)(2009 年版) 提出了毛乌素沙漠粉细砂重塑样湿陷性程度及等级，对比分析了其与室内原状样湿陷试验结果，验证了基于原状样制备重塑样制样方法的合理性，明确了颗粒间的相互作用、密实程度、孔隙结构是影响毛乌素沙漠粉细砂湿陷特性的主要因素。

(7) 通过开展一系列单一变量法的重塑样室内湿陷试验，研究毛乌素沙漠粉细砂不同影响因素下的湿陷特性，揭示了毛乌素沙漠粉细砂湿陷性影响因素与湿陷性的关系，研究表明湿陷性随垂直压力的增加先增大后减小，随相对密实度的增大而减小，随干密度的增大而减小，随粒组直径的增加而减小 (减小的幅值较小，变化范围在 0.2% 以内)，随含水率的增加而减小 (减小的幅值较小，变化范围在 0.3% 以内)。在此基础上，确立了影响毛乌素沙漠粉细砂湿陷性的主要因素及阈值。

(8) 基于 PFC3D 数值模拟方法，以现场浸水载荷湿陷试验、原状样室内湿陷试验和重塑样室内湿陷试验结果为依据，构建了粉细砂宏观物理力学参数与细观参数的关系，建立了适用于毛乌素沙漠粉细砂湿陷性的数值模型，通过 184 140 种工况的数值模拟室内湿陷试验与现场浸水载荷湿陷试验，并将数值模拟试验结果与室内湿陷试验和现场浸水载荷湿陷试验结果进行对比，验证了基于 PFC3D 数值建模、细观参数标定与数值模拟计算方法的可靠性，在此基础上揭示了影响粉细砂湿陷性的因素及规律。

(9) 通过现场标准贯入试验、现场浸水载荷湿陷试验、室内湿陷试验、PFC3D 颗粒流离散单元法数值模拟等手段，提出了基于现场浸水载荷湿陷试验的粉细砂湿陷性评价方法，基于标准贯入试验和室内试验的粉细砂湿陷性评价方法以及基于 PFC3D 颗粒流离散单元法的粉细砂湿陷性评价方法。通过上述三种评价方法，可以对毛乌素沙漠粉细砂湿陷特性进行评价，定量获得粉细砂湿陷量以及湿陷等级。

(10) 以实测和模拟试验测试结果为依据，利用 SQLite 与 Navicat 制作了数据库并编写了相应的查找代码，利用 PyQt5 与 Qt Designer 设计了应用程序界面、实现了控件功能以及图形界面与数据库的连接，建立了能充分体现毛乌素沙漠粉细砂基本物理力学特性与湿陷特性的湿陷性评价软件，实现了仅需获取粉细砂的标准贯入击数、含水率、颗粒组成，即可评价其湿陷性的目标。

8.2　研究展望

通过课题研究，在已有成果的基础上仍面临以下挑战：

(1) 通过课题研究，基本掌握了毛乌素沙漠粉细砂的物理力学特性和湿陷特性，但由于取样地点、制样方法和试验测试方法的局限性，全面掌握毛乌素沙漠不同区域、不同深度粉细砂的物理力学特性和湿陷特性还需开展大量的研究工作。

(2) 基于6个试验场地15个试验点的毛乌素沙漠粉细砂在浸水饱和后孔隙率降低，表现出一定的湿陷变形，分析了毛乌素沙漠粉细砂的湿陷现象，然而，要全面揭示毛乌素沙漠粉细砂的湿陷机理还有待进一步研究。

(3) 毛乌素沙漠粉细砂湿陷性评价软件数据库是以现有浸水载荷湿陷试验、室内湿陷试验及数值模拟湿陷试验为基础的，数据具有一定的局限性，后续可运用机器学习方法，从粉细砂宏观物理力学参数、细观参数、湿陷特性参数中自动分析获得模型，对未知数据进行预测，简化基于离散单元法的粉细砂湿陷性评价方法，对数据库进行补充和完善。

参 考 文 献

[1]　中华人民共和国建设部，中华人民共和国国家质量监督检验检疫总局.岩土工程勘察规范：GB 50021—2001(2009 年版) [S]. 北京：中国建筑工业出版社，2009.

[2]　中华人民共和国住房和城乡建设部，国家市场监督管理总局.湿陷性黄土地区建筑标准：GB 50025—2018 [S]. 北京：中国建筑工业出版社，2019.

[3]　中华人民共和国住房和城乡建设部，国家市场监督管理总局.岩土工程勘察安全标准：GB/T 50585—2019 [S]. 北京：中国计划出版社，2019.

[4]　中华人民共和国住房和城乡建设部，国家市场监督管理总局.土工试验方法标准：GB/T 50123—2019 [S]. 北京：中国计划出版社，2019.

[5]　中华人民共和国住房和城乡建设部，中华人民共和国国家质量监督检验检疫总局.建筑地基基础设计规范：GB 50007—2011 [S]. 北京：中国建筑工业出版社，2012.

[6]　中华人民共和国住房和城乡建设部.建筑工程地质勘探与取样技术规程：JGJ/T 87—2012 [S]. 北京：中国建筑工业出版社，2012.

[7]　中华人民共和国国家质量监督检验检疫总局，中国国家标准化管理委员会.岩土工程仪器基本参数及通用技术条件：GB/T 15406—2007 [S]. 北京：中国标准出版社，2007.

[8]　中华人民共和国水利部.水利水电工程注水试验规程：SL 345—2007 [S]. 北京：中国水利水电出版社，2008.

[9]　张利生.湿陷性黄土试验方法探讨 [J]. 岩土力学，2001，22(02)：207-210.

[10]　黄雪峰，杨校辉.湿陷性黄土现场浸水试验研究进展 [J]. 岩土力学，2013，34(S2)：222-228.

[11]　侯彦凯.戈壁地区粗粒土地基湿陷特性研究 [J]. 铁道工程学报，2016(06)：31-34.

[12]　王生新，陆勇翔，尹亚雄，等.碎石土湿陷性试验研究 [J]. 岩土力学，2010，31(08)：2373-2377.

[13]　曾正中，张明泉，黄明源.腾格里沙漠南缘风积砂土湿陷性研究 [J]. 甘肃科学学报，2000(02)：63-68.

[14]　曾正中，张明泉，梁宗仁，等.腾格里沙漠南缘风积砂土地基的工程地质特性 [J]. 西北水电，2001(03)：18-20，73.

[15]　唐琼，刘小平，任兴文，等.长庆油田地面建设中地基处理技术 [J]. 石油规划设计，2011，22(03)：42-44.

[16]　张富华.安哥拉罗安达地区湿陷性砂土地基基础设计 [J]. 建筑结构，2016，46(S1)：821-823.

[17]　刘争宏，廖燕宏，张玉守.罗安达砂物理力学性质初探 [J]. 岩土力学，2010，31(S1)：121-126.

[18]　唐国艺，唐立军，刘智，等.安哥拉罗安达湿陷性砂的载荷试验研究 [J]. 水文地质工程地质，2018，45(05)：108-113.

[19] 刘彬，张庚成，李荣先 . 尼日尔风积砂土湿陷性试验研究与评价 [J]. 中国海洋大学学报（自然科学版），2016，46(07)：99-104.

[20] 姚晨辉，夏玉云，吴学林，等 . 巴基斯坦塔尔沙漠风积砂土湿陷性特征 [J]. 长江科学院院报，2021，38(05)：131-136.

[21] 杨瑞雪，崔自治，郤玥颖，等 . 细粒含量对银川细砂压缩及压缩水敏性的影响 [J]. 广西大学学报（自然科学版），2018，43(03)：1143-1148.

[22] 柳旻，姚晨辉，张国敬，等 . 强夯法处理湿陷性风积砂土地基评价 [J]. 水利与建筑工程学报，2020，18(03)：31-35，41.

[23] 石宇涵 . 陕西北部粉细砂湿陷性及渗透性试验研究 [D]. 西安：西安工业大学，2016.

[24] 毛洪运，朱江鸿，李忠民，等 . 强夯法消除风积粉细砂湿陷性研究 [J]. 工程地质学报，2019(27)：745-752.

[25] 叶英 . 粉细砂地层浅埋暗挖法注浆加固技术指南：粉细砂概述 [M]. 北京：中国建筑工业出版社，2013.

[26] 苏立君，张宜健，王铁行 . 不同粒径级砂土渗透特性试验研究 [J]. 岩土力学，2014，35(05)：1289-1294.

[27] 朱建群，孔令伟，钟方杰 . 粉粒含量对砂土强度特性的影响 [J]. 岩土工程学报，2007(11)：1647-1652.

[28] THEVANAYAGAM S. Effect of fines and confining stress on undrained shear strength of Silty sands [J]. Journal of Geotechnical and Geoenvironmental Engineering，1998，24(06)：479-491.

[29] SKOPEK P，MORGENSTERN N R，ROBERTSON P K，et al. Collapse of dry sand [J]. Revue Canadienne De Géotechnique，1994，31(06)：1008-1014.

[30] LAWTON E C，FRAGASZY R J，HARDCASTLE J H. Collapse of CoMPacted Clayey Sand [J]. Journal of Geotechnical Engineering，1989，115(09)：1252-1267.

[31] 罗云华 . 砂土路基湿化变形研究 [D]. 武汉：武汉大学，2004.

[32] 王治军，李喜安，宋焱勋，等 . 毛乌素沙漠风积砂岩土力学特性及工程应用研究 [M]. 北京：地质出版社，2011.

[33] 张炜，夏玉云，刘争宏，等 . 非洲红砂工程特性研究与应用 [M]. 北京：中国建筑工业出版社，2021.

[34] 耿楠 . 毛乌素沙漠地区风积沙工程特性试验研究 [D]. 西安：长安大学，2016.

[35] 何军 . 毛乌素沙漠地区输油工程勘察与地基处理的技术方法研究 [D]. 西安：长安大学，2006.

[36] 李邦旭 . 毛乌素沙漠风积砂地基力学特性研究 [D]. 西安：长安大学，2009.

[37] 张德媛 . 毛乌素沙漠风积砂工程物理特性研究 [D]. 西安：长安大学，2009.

[38] 刘倍利 . 毛乌素沙漠特殊地基承载力试验研究 [D]. 西安：长安大学，2011.

[39] 宋焱勋 . 毛乌素沙漠风积砂力学特性及复合地基承载力试验研究 [D]. 西安：长安大学，2013.

[40] 杨瑞雪 . 细粒含量对银川细砂力学性能的影响 [D]. 银川：宁夏大学，2020.

[41] 蒋明镜 . 现代土力学研究的新视野：宏微观土力学 [J]. 岩土工程学报，2019，41(02)：195-254.

[42] 罗琴 . 新疆石河子地区砂土地基承载力可靠度分析 [D]. 乌鲁木齐：新疆农业大学，2008.

[43] 胡海东．盐渍土地区浸水载荷现场试验及数值模拟研究 [D]．兰州：兰州交通大学，2018．

[44] 张明义，寇海磊，郭燕文．一种松散砂土环刀取样方法：CN102912781A [P].2013-02-06．

[45] 《工程地质手册》编委会．工程地质手册 [M]．5 版．北京：中国建筑工业出版社，2018．

[46] 彭帝．沙漠地区高速公路路基压实技术研究 [D]．西安：长安大学，2005．

[47] 李万鹏．风积沙的工程特性与应用研究 [D]．西安：长安大学，2005．

[48] 陈晓光，罗俊宝，张生辉．沙漠地区公路建设成套技术 [M]．北京：人民交通出版社，2006．

[49] 朱震达．中国沙漠概论 [M]．北京：科学出版社，1980．

[50] 朱震达，刘恕，邸醒民．中国的沙漠化及其治理 [M]．北京：科学出版社，1989．

[51] 董光荣，李森，李保生，等．中国沙漠形成演化的初步研究 [J]．中国沙漠，1991(04)：27-36．

[52] 李博，史培军．内蒙古鄂尔多斯高原自然资源与环境研究 [M]．北京：科学出版社，1990．

[53] 史培军．地理环境演变研究的理论与实践：鄂尔多斯地区晚第四纪以来地理环境演变研究 [M]．北京：科学出版社，1991．

[54] 李保生，靳鹤龄，吕海燕，等．150ka 以来毛乌素沙漠的堆积与变迁过程 [J]．中国科学 (D 辑：地球科学)，1998(01)：85-90．

[55] 吴波，慈龙骏．五十年代以来毛乌素沙地荒漠化扩展及其原因 [J]．第四纪研究，1998(02)：165-172，193-194．

[56] 彭世古．沙漠地区公路设计、施工与环保养护 [M]．北京：人民交通出版社，2004．

[57] 任仓钰．毛乌素沙地沙漠化原因探讨 [J]．地质灾害与环境保护，2002(02)：30-31．

[58] 任仓钰．塔克拉玛干沙漠腹地风沙土的物理力学性质 [J]．水文地质工程地质，2002(03)：38-39．

[59] 刘文白，周健，苏跃宏．风砂土基本性质及其与土工格栅作用试验 [J]．中国沙漠，2003(06)：94-99．

[60] 刘文白，周健，李驰，等．加筋风砂土地基扩展基础的承压性能 [J]．岩石力学与工程学报，2005(03)：537-541．

[61] 张淑英，徐新文，文启凯，等．塔里木沙漠公路沿线不同立地类型风沙土的理化性质研究 [J]．干旱区地理，2005(05)：627-631．

[62] 曹红霞，张云翔，岳乐平，等．毛乌素沙地全新世地层粒度组成特征及古气候意义 [J]．沉积学报，2003(03)：482-486．

[63] 杨佩国，李保国，吕贻忠．毛乌素沙地典型地形断面土壤水分动态 [J]．干旱区研究，2004(04)：333-337．

[64] 侯光才，张茂省，刘方．鄂尔多斯盆地地下水勘查研究 [M]．北京：地质出版社，2008．

[65] BEEN K，JEFFERIES M G. A state parameter for sands [J]. Géotechnique，1985，35(02)：99-112．

[66] 陈正汉，刘祖典．黄土的湿陷变形机理 [J]．岩土工程学报，1986(02)：1-12．

[67] 刘争宏，于永堂，唐国艺，等．安哥拉 Quelo 砂场地渗透特性试验研究 [J]．岩土力学，2017，38(S2)：177-182．

[68] 彭友君，岳栋，彭博，等．安哥拉格埃路砂地层的承载力研究 [J]．岩土力学，2014，35(S2)：332-337．

[69] 孙磊．黄土地基载荷浸水湿陷变形计算方法研究 [D]．西安：西北农林科技大学，2020．

[70] 王有林. 黄土湿陷及其评价方法 [D]. 兰州：兰州大学，2009.

[71] 肖晨曦，李志忠. 粒度分析及其在沉积学中应用研究 [J]. 新疆师范大学学报 (自然科学版)，2006(03)：118-123.

[72] 杨校辉，黄雪峰，朱彦鹏，等. 大厚度自重湿陷性黄土地基处理深度和湿陷性评价试验研究 [J]. 岩石力学与工程学报，2014，33(05)：1063-1074.

[73] 于永堂，郑建国，刘争宏. 安哥拉 Quelo 砂抗剪强度特性试验研究 [J]. 岩土力学，2012，33(S1)：136-140.

[74] YUAN Z X，WANG L M. Collapsibility and seismic settlement of loess [J]. Engineering Geology，2009，105(01-02)：119-123.

[75] 张兰川，顾洁怀. 简易法判定黄土湿陷性的初步应用 [J]. 工程勘察，1980(04)：22-24.

[76] 郑建国，邓国华，刘争宏，等. 黄土湿陷性分布不连续对湿陷变形的影响研究 [J]. 岩土工程学报，2015，37(01)：165-170.

[77] 郑建国，张苏民. 黄土的湿陷起始压力和起始含水量 [J]. 工程勘察，1989(02)：6-10

[78] 王强，刘仰韶，傅旭东. 路基砂土湿化变形的试验研究 [J]. 铁道科学与工程学报，2005，2(004)：21-25.

[79] 王强，刘仰韶，傅旭东，等. 砂土路基湿化变形和稳定性的可靠度分析 [J]. 中国公路学报，2007(06)：7-12.

[80] 舒玉，严战友，刘红峰. 砂土路基力学与变形指标的室内试验研究 [J]. 石家庄铁道大学学报 (自然科学版)，2010(01)：22-25.

[81] CUNDALL P A，STRACK O D L. A discrete numerical model for granular assemblies [J]. Geotechnique，1979，29(1)：47–65.

[82] 王金安，王树仁，冯锦艳. 岩土工程数值计算方法实用教程 [M]. 北京：科学出版社，2010.

[83] 石崇，张强，王盛年. 颗粒流 (PFC5.0) 数值模拟技术及应用 [M]. 北京：中国建筑工业出版社，2018.

[84] ZHAO X，EVANS T M，et al. Numerical analysis of critical state behaviors of granular soils under different loading conditions [J]. Granular Matter，2011，13(6)：751-764.

[85] THORNTON C，ANTONY S J. Quasi-static shear deformation of a soft particle system [J]. Powder Technology，2000，109(01-03)：179-191.

[86] 周健，池永. 砂土力学性质的细观模拟 [J]. 岩土力学，2003(06)：901-906.

[87] 池永. 土的工程力学性质的细观研究：应力应变关系剪切带的颗粒流模拟 [D]. 上海：同济大学，2002.

[88] 罗勇，龚晓南，连峰. 三维离散颗粒单元模拟无黏性土的工程力学性质 [J]. 岩土工程学报，2008(02)：292-297.

[89] 吴越. 砂土力学特性及临界破坏三维离散元数值模拟 [D]. 杭州：浙江大学，2015.

[90] 张志华. 基于 PFC3D 的粗粒土三轴试验细观数值模拟 [D]. 宜昌：三峡大学，2015.

[91] 苏建德. 沙漠区沙土类土湿陷性研究 [J]. 岩土工程界，2001(08)：27-29.

[92] 武立波，胡冰涛，尹志远，等. 宁东粉细砂的物理力学特性分析 [J]. 工程建设与设计，2012(09)：129-131.

[93] 胡玮，李云川，史成江. 中卫地区粉砂土湿陷特性及影响因素探讨 [J]. 宁夏工程技术，2017，16(02)：178-182.

[94] 孙宏伟，董勤，石峰. 南部非洲红砂地基工程特性初探 [J]. 建筑结构，2015，45(18)：105-107，100.

[95] CUNDALL P A，STRACK O D L. A discrete numerical model for granular assembles [J]. Geotechnique，1979，29(01)：47-65.

[96] 王泳嘉. 离散元法及其在岩石力学中的应用 [J]. 金属矿山，1986(08)：13-17，5.

[97] 曾远. 土体破坏细观机理及颗粒流数值模拟 [D]. 上海：同济大学，2006.

[98] 韩振华，张路青，周剑，等. 黏土矿物颗粒特征对含水合物的沉积物力学特性影响研究 [J]. 工程地质学报，2021，29(06)：1733-1743.

[99] 尹成薇，梁冰，姜利国. 基于颗粒流方法的砂土宏—细观参数关系分析 [J]. 煤炭学报，2011，36(S2)：264-267.

[100] YANG L，WANG D，GUO Y，et al. Tribological behaviors of quartz sand particles for hydraulic fracturing [J]. Tribology International，2016，102：485-496.

[101] 姚晨辉，夏玉云，吴学林，等. 巴基斯坦塔尔沙漠风积砂土湿陷性特征 [J]. 长江科学院院报，2021，38(05)：131-136.

[102] 刘博诗，张延杰，王旭，等. 人工制备砂土湿陷性影响因素分析 [J]. 铁道科学与工程学报，2016，13(10)：1933-1939.

[103] 胡小荣，蔡晓锋，刘操. 饱和砂土的三剪弹塑性边界面模型研究 (三)：PFC3D 数值试验验证 [J]. 应用力学学报，2022，39(02)：324-335.

[104] 刘洋，吴顺川，周健. 单调荷载下砂土变形过程数值模拟及细观机制研究 [J]. 岩土力学，2008(12)：3199-3204.

[105] 许自立. 非饱和土强度的三维颗粒流模拟 [D]. 北京：北京交通大学，2017.

[106] 徐小敏，凌道盛，陈云敏，等. 基于线性接触模型的颗粒材料细—宏观弹性常数相关关系研究 [J]. 岩土工程学报，2010(07)：991-998.

[107] 刘勇，朱俊樸，闫斌. 基于离散元理论的粗粒土三轴试验细观模拟 [J]. 铁道科学与工程学报，2014，11(04)：58-62.

[108] 徐国建，沈扬，刘汉龙. 孔隙率、级配参数对粉土双轴压缩性状影响的颗粒流分析 [J]. 岩土力学，2013，34(11)：3321-3328.

[109] 孙婧，何佩珊，齐梦菊. 关于颗粒流软件 PFC 的离散元数值模拟参数标定 [J]. 山东工业技术，2016(10)：42.

[110] CUNDALL P A，STRACK O. A discrete numerical model for granular assemblies [J]. Géotechnique，2008，30(03)：331-336.

[111] IWASHITA O K. Study on couple stress and shear band development in granular media based on numerical simulation analyses [J]. International Journal of Engineering Science，2000.

[112]　MD BOLTON，NAKATA Y，CHENG Y P. Crushing and plastic deformation of soils simulated using DEM[J]. Geotechnique，2004，54(02): 131-142.

[113]　XIA H，ZHANG J，CAI J，et al. Study on the bearing capacity and engineering performance of aeolian sand [J]. Advances in Materials Science and Engineering，2020，2020: 1-11.

[114]　LUTENEGGER A J. Stability of loess in light of the inactive particle theory [J]. Nature，1981，291(5813): 360-360.

[115]　GUORUI G. Formation and development of the structure of collapsing loess in China [J]. Engineering Geology，1988，25(02-04): 235-245.

[116]　LI Y. A review of shear and tensile strengths of the Malan Loess in China [J]. Engineering Geology，2018，236: 4-10.

[117]　PYE K. Aeolian dust and dust deposit [M]. London: Academic Press，1987.

[118]　刘祖典. 影响黄土湿陷系数因素的分析 [J]. 工程勘察，1994(05): 6-11.

[119]　黄磊，李喜安，蔡玮彬，等. 延安新区马兰黄土湿陷特性的 PFC2D 模拟 [J]. 煤田地质与勘探，2017，45(03): 119-124.

[120]　黄建军，李雪梅，滕宏泉. 基于偏最小二乘法的黄土湿陷性评价模型 [J]. 灾害学，2021，36(02): 60-64.

[121]　李瑞娥，谷天峰，王娟娟，等. 基于模糊信息优化技术的黄土湿陷性评价 [J]. 西安建筑科技大学学报 (自然科学版)，2009，41(02): 213-218.

[122]　LI Z，LI X，ZHU Y，et al. Mining and analysis of multiple association rules between the Xining loess collapsibility and physical parameters [J]. Scientific Reports，2021，11(01): 816.

[123]　NIE Y，NI W，WANG H，et al. Evaluation of collapsibility of coMPacted loess based on resistivity index [J]. Advances in Materials Science and Engineering，2021，2021: 1-11.

[124]　ZHENG Z，LI X，WANG L，et al. A new approach to evaluation of loess collapsibility based on quantitative analyses of colloid-clay coating with statistical methods [J]. Engineering Geology，2021，288: 106-167.

[125]　WANG L，SHAO S，SHE F. A new method for evaluating loess collapsibility and its application [J]. Engineering Geology，2020，264: 10537.

[126]　穆青翼，郑建国，于永堂，等. 基于时域反射技术 (TDR) 的黄土湿陷原位评价研究 [J]. 岩土工程学报，2022，44(06): 1115-1123.

[127]　OPUKUMO A W，DAVIE C T，GLENDINNING S，et al. A review of the identification methods and types of collapsible soils [J]. Journal of Engineering and Applied Science，2022，69(01): 1-21.

[128]　KNIGHT K. The Collapse of Structure of Sandy Sub-soils on Wetting [D]. Johannesburg: University of the Witwatersrand，1961.

[129]　BARDEN L，MCGOWN A，COLLINS K. The collapse mechanism in partly saturated soil [J]. Engineering Geology，1973，7(01): 49-60.

[130]　吴会东. 山西北部地区黄土湿陷性快速判定方法研究 [J]. 铁道工程学报，2021，38(02): 35-40.

[131]　乔建伟，夏玉云，刘争宏，等 . 安哥拉红砂湿陷性影响因素试验研究 [J]. 长江科学院院报，2023，40(03)：93-97, 104.

[132]　HAMIDI B，VARAKSIN S，NIKRAZ H. Relative density concept is not a reliable criterion [J]. Proceedings of the Institution of Civil Engineers-Ground Improvement，2013，166(02)：78-85.

[133]　SKEMPTON A W. Standard penetration test procedures and the effects in sands of overburden pressure，relative density，particle size，ageing and overconsolidation [J]. Geotechnique，1986，36(03)：425-447.

[134]　BOLTON SEED H，TOKIMATSU K，HARDER L F，et al. Influence of SPT procedures in soil liquefaction resistance evaluations [J]. Journal of geotechnical engineering，1985，111(12)：1425-1445.

[135]　王士杰，何满潮，张吉占 . 用归一化标准贯入 N 值估算砂土的相对密度 [J]. 岩土工程学报，2005(06)：682-685.

[136]　CORTES C，VAPNIK V. Support-vector networks [J]. Machine learning，1995，20：273-297

[137]　周志华 . 机器学习 [M]. 北京：清华大学出版社，2016.

[138]　RUI J，ZHANG H，ZHANG D，et al. Total organic carbon content prediction based on support-vector-regression machine with particle swarm optimization [J]. Journal of Petroleum Science and Engineering，2019，180：699-706.

[139]　刘颖莹，谢婉丽，朱桦，等 . 陕西泾阳地区黄土固结湿陷试验及预测模型研究 [J]. 西北地质，2018，51(02)：227-233.

[140]　WANG G，CARR T R，JU Y，et al. Identifying organic-rich Marcellus Shale lithofacies by support vector machine classifier in the Appalachian basin [J]. Computers & Geosciences，2014，64：52-60.

[141]　李想 . 毛乌素沙地全新世气候变化与地貌演化初步研究 [D]. 太原：山西大学，2020.

[142]　徐志军，郑俊杰，张军，等 . 聚类分析和因子分析在黄土湿陷性评价中的应用 [J]. 岩土力学，2010，31(S2)：407-411.